H.-G. Lauenroth (Hrsg.)

Innovationsprozeß Flexible Automatisierung

Wissenschaft
und
Gesellschaft

Herausgegeben vom
Institut für Theorie,
Geschichte und Organisation
der Wissenschaft der
Akademie der Wissenschaften der DDR
durch Günter Kröber

Band 25

Hans-Georg Lauenroth (Hrsg.)

Innovationsprozeß Flexible Automatisierung

Analysen — Effektivität — Strategien

Akademie-Verlag Berlin
1988

Autorenverzeichnis

Prof. Dr. habil. Hans-Georg Lauenroth, Berlin	(Kap. 1, 2, 9)
Prof. Dr. sc. Andreas Schüler, Ilmenau	(Kap. 1)
Dr. Heike Belitz, Berlin	(Kap. 3)
Prof. Dr. sc. Heinz-Joachim Krüger, Berlin	(Kap. 4, 5)
Dr. sc. Bernd Lindemann, Ilmenau	(Kap. 4)
Dr. sc. Mathias Weber, Berlin	(Kap. 6)
Dr. Hubert Fetzer, Berlin	(Kap. 7)
Prof. Dr. habil. Heinrich Seickert, Berlin	(Kap. 8)
Prof. Dr. sc. Brigitte Stieler, Berlin	(Kap. 8)

ISBN 3-05-000630-7
ISSN 0138-5755

Erschienen im Akademie-Verlag Berlin, DDR-1086 Berlin, Leipziger Str. 3—4

Lizenznummer: 202 · 100/28/88
Printed in the German Democratic Republic
Gesamtherstellung: VEB Druckerei „Thomas Müntzer“, 5820 Bad Langensalza
Einbandgestaltung: Rolf Kunze
LSV 0355
Bestellnummer: 754 885 8 (2162/25)

02400

Inhaltsverzeichnis

Seite

Seite

Summary

Methods and models of applied systems analysis are introduced for investigating flexible automation as one of the key innovation processes. Having characterized the aim, content and effects of flexible automation, the authors are developing the structure and function of REMISA, a computer aided decision system consisting of a system of algorithms and a scenario system for the simulation of automation strategies.

Experience gained in the application of flexible manufacturing systems, industrial robots and CAD/CAM systems as well as their efficiency are being analysed. The authors elaborated scenarios for modelling strategic lines for the further diffusion of these innovations.

Analyses, main directions and model concepts are developed for software strategies and for research strategies of flexible automation; socio-economic aims, effects and ways of evaluating innovation effects of flexible automation are described.

Резюме

Для исследования ключевой технологии "гибкая автоматизация" в качестве научно-технического инновационного процесса предлагается применение методов и моделей прикладного системного анализа. В работе дана характеристика цели, содержания и последствий гибкой автоматизации. Изложены также структура и функции реализованной на ЭВМ системы подготовки принятия решений REMISA, состоящейся из системы алгоритмов и системы сценарий для имитационного моделирования стратегий автоматизации.

На основе анализа накопленного опыта при применении, а также эффективности гибких автоматизированных производственных систем, промышленных роботов, систем автоматизированного проектирования и систем управления технологическими процессами разработаны сценарии для моделирования стратегических линий их дальнейшего распространения.

Для выработки стратегий в области программного обеспечения, а также для научных исследований предложены подходы, основные этапы и модели. Изложены, кроме того, социально-экономические цели, последствия и пути оценки инновационных эффектов гибкой автоматизации.

Vorbemerkung

In den vergangenen 4 Jahrzehnten hat die Automatisierung in der Volkswirtschaft der DDR sowohl eine bemerkenswerte quantitative Entwicklung durchlaufen als auch einen tiefgreifenden qualitativen Wandlungsprozeß erfahren. Die zu Beginn der fünfziger Jahre eingeführte Einzweckautomatisierung erreichte in den siebziger Jahren eine vorläufige Sättigungsphase. Neue Bedürfnisse nach erweiterten Produktionssortimenten und kürzeren Innovationszyklen sowie neue Anforderungen zur Steigerung von Produktivität und Effektivität der gesellschaftlichen Produktion führten zur Entwicklung der flexiblen Automatisierung und gleichzeitig zum Konzept komplexer Lösungen in Form der computerintegrierten Fertigung (CIM-Konzept), das die Erneuerung und Rationalisierung geschlossener Reproduktionsprozesse in ihrer Gesamtheit umfaßt.

Die planmäßige und effektive Nutzung dieses Innovationspotentials bedingt eine systematische Analyse und Prognose des Innovationsprozesses Flexible Automatisierung. Dazu zählen die Herausarbeitung der sozialökonomischen Ziele, der Charakteristik und der Elemente der flexiblen Automatisierung in gleicher Weise wie die Untersuchung gegenwärtiger und künftiger Einsatzgebiete, die Bestimmung potentieller Wirkungen und Effekte sowie die Ableitung, computergestützte Variation und Bewertung von Automatisierungsstrategien mit dem Ziel, die flexible Automatisierung als eine Hauptrichtung des wissenschaftlich-technischen Fortschritts mit höchstem Nutzeffekt zur Realisierung der ökonomischen Strategie der weiteren dynamischen Entwicklung der Volkswirtschaft zur Wirkung zu bringen.

Zur Lösung dieser Aufgabenstellungen wollen Herausgeber und Autoren einen grundlegenden und zugleich praktikablen Beitrag leisten. Es ist ihnen schließlich ein Bedürfnis, an dieser Stelle Anita Haberzettel für die technische Bearbeitung des Manuskripts und dem Akademie-Verlag Berlin für die Förderung dieser Publikation herzlich zu danken.

1. Schlüsseltechnologie Flexible Automatisierung

1.1. Zielstellungen, Charakteristik und Elemente

Das RGW-Komplexprogramm der wissenschaftlich-technischen Entwicklung in den sozialistischen Ländern bis zum Jahre 2000 und die Direktive des XI. Parteitages der SED stellen anspruchsvolle, hohe Ziele für die weitere Beschleunigung des wissenschaftlich-technischen Fortschritts und die rasche Umsetzung seiner Erkenntnisse und Ergebnisse in der Volkswirtschaft der DDR.

Die Erschließung aller Potentiale der intensiv erweiterten Reproduktion zur Erhöhung von Produktivität und Effektivität des Reproduktionsprozesses der Kombinate, Zweige und der Volkswirtschaft als Ganzem bedingt in immer stärkerem Maße - entsprechend den Grundsätzen der ökonomischen Strategie in ihrer Einheit von Wirtschafts- und Sozialpolitik - die organische Verbindung der Vorzüge des Sozialismus mit den Errungenschaften der wissenschaftlich-technischen Revolution. Zu den Grundrichtungen der revolutionären Veränderungen der Produktivkräfte von Gegenwart und Zukunft gehört die flexible Automatisierung.

Als neue Stufe der Automatisierung zählt sie zu den durch die schnelle Entwicklung der Mikroelektronik entstandenen Schlüsseltechnologien, die durch ihre auf den gesamten Reproduktionsprozeß bezogene Komplexität der computerintegrierten Fertigung nach dem CIM-Konzept nach Bild 1.1 (CIM: Computer Integrated Manufacturing) neue Effektivitätsdimensionen eröffnen, zu einer sprunghaften Steigerung der Arbeitsproduktivität führen und vielfältige technische, ökonomische und soziale Effekte bewirken. Die Notwendigkeit der schnellen Einführung und Ausbreitung der flexiblen Automatisierung wird im einzelnen durch folgende Faktoren bedingt:

- Die wachsende Differenziertheit der Anwenderbedürfnisse bei Investitionsgütern und Konsumgütern führt zur Verbreiterung des Produktionssortiments, zur Verringerung der Losgrößen und zu kürzeren Produktionszyklen.
- Die sich ständig ändernden Marktbedingungen und die Beschleunigung des wissenschaftlich-technischen Fortschritts

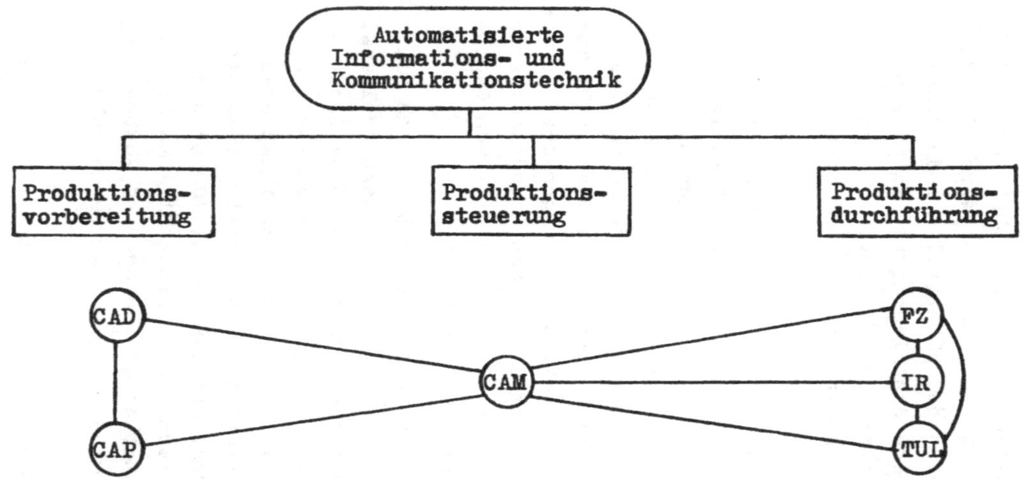

<u>Bild 1.1:</u> Charakterisitik der Computerintegrierten Fertigung (CIM-Konzept), bezogen auf die Vorbereitung, Steuerung und Durchführung der Produktion /1.1/

(CAD Computergestützte Entwicklung,
CAP Computergestützte Planung,
CAM Computergestützte Produktionsvorbereitung und Produktionssteuerung,
FZ Automatisierte flexible Fertigungszellen,
IR Industrieroboter,
TUL Automatisierte Transport-, Umschlag- und Lagersysteme)

bedingen eine flexible Anpassung durch erzeugnis- und technologieorientierte Innovationsstrategien.

- Daraus folgende kürzere Innovationsintervalle stellen höhere Anforderungen an die Produkt- und die Technologieentwicklung und somit an die strukturelle, kapazitive und technologische Flexibilität der Fertigungstechnik.
- Wachsende Forderungen an die Qualität der Erzeugnisse und die Effektivität der Produktion führen zu der Notwendigkeit des Einsatzes wesentlich produktiverer Technologien.
- Die schöpferische Umsetzung der Einheit von Wirtschafts- und Sozialpolitik bedingt neue Lösungen zur Verbesserung von Arbeitsinhalten und Arbeitsbedingungen der Werktätigen.

Die Einführung der Schlüsseltechnologie flexible Automatisierung stellt folglich einen wissenschaftlich-technischen Neuerungs- oder Innovationsprozeß dar. Innovationsprozesse bilden Grundelemente des wissenschaftlich-technischen Fortschritts; sie sind somit dominierende Faktoren des Wirtschaftswachstums. Für die flexible Automatisierung gilt dies in ganz besonderem Maße - dies zeigen die geplanten Automatisierungseffekte des RGW-Komplexprogramms nach Tabelle 1.1 und die überdurchschnittlichen Wachstumsraten für die Elemente der flexiblen Automatisierung nach Tabelle 1.2.

Aus beiden Tabellen werden folgende Tendenzen deutlich:

1. Die Produktivitätssteigerung durch flexible Automatisierung übertrifft die bisher geltenden Werte für neue Technologien.
2. Die beträchtliche Kosten- und Zeitsenkung für die Vorbereitung neuer Erzeugnisse ist ein Ausdruck der innovationsstimulierenden Funktion der flexiblen Automatisierung.
3. Die Effektivität automatisierter Technologien wird sich durch die rapide Kostensenkung für die Automatisierungstechnik noch weiter erhöhen.
4. Die Grundmittelauslastung tendiert zum Dreischicht-Betrieb, wobei bedienarme dritte Schichten immer weitere

Lfd. Nr.	Kenngröße	Entwicklung auf
1	Steigerung der Arbeitsproduktivität	2,0 ... > 5,0
2	Kosten- und Zeitsenkung für Vorbereitung neuer Erzeugnisse	0,6
3	Aufwandsenkung für Automatisierungstechnik	0,5
4	Kostensenkung der Erzeugnisse	0,6
5	Grundmittelauslastung	17,0 ... 22,5 h/Tag
6	Rückflußdauer	1,5 ... 3,0 Jahre

Tabelle 1.1: Geplante Effekte der Automatisierung bis zum Jahre 2000 (lfd. Nr. 1 ... 4 im Vergleich zum Stand 1985 ≙ 1,0)

Lfd. Nr.	Elemente	Wachstum auf (%)	durchschnittliche jährliche Wachstumsrate (%)
0	Industrielle Warenproduktion	124	4,4
1	Werkzeugmaschinen	150	8,5
2	BMSR-Technik	183	12,8
3	Industrieroboter	239	19,0
4	Flexible Fertigungssysteme	246	19,7
5	Mikroelektronik-Produktion	318	26,0
6	CAD/CAM-Stationen	1.900	80,2

Tabelle 1.2: Geplante Wachstumsraten der Elemente der flexiblen Automatisierung 1986 ... 1990 im Vergleich zum Wachstum der industriellen Warenproduktion (DDR)

Verbreitung finden werden.

5. Die kurze Rückflußdauer der Investitionen stimuliert die ständige Modernisierung der Grundfonds.

6. Besonders hohe überdurchschnittliche Wachstumsraten werden für neueste Technologien geplant: für flexible Fertigungssysteme, Industrieroboter und CAD/CAM-Stationen.

Da die Schlüsseltechnologien unter sozialistischen Produktionsverhältnissen der Verwirklichung sozialpolitischer Zielstellungen dienen, bilden diese Zielstellungen integrierende Bestandteile der Automatisierungsstrategie. Dazu gehören insbesondere:

. Gestaltung anspruchsvoller Arbeitsinhalte.

. Sicherung leistungsfördernder Arbeitsbedingungen.

. Weitreichende Nutzung des vorhandenen Qualifikationspotentials.

. Entwicklung höherer Qualifikationsanforderungen.

. Förderung kreativen Leistungsverhaltens.

. Gewinnung von Arbeitskräften für neue Aufgaben.

Die Erfüllung dieser technisch-ökonomischen und sozialen Zielstellungen sowie die schnelle Entwicklung auf dem Gebiet von Wissenschaft und Technik der flexiblen Automatisierung erfordern eine

. zielgerichtete
. zukunftsorientierte
. komplexe

Steuerung des Innovationsprozesses Flexible Automatisierung durch eine systematische strategische Arbeit zur Erfüllung der Forderungen

- nach der Erarbeitung gemeinsamer wissenschaftlich-technischer Entwicklungsstrategien von Kombinaten und Wissenschaftseinrichtungen,

- nach der Orientierung der Forschungspotentiale auf zukunftsträchtige und effektivitätsfördernde Innovationen,

- nach flexibler Reaktion auf wissenschaftlich-technische

Innovationen im internationalen Maßstab.

Daraus ergibt sich für die Vorbereitung, Einführung und Ausbreitung des Innovationsprozesses Flexible Automatisierung die Notwendigkeit der Entwicklung, Variation und Bewertung komplexer Automatisierungsstrategien als

- Forschungsstrategien
- Produktionsstrategien
- Einsatzstrategien

unter Nutzung computergestützter Methoden und Modelle der angewandten Systemanalyse. Die Forschungsarbeiten des Instituts für Theorie, Geschichte und Organisation der Wissenschaft Berlin der Akademie der Wissenschaften der DDR haben auf diesem Gebiet zu theoretischen Grundlagen, heuristischen Methoden, praktikablen Szenarien und realisierten Computerprogrammen geführt, die bereits in der Praxis der sozialistischen Wirtschaft - insbesondere in Industriekombinaten - genutzt werden.

Unter flexibler Automatisierung wird der komplexe Prozeß der Automatisierung von Produktions- und Informationsprozessen zur Entwicklung und Produktion kurzfristig wechselnder innovativer Erzeugnissortimente verstanden. Als Basisinnovation eröffnet sie neue Forschungs-, Produktions- und Einsatzfelder und bewirkt eine tiefgreifende Veränderung der Befriedigung von Bedürfnissen:

- als Prozeßinnovation durch die Erschließung neuer Rationalisierungspotentiale, insbesondere der Klein- und Mittelserienfertigung,
- als Produktinnovation durch die Entwicklung neuer Erzeugnisse, insbesondere mikroelektronische Steuerungen, Industrieroboter, flexible Fertigungssysteme, Personalcomputer, CAD/CAM-Arbeitsplätze.

Gegenüber der Einzweckautomatisierung stellt sie eine neue, höhere Stufe der Automatisierung dar. Dies bezieht sich nach Tabelle 1.3 speziell auf folgende Faktoren:

Lfd. Nr.	Faktor	Einzweck-automatisierung	Flexible Automatisierung
1	Einsatzbreite	Großserien-fertigung	Klein- / Mittel- / Groß- } serienfertigung
2	Produkt-innovativität	hemmend	fördernd
3	Prozeß-innovativität	hemmend	fördernd
4	Arbeitskräfte-qualifikation	Tendenz zur Polarisierung	Tendenz zur Angleichung der Anforderungen
5	Charakter der Arbeit	differenziert, Tendenz zur Monotonie	Tendenz zur Angleichung der Anforderungen
6	Effektivität	im Einzelfall hoch, generell begrenzte Auswirkungen	weitgehende Auswirkungen, besonders durch Innovations-Stimulierung

Tabelle 1.3: Vergleich wesentlicher Faktoren von Einzweckautomatisierung und flexibler Automatisierung

- die Fähigkeit zur schnellen Umstellung auf neue Produkte und neue Technologien und damit eines kurzfristigen Reaktionsvermögens auf neue Bedürfnisse,
- eine größere Einsatzbreite unter Einbeziehung der Produktion modifizierter Großserienprodukte sowie der in kleinen und mittleren Serien gefertigten Erzeugnisse, die > 50 % der Industrieproduktion umfassen,
- die potentielle Stimulierung von Produkt- und Prozeßinnovationen,
- die tendenziell positive Veränderung von Arbeitsinhalten, Arbeitsbedingungen, Qualifikationsnutzung, Qualifikationsanforderungen und Leistungsbereitschaft,
- die höhere Effektivität von Produktions- und Informationsprozessen /1.1/ ... /1.6/.

Naturgemäß werden nach wie vor Prozesse mit Großseriencharakter und über längere Zeiträume nahezu unveränderten Erzeugnissen ein Einsatzfeld der Einzweckautomatisierung bleiben, so daß die Automatisierungsstrategie beide Elemente umfaßt. Das Verhältnis von Einzweckautomatisierung und flexibler Automatisierung wird im übrigen künftig bei komplexen Losungen der computerintegrierten Fertigung durch einen Prozeß der wechselseitigen Durchdringung charakterisiert werden. Hinzu kommt, daß die Modernisierung von Anlagen der Einzweckautomatisierung durch mikroelektronische Steuerungen zunehmend zu Möglichkeiten einer Umrüst- und Umbauflexibilität führt, die den "klassischen" Einzweckautomaten nur noch begrenzte Einsatzmöglichkeiten offenläßt.

Dies alles führt zu einem Einfluß der flexiblen Automatisierung auf den gesamten Reproduktionszyklus insofern, als sie die Rationalisierung von Prozessen der Planung, Forschung, Entwicklung, Konstruktion und Projektierung über die Produktionsvorbereitung, -durchführung und -steuerung bis zur Vertriebs-, Abrechnungs- und Analysetätigkeit umfaßt. Auf diese Weise kann die

Zeit- und Kostenstruktur des Reproduktionsprozesses von bisherigen Disproportionen befreit und effektiviert werden. Nach Tabelle 1.4 sind in der Kleinserienfertigung des Maschinenbaus im Durchschnitt folgende Zeitproportionen anzutreffen:

Lfd. Nr.	Prozeß	Zeitaufwand (%)
1	Konstruktion/ Beschaffung/ Arbeitsvorbereitung	55,0
2	Vorfertigung	22,0
	(davon Maschinenzeit)	(1,1)
	(darunter Bearbeitungszeit)	(0,3)
3	Montage	23,0
4	Summe	100,0

Tabelle 1.4: Zeitproportionen in der Kleinserienfertigung

Wenn man davon ausgeht, daß infolge steigender Innovationsraten und differenzierteren Bedarfs der Anteil kleinerer und mittlerer Serien durchaus noch zunehmen kann, wird die Auswirkung einer derart komplexen Automatisierung des gesamten Reproduktionsprozesses augenfällig.

Schließlich gehört zur Charakteristik der flexiblen Automatisierung ihre weitreichende gesellschaftliche Wirkung, die sich in Veränderung volkswirtschaftlicher Strukturen, von Produktionsprofil und Arbeitsplätzen, in der Rationalisierung geistiger Arbeitsprozesse, der Beschleunigung des Reproduktionszyklus, der Steigerung der Exportkraft der Volkswirtschaft und der Erzielung technischer, ökonomischer, sozialer und innovativer Effekte zeigt.

Auf Grund der Notwendigkeit einer komplexen Analyse des Prozesses der flexiblen Automatisierung und seiner Strategienbildung lassen sich die Elemente der flexiblen Automatisierung in 2 Gruppen einteilen:

. Automatisierung von Produktionsprozessen
. Automatisierung von Informationsprozessen.

Im Maschinenbau umfaßt das Spektrum der automatisierwürdigen Produktionsprozesse insbesondere die Bereiche

. Vorfertigung
. Montage
. Meß-/Prüfprozesse
. Transport
. Lagerhaltung
. Instandhaltung.

Dafür sind gegenwärtig Maschinen und Systeme der Automatisierungstechnik in Form von

. singulären, rechnergesteuerten und rechnergekoppelten NC-Maschinen,
. festprogrammierten, adaptiven und intelligenten Robotern,
. Fertigungszellen, integrierten flexiblen Fertigungssystemen und bedienarmen Betriebsabschnitten

verfügbar bzw. in Entwicklung.

Automatisierwürdige Informationsprozesse sind insbesondere

. Planung/Bilanzierung (Computer Aided Planning: CAP)
. Entwicklung/Projektierung (Computer Aided Design: CAD)
. Produktionssteuerung (Computer Aided Manufacturing: CAM)
. Absatz/Abrechnung (Computer Aided Office: CAO).

Hierfür werden zentrale und dezentrale Datentechniken eingesetzt; dazu zählen

. Mikroprozessoren
. Personalcomputer

- Prozeßrechner
- Datenverarbeitungsanlagen
- Kommunikationstechnik

mit entsprechender Peripherie.

Beide Gruppen von Prozessen und Techniken stehen miteinander in Wechselbeziehungen; dies gilt in besonderem Maße für komplexe Systemlösungen integrativer Natur, wobei diese Integration insbesondere durch die Soft- und Orgware gesichert werden muß. Insofern bildet die Software mit ihren Komponenten

- Betriebssysteme
- Standardprogramme
- Anwenderprogramme

ein grundlegendes Element und einen bestimmenden Effektivitätsfaktor der flexiblen Automatisierung. Bei künftigen komplexen Automatisierungslösungen - z.B. integrierten CAD/CAM-Systemen und bedienarmen Betriebsteilen mit automatisierten Fertigungs-, Transport- und Lagersystemen nach Bild 1.2 - wird es erforderlich, neben den programmtechnischen Lösungen der Software zunehmend flexible Organisationsprojekte der automatisierten Informationsverarbeitung als Mensch-Maschine-Dialogsysteme in Form von Orgware bereitzustellen.

1.2. Gesellschaftliche Wirkungen

Gegenwärtig dringt die Mikroelektronik als Schlüsseltechnologie zunehmend in praktisch alle Zweige von Wissenschaft und Technik, von Forschung und Entwicklung, von Technologie und Produktion ein. **Zur Zeit** wird der höchste volkswirtschaftlich nachweisbare Anwendernutzen der Mikroelektronik in flexiblen Fertigungssystemen, Industrierobotern und CAD/CAM-Systemen als wesentlichen Elementen der flexiblen Automatisierung wirksam.

Für die komplexe Anwendung der Mikroelektronik werden dabei drei Hauptwirkungsrichtungen deutlich:

I. Der Übergang zur hochintegrierten Technik führt nicht nur in der Mikroelektronik selbst zu einer sprunghaften

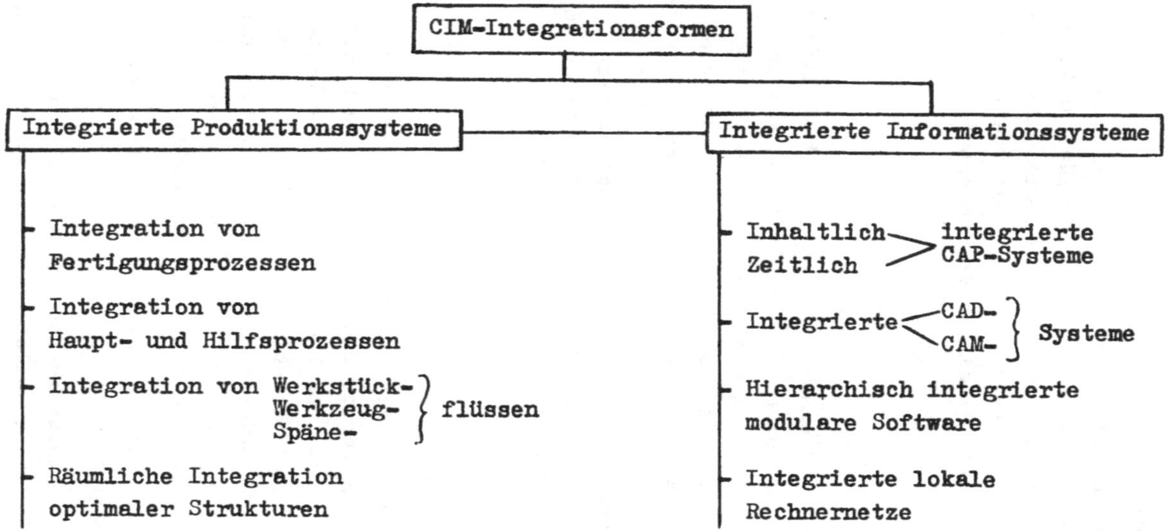

Bild 1.2: CIM-Integrationsformen /1.7/

Senkung von Fertigungs- und Materialaufwand, sondern kann bei der Anwendern Aufwandssenkungen bis zu 70 % bewirken.

II. Im Unterschied zu vielen anderen Basisinnovationen ist der potentielle Anwendungsbereich der Mikroelektronik nicht auf einzelne Sektoren der Volkswirtschaft begrenzt, sondern erreicht annähernd alle Bereiche des gesellschaftlichen Lebens - von der Wirtschaft über das Dienstleistungs-, Gesundheits- und Bildungswesen bis zur geistig-kulturellen und der Kommunikations-Sphäre.

III. Die Mikroelektronik übt auf diese Weise eine innovationsstimulierende Funktion bisher nicht gekannten Ausmaßes aus. Auf dem Gebiet der Produktions- und Informationsprozesse werden nunmehr komplexe Systemlösungen durch Integration von Teilprozessen zu sogenannten Großen Systemen mit hierarchischer Steuerung über Mikroprozessoren, Personalcomputer, Prozeßrechner und Datenverarbeitungsanlagen ermöglicht. Damit kann die Auslastung der Grundmittel erhöht, eine gleichbleibend hohe Qualität der Erzeugnisse gesichert und durch Optimierung technologischer Prozesse eine Verringerung des Arbeitszeit-, Material- und Energieaufwandes erreicht werden. Somit wird durch den breiten Einsatz der elektronischen Meß-, Informations- und Steuertechnik eine wesentliche Erhöhung des Automatisierungsgrades mit gleichzeitigem Übergang zu einer qualitativ neuen Stufe der Automatisierung ermöglicht - der flexiblen Automatisierung.

Das Spektrum der gesellschaftlichen Auswirkungen der flexiblen Automatisierung als komplexen Prozeß ist durch Vielfältigkeit und Langfristigkeit gekennzeichnet /1.8/.

Dazu gehören

- gravierende Strukturveränderungen innerhalb und zwischen den gesellschaftlichen Bereichen wie Produktion, Forschung, Entwicklung, Konstruktion, Planung, Leitung, Dienstleistung, Handel, Verkehr und Kommunikation,

- Neugestaltung des Produktionsprofils von Industriezweigen wie Maschinenbau, Rechentechnik, Nachrichtentechnik und Kommunikationstechnik,
- Veränderung der Arbeitsplatzgestaltung für eine größere Anzahl von Beschäftigten mit Freisetzung, Umlenkung und Qualifizierung von Arbeitskräften im Maßstab von Kombinaten und Industriezweigen,
- Rationalisierung der geistigen Arbeit, insbesondere in der Leitung und Planung, der Forschung und Entwicklung, der Produktionsvorbereitung, -lenkung und -abrechnung durch Erhöhung des Informationsgrades, Beschleunigung der Kommunikation, Qualifizierung von Entscheidungen und Senkung des Aufwandes /1.9/,
- Beschleunigung des Reproduktionszyklus in seiner Gesamtheit, verbunden mit erhöhter Flexibilität und schnellerem Reaktionsvermögen auf neue Anforderungen von Bedarf, Markt, Wissenschaft und Technik,
- Erzielung weitreichender technischer, ökonomischer, sozialer und innovativer Effekte in neuen Dimensionen.

Das Ziel der Systemanalyse des Innovationsprozesses Flexible Automatisierung besteht in diesem Zusammenhang gerade darin, diese Auswirkungen bei der Bewertung von Automatisierungsstrategien in ihrer Gesamtheit und ihren Wechselwirkungen zu erfassen und solche Strategien auszuwählen, die die günstigsten Effekte gewährleisten.

Die Effektivität der flexiblen Automatisierung ist entsprechend ihrem vorstehend skizzierten Charakter in einem weiteren Kontext zu sehen, als dies bisher für die Bewertung von Automatisierungseffekten üblich war. Dies gilt insbesondere für den ausschließlichen Vergleich bisheriger Technologien mit der neuen Technologie im arbeitsplatzbezogenen oder betrieblichen Maßstab.

Die Effektivitätsbewertung von Innovationsprozessen gehört zu den neuen und komplizierten Problemen der ökonomischen Theorie und Praxis. Der Hinweis auf Kompliziertheit ist im Zusammenhang mit dem objektiven Tatbestand der Komplexität der ökonomischen und darüber hinaus der sozialen Effektivität der neuen Technik im Sozialismus und damit gleichzeitig als Hinweis auf die Vermeidung zu enger oder einseitiger Bewertungen zu verstehen, die zu ernsthaften Fehlentscheidungen führen können.

Auch wenn gegenwärtig manche Effekte entweder ihrem Wesen nach oder mit dem derzeit verfügbaren Instrumentarium nicht oder schwer quantifizierbar sind, ist bei der Entscheidung über Innovationsprozesse der Versuch unerläßlich, so gründlich wie möglich alle wesentlichen voraussehbaren Folgen in dem Entscheidungsprozeß zu erfassen und zu bewerten.

Generell können für eine derart komplexe Effektivitätsbewertung folgende Ausgangspositionen formuliert werden:

1. Integrative Lösungen

Es ist eine integrative Betrachtung des Einsatzes der Elemente der flexiblen Automatisierung erforderlich. Punktuelle Lösungen eignen sich nur zur Beseitigung von Kapazitätsengpässen. Andernfalls sind Disproportionen eher zu erwarten als positive Effekte. Nur im Rahmen komplexer integrativer Prozesse können die Effektivitätspotentiale flexibler Automatisierungslösungen voll erschlossen werden. Umfassende Intensivierung verlangt die Erfassung der Faktoren des gesamten Reproduktionsprozesses als Einheit in allen seinen Phasen und Teilprozessen - die Rolle des Menschen ebenso wie die Möglichkeiten der Technik.
Es widerspricht dem Wesen und den Zielstellungen sozialistischer Produktion, den Menschen zum "Lückenbüßer" für scheinbare oder wirkliche Grenzen technischer Möglichkeiten zu machen. Effektivität ergibt sich nicht nur aus dem Leistungsniveau der Technik, sondern aus dem optimal zu gestaltenden Zusammenwirken von Mensch und Technik /1.10/.

Numerisch gesteuerte Ausrüstungen, roboterbestückte Bereiche und integrierte flexible Fertigungssysteme müssen zur Sicherung einer vertretbar kurzen Rückflußdauer mehrschichtig genutzt werden, wobei die zweite und dritte Schicht in der Regel bedienarm gefahren werden sollten. Auf diese Weise kann der Widerspruch zwischen der ökonomischen Anforderung mehrschichtiger Auslastung der Grundmittel und menschlichen Bedürfnissen nach optimalen Arbeitsregelungen gelöst werden /1.11/.

2. Primat des volkswirtschaftlichen Nutzens

Aus dem Wesen des gesellschaftlichen Eigentums an den Produktionsmitteln, dem im ökonomischen Grundgesetz des Sozialismus verankerten Ziel der sozialistischen Produktion, ergibt sich im Gegensatz zum kapitalistischen Ziel der Kapitalverwertung das Primat des volkswirtschaftlichen Nutzens gegenüber betrieblichen Effektivitätskriterien, da die sozialistische Volkswirtschaft einen einheitlichen, hierarchisch aufgebauten gesellschaftlichen Reproduktionsprozeß auf der Basis gekoppelter Teilsysteme realisiert.

Die Bildung leistungsfähiger Kombinate als große Wirtschaftseinheiten, die für ein gegebenes Erzeugnissortiment alle Phasen des Reproduktionsprozesses nach einheitlichen Prinzipien der Leitung, Planung und Kontrolle organisieren, hat sich als bedeutsamer Schritt der Vergesellschaftung erwiesen und bewährt. Ihre Bilanzverantwortlichkeit weist ihnen zugleich ihre spezifische Verantwortlichkeit im Rahmen der vielfältigen und komplexen Verflechtungen im gesamtgesellschaftlichen Reproduktionsprozeß zu.

Vom einzelnen Ergebnis her erweist sich der Reproduktionsprozeß als Stufenprozeß. Die volkswirtschaftliche Effektivität realisiert sich in vollem Umfang erst beim Finalprodukt und dessen Nutzung, und die Effektivität vorgelagerter Teilprozesse ist unter diesem Gesichtspunkt zu beurteilen. Der bei der Realisierung des Finalprodukts erzielbare Nutzen kann beim Anwender auftreten, bei Konsumgütern beim Konsumenten, bei Produktionsmitteln bei deren Betreiber oder bei der Realisierung eines Exportartikels.

Konkretisiert auf den Einsatz von Robotertechnik und flexiblen Automatisierungslösungen sowie ausgehend von der Mikroelektronik als Schlüsseltechnologie ergibt sich die Notwendigkeit, die Gesamtheit der Stufeneffekte auf drei Ebenen zu erfassen: beim Bauelementehersteller, beim Systemhersteller und beim Systemanwender. Es ist eindeutig, daß bei aller Notwendigkeit der Effektivitätserhöhung auf allen drei Ebenen die wesentlichsten Rationalisierungseffekte erst beim Anwender entstehen können. Daraus leitet sich die Forderung ab, daß mindestens die wichtigsten in der Stufenfolge aufeinander angewiesenen Kombinate bereits koordinierte Entwicklungskonzeptionen und abgestimmte Pläne erarbeiten:

> "Eine wesentliche Voraussetzung für die immer bessere Übereinstimmung von materieller und finanzieller Planung in den Kombinaten und Betrieben besteht in der Organisation eines reibungslosen Zusammenwirkens aller am Prozeß der Ausarbeitung der Pläne und Bilanzen beteiligten Struktureinheiten" /1.12/.

Die schnelle Entwicklung der Mikroelektronik hat auch technisch-technologisch eine Integrationstendenz über die Produktionsstufen hinweg in Bewegung gesetzt, die die Grenzen zwischen Bauelemente- und Systemhersteller in zunehmendem Maße verschwinden läßt. Hinzu kommt weltweit die Zunahme der Produktdifferenzierung. Die Anpassung an diesen Trend verlangt Modularisierung und flexible Technologien. Diesen Tatbeständen muß auch die Effektivitätsbewertung Rechnung tragen.

3. Neue Qualitätsmaßstäbe

Die Überlegung, daß das Effektivitätspotential technischer Neuerungen erst beim Anwender voll wirksam wird, läßt das technische Niveau und die Qualität der Erzeugnisse in neuem Licht erscheinen. Auf der Stufe der von der industriellen Revolution hervorgebrachten Technik galt vielfach das Qualitätskonzept "So viel Qualität, wie für eine angemessene Nutzung nötig".
Mit ihrem Eindringen in die Mikrometer- und Submikrometerbe-

reiche gelten für die Technik der wissenschaftlich-technischen Revolution und folglich für heutige Hochtechnologien andere Gesetzmäßigkeiten. Damit soll nicht gesagt werden, daß die traditionelle Auffassung außer Kraft gesetzt wird; sie mag für manche Aufgabenstellung noch zu Recht gelten. Aber für wachsende Bereiche technischer Produktion erweisen sich andere Qualitätskonzepte als ökonomische Regel, die ein grundlegendes Umdenken erfordern. Diese auf maximal mögliche Qualität, Präzision und Zuverlässigkeit ausgerichtete Strategie zeichnet sich vornehmlich dadurch aus, daß sie prozeßbegleitend in den Produktionsprozeß integriert bereits Bestandteil der technologischen Vorbereitung zu sein hat.

Die Erfahrungen international führender Produzenten haben die Befürchtung widerlegt, daß solch eine in den technologischen Prozeß integrierte Qualitätskontrolle über alle Stufenprozesse hinweg zu aufwendig und ökonomisch nicht tragbar sei. Der erreichte Nutzen hat die Investitionen für durchgehende Qualitätssicherungssysteme vollauf gerechtfertigt.

Mit ihnen wird ein weiteres Moment von erheblicher ideologischer Bedeutung mit höherem Wirkungsgrad durchsetzbar - die Einbeziehung jedes Werktätigen als entscheidendem subjektiven Faktor in das Qualitätssicherungssystem. Der Erfolg der Bewegung "Meine Hand für mein Produkt" hängt ohne durchgängiges Qualitätssicherungssystem wesentlich vom Bewußtsein des Individuums ab, solange eine Abweichung von der technologischen Disziplin ohne direkte Konsequenz für den Verursacher bleibt. Mit der Integration der Qualitätssicherung in den technologischen Prozeß selbst werden direkte Impulse wirksam, wenn Erfolge oder Mißerfolge des eigenen Tuns unbestechlich zutage treten.

Die Dialektik flexibler Automatisierung stellt sich also verallgemeinert folgendermaßen dar: Die gesamte moderne Informationstechnik stellt Präzisions-, Qualitäts- und Zuverlässigkeitsansprüche von bisher unerreichtem Ausmaß an alle zu ihrer Produktion erforderlichen Vorleistungen in einem breiten Spektrum. Umgekehrt schafft sie aber auch die Voraussetzungen, um Anlagen und Geräte zu entwickeln, die entsprechenden Qualitätsansprüchen genügen.

4. Ökonomie der Zeit

Die Beschleunigung des wissenschaftlich-technischen Fortschritts und die daraus resultierenden Marktbedingungen rücken auch die Zeitdimension als ökonomischen Faktor und als ökonomische Ressource auf neue Weise ins Blickfeld ökonomischer Rationalität. Bekannt ist das von Marx entdeckte Gesetz der Ökonomie der Zeit, nach dem jede Ökonomie sich letztlich in Ökonomie der Zeit auflöst. Die Strategie der umfassenden Intensivierung, die die Ökonomisierung aller ökonomischen Ressourcen in allen Reproduktionsphasen umfaßt, ist der zeitgemäße Ausdruck dieses Marx'schen Gesetzes /1.13/.

Die "Auflösung aller Ökonomie in Ökonomie der Zeit" ist im Rahmen der umfassenden Intensivierung in mehrfacher Hinsicht zu betrachten:

. Nach der Marx'schen Arbeitswertlehre stellt der Wert Verkörperung von gesellschaftlich notwendigem Arbeitsaufwand dar, dessen Ausdehnung sich in der Zeit mißt. Das heißt, Produktionsverbrauch plus Nettoprodukt sind in ihrer Wertform modifizierter Ausdruck des Verbrauchs von vergegenständlichter und lebendiger Arbeit oder transformierte gesellschaftliche Arbeitszeit, die allerdings nur in dem Umfang wertbildend wirkt, wie sie als gesellschaftlich notwendig anerkannt wird. Das drückt sich in solchen Wertkategorien wie Kosten und Preis aus, deren Ökonomisierung im Endeffekt durch Arbeitszeiteinsparung Teile des gesellschaftlich verfügbaren Arbeitszeitfonds damit für andere Verwendungszwecke freisetzt.

. Marx nennt "auf der Grundlage der gemeinschaftlichen Produktion" im gleichen Atemzug mit Ökonomie der Zeit die "planmäßige Verteilung der Arbeitszeit" durch die sozialistische Gesellschaft. Jede Disproportion führt zwangsläufig zur Vergeudung von verfügbarer Arbeitszeit, die nicht als gesellschaftlich notwendig realisiert wird. Dieser Aspekt gewinnt für die umfassende Intensivierung vorrangige Bedeutung, werden doch dadurch die gesellschaftlichen Verflechtungen der Ökonomie der Zeit deutlich. Eine Materialeinsparung mag aus betrieblicher Sicht als solche erscheinen und abgerechnet werden; wenn sie aber zu Qualitätsminderung führt, die zusätzliche Reparaturleistungen verursacht oder die optimale Nutzungsdauer unterschreiten läßt, so verkehrt sich das, was ursprünglich als Materialeinsparung erschien, in Vergeudung, wurde dabei nicht nur Material, sondern obendrein Aufwand an lebendiger Arbeit unnütz verausgabt.

Die Marx'sche Reproduktionstheorie erörtert umfassend das Problem der Umschlagszeit vorgeschossener Mittel, Sie setzt sich aus Produktionszeit plus Zirkulationszeit zusammen. Die Einheit der Phasen des Reproduktionsprozesses in seinem zeitlichen Verlauf sei unter zwei Gesichtspunkten beleuchtet. Einerseits wird nicht immer in ökonomischen Betrachtungen der Unterschied des reproduktiven Verhaltens von Grund- und Umlauffonds angemessen berücksichtigt. Daß die Wertübertragung der Umlaufmittel ebenso wie die Bildung des Neuwertes mit einem Produktionsprozeß abgeschlossen ist, während Grundmittel ihren Wert in Form von Abschreibungen stückweise über eine Vielzahl solcher Prozesse übertragen, ist hinlänglich bekannt. Es gilt aber, dahinter zu schauen, was das bedeutet. Marx unterscheidet zwischen angewandtem und konsumiertem Kapital und verweist auf die wachsende Differenz zwischen beiden /1.14/. In diesem Sinne ist das, was betriebswirtschaftlich als "einmaliger Aufwand" bezeichnet wird, als Fondsvorschuß, und das, was als Kosten erscheint, als Fondsverbrauch zu definieren. Für die Gesellschaft ist aber ökonomisch nicht nur relevant, wieviel gesellschaftliche Arbeitszeit für die Produktion eines Erzeugnisses tatsächlich verbraucht wird, sondern nicht weniger wichtig, wieviel Mittel dabei gebunden und damit anderen Verwendungszwecken entzogen werden.

So ist der Anteil der Abschreibungen am Bruttoprodukt in unterschiedlichen Produktionsbereichen und Zweigen unterschiedlich. Gesamtgesellschaftlich betrug der Anteil der Abschreibungen am gesellschaftlichen Gesamtprodukt 1983 rund 4,5 Prozent. Von diesem Anteil einige Prozent einzusparen, erscheint auf den ersten Blick fast vernachlässigbar. Aber der Grundmittelbestand der produzierenden Bereiche betrug mit 754 Milliarden Mark das

1,3fache des produzierten gesellschaftlichen Gesamtprodukts, Mittel also, die zwar nur mit einem Bruchteil von 3,4 Prozent abgeschrieben wurden, aber in spezifischen Produktionen gebunden waren. Bedenkt man diese Größenordnung, so gewinnt die Grundfondsökonomie ein ganz anderes Gewicht.
Es wurde nicht selten der Versuch unternommen, "einmalige" und laufende Aufwendungen durch Umrechnung in einer Formel zu vereinigen. Was immer die dabei gewählte mathematische Methode sein mag - die unterschiedlichen Weseneinhalte von Fondsbindung und Fondsverbrauch werden damit verwischt. Es handelt sich aber um zwei nach ihrem reproduktiven Zeitverhalten im Reproduktionsprozeß nur getrennt bewertbare Effektivitätskriterien.

. Aus der Einheit der Reproduktionsphasen ergibt sich eine weitere Schlußfolgerung von großem ökonomischen Gewicht. Es ist in diesem Zusammenhang an die Rolle der Lieferzeiten für den Abschluß von Wirtschaftsverträgen zu verweisen - und diese setzen sich eben aus Produktions- und Zirkulationszeit zusammen. Schwerfälligkeit in den Zirkulationsprozessen, beim Abschluß von Verträgen und bei der Lieferung von Fertigprodukten machen Effektivitätsgewinne in der Produktionsphase zunichte.

Damit gewinnt die Flexibilität und Rationalisierung von infrastrukturellen Prozessen, des Transports und der Kommunikation sowohl innerhalb der Produktionszeit als auch in der Sphäre der Zirkulation eine nicht zu unterschätzende Bedeutung. Der Einsatz von Informations- und Robotertechnik zur Rationalisierung der inner- und außerbetrieblichen Infrastruktur erschließt nicht zu vernachlässigende Effektivitätspotentiale, die insbesondere auf internationalen Märkten nicht selten über Erfolg oder Mißerfolg entscheiden. Aber auch im Rahmen der eigenen Wirtschaft können wir uns auf die Dauer unvertretbar lange Lieferfristen nicht leisten. Dem trägt die gesetzliche Verkürzung von Bestell- und Lieferfristen Rechnung /1.15/.

. Die Beschleunigung des wissenschaftlich-technischen Fortschritts hat die Zeitdauer des moralischen Verschleißes von Erzeugnissen und Technologien in den technisch führenden Gebieten sehr stark verkürzt.

Eine entscheidende Schlußfolgerung daraus besteht in der theoretisch gesicherten Erkenntnis, daß die Innovationskonkurrenz zu einer extremen Verkürzung der Zeitspanne von der Entwicklung bis zum Absatz zwingt. Wer als erster mit einem Spitzenerzeugnis auf den Markt kommt, ist ökonomisch im Vorteil. Dieser Tatbestand ist an und für sich nicht neu; er wurde bereits von Marx bei der Entdeckung der Kategorie des Extramehrwertes bzw. Extraprofits analysiert. Marx bezieht sich dabei auf den technologischen Produktivitätsvorsprung; dies ist dahingehend zu ergänzen, daß der Vorsprung auch für das technische Niveau des Erzeugnisses den gleichen Effekt erzielt, weil der "Marktführer" den noch unbesetzten Markt erschließt, aus einer Monopolstellung heraus Preisvorteile erzielen und durch Patentschutz anderen den Zugang zum Markt erschweren kann.

Ausgehend von einer Bemerkung durch Marx über die so entstehende "ausnahmsweise Produktivkraft" ist der Begriff der dynamischen Effektivität des technisch führenden Produzenten entwickelt worden. Setzt man die dynamische Effektivität ins Verhältnis zur durchschnittlich erreichten Effektivität, so ergibt sich die relative Effektivität. Sie kennzeichnet den ökonomischen Ausdruck für den wissenschaftlich-technischen Vorsprung der Produktion /1.16/.

Vergleicht man diese Kategorien mit den von Marx formulierten, so ergibt sich die Beziehung (1.1.):

$$\eta(t) = \frac{e_i(t)}{\tilde{e}(t)} = \frac{\tilde{p}(t) + \Delta p(t)}{\tilde{p}(t)} \qquad (1.1.)$$

mit

$\eta(t)$	relative Effektivität
$e_i(t)$	dynamische Effektivität der innovativen Produktionseinheit i
$\tilde{e}(t)$	durchschnittliche Effektivität im Produktionsfeld
$\tilde{p}(t)$	Durchschnittsprofit im Produktionsfeld
$\Delta p(t)$	Extraprofit

Es bieten sich noch weitere Überlegungen an. Die Marx'sche Lehre vom Extraprofit ist aus den Bedingungen des Konkurrenzkampfes in der privatkapitalistischen Warenproduktion abgeleitet. Das sind die Bedingungen, unter denen sich unsere Erzeugnisse auf dem Weltmarkt behaupten müssen. Für die sozialistische Planwirtschaft kann aber der gesellschaftlich durchschnittlich notwendige Arbeitsaufwand nicht die Resultante blindwirkender Marktkräfte sein.

Die durchschnittliche Effektivität ergibt sich als Plangröße, die sich als Verhältnis des zu erzielenden ökonomischen Wachstums zu den einzusetzenden ökonomischen Ressourcen und zugleich als volkswirtschaftliche Aggregation dieses Effektivitätsausdrucks für die einzelnen Wirtschaftseinheiten ergibt. Die Strategie der umfassenden Intensivierung verlangt die ununterbrochene Erhöhung der durchschnittlichen Effektivität.

Dabei haben wir es in der Wirtschaft durchweg mit organischen Wachstumsprozessen zu tun. Je nachdem ob man diese als kontinuierliche oder diskontinuierliche Prozesse betrachtet, lassen sie sich mathematisch durch eine Exponentialfunktion oder die Zinseszinsrechnung abbilden. Objektiv gibt es für beide Betrachtungen Begründungen. Da wir jedoch in diskreten Zeiträumen planen und abrechnen, entscheiden wir uns für die Zinseszinsrechnung. Mit ihr wird die Zeitdynamik angemessener ökonomisch bewertet, als mit dem üblichen Nutzkoeffizienten für Investitionen, der als Kehrwert der Rückflußdauer nur linear und damit statisch bestimmt wird.

Die relative Effektivität einer Innovation ließe sich dann als die Relation der durch sie erreichbaren dynamischen Effektivität zur im volkswirtschaftlichen Durchschnitt geplanten Effektivität beurteilen. Rein rechnerisch zeigt sich, daß nicht alle Innovationen eine überdurchschnittliche Effektivität haben. Das entspricht der ökonomischen Realität, daß nicht alle Erzeugnisse technische Spitzenprodukte sein können. Die Dynamik des wissenschaftlich-technischen Fortschritts erfordert allein schon erhebliche Anstrengungen in Forschung, Entwicklung und Überleitung in die Produktion, um Verluste von Märkten und bei der erzielbaren Devisenrentabilität zu vermeiden, d. h. ein bereits erreichtes Effektivitätsniveau zu halten. Allein das genügt nicht. Aus dem objektiven Zwang, die volkswirtschaftlich durchschnittliche Effektivität insgesamt laufend und dynamisch zu steigern, ergeben sich notwendigerweise zwei ergänzende Forderungen: Das Effektivitätsniveau jeder Innovation muß über dem der abgelösten Produktion liegen, und die Gesamtheit aller Innovationen muß ausreichen, um die geplante Steigerungsrate der volkswirtschaftlichen Effektivität abzusichern. Anders ausgedrückt: die Summe aller relativen Effektivitäten muß positiv sein. Das findet u. a. Ausdruck in der Normative für die Planung und Messung der Effektivität der gesellschaftlichen Produktion, wonach der Export neuer Erzeugnisse schneller wachsen muß als der Aufwand der Mittel für Wissenschaft und Technik.

Es soll hier nicht näher erörtert werden, welche konkreten Kennziffern sich eignen, um die relative und dynamische Effektivität auszudrücken. Die angeführte Normative legt das Verhältnis von Nettoproduktion je Einheit Fondsvorschuß nahe. Im gegebenen Fall ist von den Hauptzielen einer Innovation eine entsprechende Wahl zu treffen, wobei im Sinne einer Polyoptimierung eine Kombination von Kennziffern die zuverlässigste Aussage entsprechend allen in der Planungsordnung geforderten Effektivitätsnormativen zulassen dürfte.

. Das erwähnte Wesen des ökonomischen Wachstums als exponentieller Prozeß berührt einen weiteren Aspekt des Gesetzes der Ökonomie der Zeit. Im Rahmen der umfassend erweiterten Reproduktion hat jede Investition, ob Neuinvestition oder Ersatzinvestition, einen vergleichbar höheren Ertrag zum Ziele. Es geht also nicht nur um die Mittelbindung als solche, sondern auch darum,daß die Frist bis zur Fertigstellung, bis zum Wirksamwerden des Objektes darüber entscheidet, wie früh oder spät dieser Ertrag der Volkswirtschaft zugeführt werden kann. Dieser Sachverhalt soll anhand der in Bild 1.3 vereinfachten grafischen Darstellung erläutert werden.

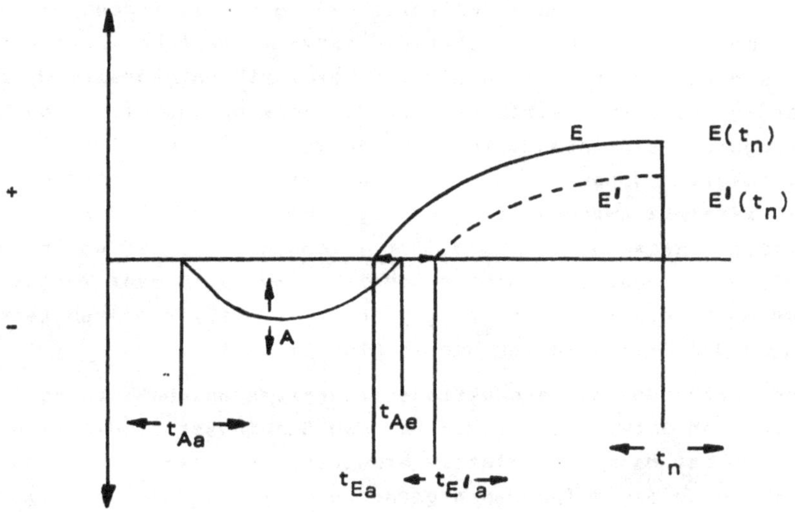

Bild 1.3: Aufwands-/Ertragskurve

Die Kurve A kennzeichnet die Aufwendungen in ihrem Verlauf vom Zeitpunkt t_{Aa} bis zum Abschluß bei t_{Ae}. Bei dem weitgehend willkürlich dargestellten, im Einzelfall sicherlich unterschiedlich über die Zeit verteilten Anfall der Aufwendungen wird unterstellt, daß sie anfangs bis zu einem Maximum ansteigen und zum Ende hin abnehmen.

Die Kurve E stellt die Ertragskurve vom Zeitpunkt t_{Ea} dar, der den ökonomisch optimalen Zeitpunkt kennzeichnen soll. Eine gewisse zeitliche Überlappung von Aufwendungen und Ertrag ist der Überlegung geschuldet, daß in einer Einarbeitungsphase noch ein Betreuungsaufwand anfällt und der Ertrag erst allmählich ansteigt. Der Zeitpunkt $t_{E'a}$ und die Kurve E' sollen den Ertragsverlauf bei verzögertem Einsatz darstellen.

Die Gründe für eine Verzögerung von t_{Ea} können unterschiedlicher Art sein: zu späte Inangriffnahme der Aufgabe (t_{Aa}) oder Verlängerung der produktionsvorbereitenden Phase (t_{Ae}). Beide Ursachen können sich unterschiedlich auf die anfallenden Gesamtaufwendungen, die Fläche über der Kurve A auswirken, was der Übersichtlichkeit wegen hier nicht explizit dargestellt wird, aber zu beachten bleibt. Der für die Volkswirtschaft durch Zeitverzögerung eintretende Verlust, erfaßt zu einem Zeitpunkt t_n, ist folglich doppelter Art: auf der Zeitachse erkennbar durch die Differenz zwischen $t_{E'a}$ und t_{Ea} sowie vertikal durch die Differenz zwischen $E(t_n$ und $E' t_n)$, der Effekt, der unter dem fünften behandelten Aspekt beschrieben wurde. Dieser Verlust wird durch die Fläche t_{Ea}, $t_{E'a}$, $E'(t_n)$, $E(t_n)$ repräsentiert, die in der Zeitdimension nach hinten offen ist.

Eine Verkürzung der produktionsvorbereitenden Phase in Forschung und Entwicklung sowie bei den Sachinvestitionen kann sich selbst dann als effektiv erweisen, wenn sie sich in bestimmtem Umfang aufwandssteigernd auswirkt. In der Regel werden sich Aufwendungen zur Rationalisierung in der produktionsvorbereitenden Phase in der Produktionsphase vielfach bezahlt machen.

Die größten Verluste treten natürlich beim Abbruch von Themen auf, aber ohne ein vertretbares Maß an Risikobereitschaft werden große Durchbrüche mit einer langandauernden relativen Effektivität nicht erreichbar sein. Erst die Einheit von Verfahrens- und Erzeugnisinnovation bringt die vollen Effekte, und die Orientierung auf die Erhöhung der Innovationsrate der Erzeugnisse zeigt erste positive Ergebnisse. Wie immer wieder in den Dokumenten der Partei und des Staates betont, kommt es nicht auf eine rein statistische Erfüllung durch Einbeziehung von Pseudoinnovationen an, sondern auf besser verkaufbare, hochwertige Erzeugnisse.

Die kostengünstigste Variante bleibt eine weitsichtige Entwicklungskonzeption, die den Zeitpunkt t_{Aa} vor anderen Konkurrenten ansetzt. Ein wichtiger Maßstab dafür ist die Patentergiebigkeit, bezogen auf die Anzahl der wissenschaftlichen Mitarbeiter. Diese Kenngröße weist zwischen den einzelnen Kombinaten erhebliche Leistungsdifferenzen auf. Die Erfahrungen ökonomisch erfolgreicher Forschungseinrichtungen zeigen, daß ein nicht zu großes, relativ stabiles Arbeitskollektiv, das einige Zeit systematisch auf einem abgrenzbaren Gebiet arbeitet und dabei gleichzeitig vorausschauend hinreichend oft neue Arbeitsgebiete und Betätigungsfelder sucht, Leistungen motiviert und die Arbeitsorganisation auf die Ergebnisse hin optimiert, die beste Voraussetzung für eine hohe relative Effektivität bildet, die sich in ökonomischen Ergebnissen niederschlägt.

Die Wirkungen der flexiblen Automatisierung umfassen demzufolge 4 grundlegende Kategorien:

- technische Wirkungen,
- ökonomische Wirkungen,
- soziale Wirkungen,
- innovative Wirkungen,

die miteinander in Beziehung und gegenseitiger Beeinflussung stehen.

Von besonderer Bedeutung ist es dabei, sich in der gegenwärtigen Etappe der Einführung und Ausbreitung der flexiblen Automatisierung den bisher wenig erforschten stimulierenden Wirkungen dieser Schlüsseltechnologie auf den Innovationsprozeß von Erzeugnissen und von Technologien zu widmen. Einer der wesentlichen Unterschiede der flexiblen Automatisierung zur Einzweckautomatisierung besteht eben gerade darin, die neuen Eigenschaften der Flexibilität sowohl für eine Beschleunigung der Oberführung in die Produktion in Form neuer und weiterentwickelter Produkte zu nutzen als auch den Prozeß der sozialistischen Rationalisierung durch laufende Erneuerung der Produktions- und Informationstechnologien in Form höherer Generationen von flexiblen Fertigungssystemen, Industrierobotern, CAD/CAM-Systemen und Computern voranzutreiben.

Naturgemäß schlagen sich diese generellen innovativen Wirkungen der flexiblen Automatisierung im einzelnen in den technischen und sozialökonomischen Effekten nieder. Auf Grund der unbestreitbaren Tatsache, daß sie jedoch gegenwärtig zumeist nicht erkannt, berücksichtigt und ausgewiesen werden, werden sie sowohl an dieser Stelle als auch im 8. Kapitel explizit im einzelnen behandelt.

Die Effektivitätsberechnung der flexiblen Automatisierung beinhaltet im einzelnen den Nachweis

. der Verbesserung der technischen Wirkungen in bezug auf technisch-technologische Leistungsparameter (Stückzeit, Zuverlässigkeit, Genauigkeit etc.) und die Einschätzung des Qualitätsniveaus der Innovation (u.a. über die Generationsfolge von Rechentechnik und Industrierobotertechnik);
. der Erhöhung der ökonomischen Wirkungen durch
  - Verringerung des Aufwandes an Investitions-, Peripherie- und technologischen Kosten,
  - Vergrößerung der Wachstums-, Freisetzungs-, Einsparungs-, Qualitäts- und Organisationswirkungen in bezug auf das Wachstum von Arbeitsproduktivität, Produktion, Gewinn, die einmalige Freisetzung von Arbeitskräften und Grundmitteln, die laufende Einsparung von Arbeitszeit, Material und Energie, die qualitative Verbesserung von Sortiment, Gebrauchswert und Güte der Erzeugnisse sowie die Erhöhung der Flexibilität, Stabilität und Kontinuität der Produktion;
. der sozialen Wirkungen, insbesondere /1.17/
  - soziale Wirkungen, die den Charakter und den Inhalt der Arbeit beeinflussen:
    Verringerung monotoner, anforderungsarmer, körperlich schwerer und gesundheitsgefährdender Arbeit, höhere Ansprüche an Qualifikation und Verantwortung, erhöhter Anteil schöpferischer Arbeit als anzustrebende positive Wirkungen sowie potentielle, bewußt zu verhindernde negative Wirkungen, wie die Verlagerung der Beanspruchung auf überwiegend psychonervale Belastung oder die Spaltung von Arbeitsinhalten in anforderungsarme und anforderungsreiche,
  - soziale Wirkungen, die die Arbeitsbedingungen verändern:
    Verminderung von Lärm-, Hitze- und Staubeinflüssen, Verbesserung der Arbeitsplatzgestaltung und Erhöhung des Einkommensniveaus als anzustrebende positive Wirkungen sowie zu verhindernde negative Wirkungen, wie

die Bindung des Menschen an technologische Zwangstakte, die Verringerung der Mensch-Mensch-Kommunikation durch die Verlagerung auf den Mensch-Maschine-Dialog sowie die Vereinzelung des Menschen bei Aufhebung bestehender Arbeitskollektive

- soziale Wirkungen, die zu Veränderungen in den Qualifikationsanforderungen und in der Qualifikationsnutzung führen:
  Beseitigung von Arbeiten, die keine Qualifikation erfordern, Verbesserung der Nutzung der vorhandenen Qualifikation und Entstehung neuer, höherer oder anderer Qualifikationsanforderungen, die zu einer Erhöhung des Qualifikationsniveaus führen als anzustrebende positive Wirkungen sowie zu verhindernde negative Wirkungen, wie das Absinken der Qualifikationsanforderungen und der Qualifikationsnutzung bei der Übertragung von verbleibenden Hilfsfunktionen
- soziale Wirkungen, die zu verändertem Leistungsverhalten der Beschäftigten im Hinblick auf Arbeitsmotivation, Arbeitszufriedenheit, Arbeitsmoral, Leistungsbereitschaft, soziales Klima, Beteiligung an der Arbeitsplatzgestaltung, der Leitung und Planung, des Wettbewerbs und der Neuererarbeit, Qualifikationsbereitschaft und Herausbildung kollektiver Verhaltensweisen führen.

Die Messung und Bewertung dieser Effekte bedingen die verstärkte Anwendung soziologischer und arbeitswissenschaftlicher Methoden und Verfahren; sie sind mit den technischen und ökonomischen Effekten in Wechselwirkung verbunden;

. der Innovationswirkungen auf der Basis der bereits erläuterten Denk- und Vorgehensweise, insbesondere der Nachweis der Entwicklung solcher Faktoren wie

  - die relative Effektivität $\eta(t)$ entsprechend der in Gleichung (1.1) dargestellten Beziehung als Verhältnis der dynamischen Effektivität $e_i(t)$ der innovativen Produktionseinheit i und der durchschnittlichen Effektivität $\tilde{e}(t)$ aller vergleichbaren Produktionseinheiten mit dem Ziel

$$\eta(t) > 1 \qquad (1.2)$$

- die produktbezogene Neuerungs- und Innovationsrate

$$R_I = \frac{P^*}{P} \qquad (1.3)$$

als Anteil neuer Erzeugnisse P^* an der Gesamtproduktion P, wobei dieser Koeffizient auch prozeßbezogen auf neue Technologien angewendet werden kann

- die Erhöhung des Veredelungsgrades der Erzeugnisse, d. h. die Erhöhung des je materieller Ressourceneinheit bzw. je Zeiteinheit geschaffenen Neuwerts, der im Preis der Erzeugnisse oder in seinem Kilopreis seinen Niederschlag findet.

Insgesamt zeigt sich, daß der Innovationsprozeß Flexible Automatisierung einen ebenso komplexen und vielschichtigen wie zukunftsreichen Prozeß zur Vorbereitung und Durchsetzung einer Schlüsseltechnologie darstellt, deren Produktivitäts- und Effektivitätspotential durch eine systematische strategische Arbeit in Wissenschaft und Produktion erschlossen und durch die zielgerichtete Realisierung von Automatisierungsprojekten praktisch genutzt wird.
Die angewandte Systemanalyse als Denkweise, Methodologie und Instrumentarium dient dieser Aufgabenstellung. Sie hat sich in Verbindung mit moderner dialogorientierter Rechentechnik unter Verwendung von Zentralrechnern mit Terminals und dezentral am Arbeitsplatz genutzten Personalcomputern als ein geeignetes Verfahren zur Simulation und Bewertung strategischer Varianten der flexiblen Automatisierung bewährt. Diese Art des

Herangehens, die algorithmische Modellierung und die softwareseitige Realisierung der Szenarien werden in den nachfolgenden Kapiteln in ihren Grundlagen und ihren Resultaten dargestellt.

2. Computergestützte Systemanalyse des Innovationsprozesses Flexible Automatisierung

2.1. Zielstellung und Inhalt der Systemanalyse

Die Entwicklung der Elemente der flexiblen Automatisierung ist nach Tabelle 1.2. durch überdurchschnittliche Wachstumsraten gekennzeichnet. Dies bezieht sich sowohl auf die Entwicklung, die Produktion und den Einsatz neuer Maschinen und Anlagen zur Automatisierung von Produktions- und Informationsprozessen als auch auf die Bereitstellung von Bauelementen und Geräten der Mikroelektronik und der Betriebsmeß-, Steuer- und Regeltechnik zur Modernisierung vorhandener Grundfonds.

Entsprechend der Direktive des XI. Parteitages zur Entwicklung der Volkswirtschaft der DDR werden im Jahre 1990

190	flexible Fertigungssysteme
130.000 ... 135.000	Industrieroboter
90.000 ... 95.000	CAD/CAM-Stationen
170.000	Personalcomputer

in Betrieben, Kombinaten und leitenden Organen in allen Ebenen der Volkswirtschaft genutzt werden. Allein für die rationelle Auslastung der CAD/CAM-Stationen werden bis 1990 500.000 Arbeitskräfte als Nutzer qualifiziert.

Der ursprüngliche Planansatz bis 1990 legte die Einführung von 28.000 CAD/CAM-Stationen fest, so daß die erweiterte Aufgabenstellung eine Verdreifachung bedeutet, die der beschleunigten Durchsetzung von Schlüsseltechnologien dient.

Weitere Zielstellungen sehen vor, daß der Anteil automatisiert gefertigter Erzeugnisse bis zum Jahre 1990 verdreifacht wird, wobei die produktbezogene Innovationsrate R_I im Durchschnitt den Wert

$$R_I \geqq 0,3 \qquad (2.1)$$

erreichen soll.

Der ökonomische Nutzeffekt von FMS- und CAD/CAM-Lösungen bezieht sich dabei sowohl auf die in den Tabellen 1.1 und 2.1 zusammengefaßten Zielstellungen als auch auf die Wirkungskette

$$\Delta A^{o} \rightarrow \Delta F^{o} \rightarrow \Delta R_{I} \rightarrow \Delta G \qquad (2.2).$$

Sie geht davon aus, daß der zur Sicherung einer geplanten Produktivitätssteigerung erforderliche wachsende Automatisierungsgrad ΔA^{o} durch flexible Automatisierung zu einer höheren Flexibilitätsrate ΔF^{o} führen muß, die wiederum eine dynamische Anpassung an neue Marktbedürfnisse und neue technische Lösungen und damit eine größere Innovationsrate ΔR_{I} stimuliert. Die auf diese Weise mögliche, schnellere Überführung innovativer Erzeugnisse mit höherer Leistungsfähigkeit und verbesserten Gebrauchswerten muß folglich einen Gewinnzuwachs ΔG im Vergleich zur bisherigen Produktion realisieren.

Die Analyse und Modellierung dieser grundlegenden Zusammenhänge als Grundlage einer bewußten Steuerung wissenschaftlich-technischer Innovationsprozesse läßt sich sinnvoll und rationell unter Nutzung der computergestützten Systemanalyse durchführen.

Die computergestützte Systemanalyse ist in ihrer Einheit als Denkweise und Instrumentarium zur Untersuchung, Gestaltung und Steuerung Großer Systeme in der sozialistischen Wirtschaft für die Lösung unterschiedlicher Aufgaben verwendbar. Hierzu zählten bisher insbesondere

. die Optimierung ökonomischer Prozesse in Verbindung mit Methoden der Operationsforschung
. die Steuerung betrieblicher, zweiglicher und volkswirtschaftlicher Reproduktionsprozesse unter Nutzung von Modellen der ökonomischen Kybernetik,
. die Automatisierung von Informationsprozessen durch elektronische Datenverarbeitungstechnik.

Mit dem Übergang zur verstärkten Entwicklung und zur beschleunigten Einführung neuer Erzeugnisse und neuer Technologien mit dem Ziel der Erreichung eines höheren Produktivitäts- und Effektivitätsniveaus in der Volkswirtschaft der DDR entwickelte sich ein weiteres, zukunftsträchtiges Anwendungsgebiet der Systemanalyse:

Lfd. Nr.	Effekt	Größenordnung
1	Verkürzung der Entwicklungs- und Überleitungszeiten	50 ... 75 %
2	Verringerung der Durchlaufzeiten neuer Erzeugnisse	40 ... 60 %
3	Kostensenkung bei der technischen Vorbereitung	50 %
4	Senkung der Materialkosten je Anwenderfall	15 %
4a	. bei Anwendung von Optimierungsverfahren	bis 55 %
5	Senkung des Materialeinsatzes	20 ... 40 %
6	Verbesserung des Masse-Leistungs-Verhältnisses	35 %
7	Senkung des Energieverbrauchs	15 ... 20 %
8	Gebrauchswert-Erhöhung neuer Erzeugnisse	bis 50 %
9	Arbeitszeiteinsparung bei neuen Erzeugnissen	30 ... 40 %
10	Arbeitskräftegewinnung je PC	1 ... 4 AK
11	Arbeitszeiteinsparung/1 TM Investitionen	50 ... 60 h
12	Produktionszuwachs neuer Erzeugnisse/ 1 TM Investitionen	5 ... 8 TM
13	Rückflußdauer	1 ... 2 Jahre
14	Anreicherung der Arbeitsinhalte	...
15	Verbesserung der Arbeitsbedingungen	...

<u>Tabelle 2.1:</u> Erreichbare spezifische Effekte durch FMS- und CAD/CAM-Lösungen (Auswahl)

- die Entwicklung von Innovationsstrategien für Produkt- und Prozeßinnovationen unter Einsatz computergestützter Entscheidungsmodelle.

Das Ziel der Systemanalyse wissenschaftlich-technischer Innovationsprozesse besteht darin, Eigenschaften, Gesetzmäßigkeiten und Dynamik dieser Prozesse im Rahmen der Volkswirtschaft, ihrer Kombinate und Betriebe zu untersuchen und Strategien als langfristige Handlungsalternativen unter Ungewißheit zur Erreichung grundlegender Ziele abzuleiten, zu bewerten und effektive Varianten als Basis für Leitungsentscheidungen auszuwählen.

Innovationsprozesse als Grundelemente des wissenschaftlich-technischen Fortschritts sind Prozesse der Entwicklung, Nutzung und Ausbreitung von neuen Erzeugnissen mit neuen oder verbesserten Gebrauchseigenschaften und Leistungsparametern (Produktinnovationen) und von neuen Technologien mit höherer Effektivität (Prozeßinnovationen)

Innovationen I bilden nach Beziehung (2.3)

$$I = f\,(B, L, R) \qquad (2.3)$$

und Bild 2.1 das Ergebnis der Vereinigung

- eines existierenden oder latent vorhandenen Bedarfs B
- mit nutzbaren wissenschaftlich-technischen Problemlösungen L
- unter gegebenen oder möglichen Realisierungsbedingungen R /2.1/ .

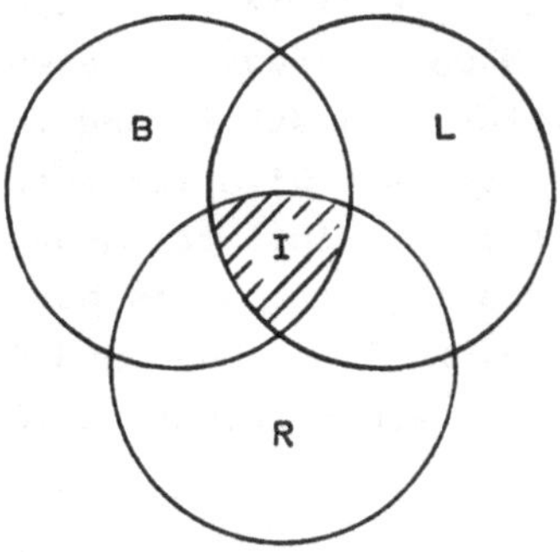

Bild 2.1: Innovation I in Abhängigkeit von den Faktoren B, L, R

Zu den tragenden Innovationen der Gegenwart zählen die Mikroelektronik und die auf ihr basierende flexible Automatisierung, moderne Biotechnologien, neue Werkstoffe und neue Energieressourcen. Dabei erschließt die flexible Automatisierung als neue Form der Automatisierung von Produktionsprozessen und von Informationsprozessen zur Entwicklung und Fertigung kurzfristig wechselnder, innovativer Erzeugnissortimente im Vergleich zur bisher dominierenden Einzweckautomatisierung das umfangreiche Gebiet der Klein- und Mittelserienfertigung für die Automatisierung, führt zu einer sprunghaften Steigerung der Arbeitsproduktivität und ermöglicht vielfältige technische, ökonomische, soziale und innovative Effekte im Rahmen computerintegrierter Fertigungssysteme nach dem CIM-Konzept (Bilder 1.1 und 1.2).

Inhaltlich lassen sich 3 Klassen von Aufgaben der Systemanalyse von Innovationsprozessen mit Ziel und Inhalt nach Tabelle 2.2 unterscheiden:

- Analyse der Innovationssituation zur Ermittlung des innovationswürdigen Potentials,
- Synthese von Innovationsprozessen zur Simulation und Variation von Innovationsstrategien,
- Bewertung von Innovationsstrategien zur Auswahl der effektivsten Strategievarianten.

Die Analyse der Innovationssituation als erste Aufgabenklasse umfaßt die Untersuchung der Bedarfsfelder und der Lösungsfelder, der Innovationstypen und der Innovationspotentiale. Zu den Bedarfsfeldern der flexiblen Automatisierung in der metallverarbeitenden Industrie zählen nach Bild 2.2 automatisierbare Produktions- und automatisierbare Informationsprozesse. Automatisierbare Produktionsprozesse umfassen mechanische Vorfertigung, Montage und Oberflächenbehandlung, Meß- und Prüfprozesse, Transport und Lagerhaltung sowie Instandhaltungsprozesse.

Lfd. Nr.	Aufgabe	Ziel	Inhalt
1	Analyse von Innovationssituationen	Ermittlung des automatisierwürdigen Potentials	. Identifizierung der Bedarfs- und Lösungsfelder . Einschätzung der Innovationstypen . Berechnung von Größenordnung und Nutzungsgrad des automatisierwürdigen Potentials
2	Synthese von Innovationsprozessen	Ableitung und Simulation von Automatisierungsstrategien	. Bestimmung der wissenschaftlichen, technischen, technologischen, ökonomischen und sozialen Einflußfaktoren . Fixierung der Innovationsphasen . Ableitung von Grundstrategien . Simulation von Strategievarianten
3	Bewertung von Innovationsstrategien	Auswahl der effektivsten Strategievarianten	Ermittlung . technischer . ökonomischer . sozialer . innovativer Wirkungen

Tabelle 2.2: Aufgaben, Ziel und Inhalt der Systemanalyse von Innovationsprozessen der flexiblen Automatisierung

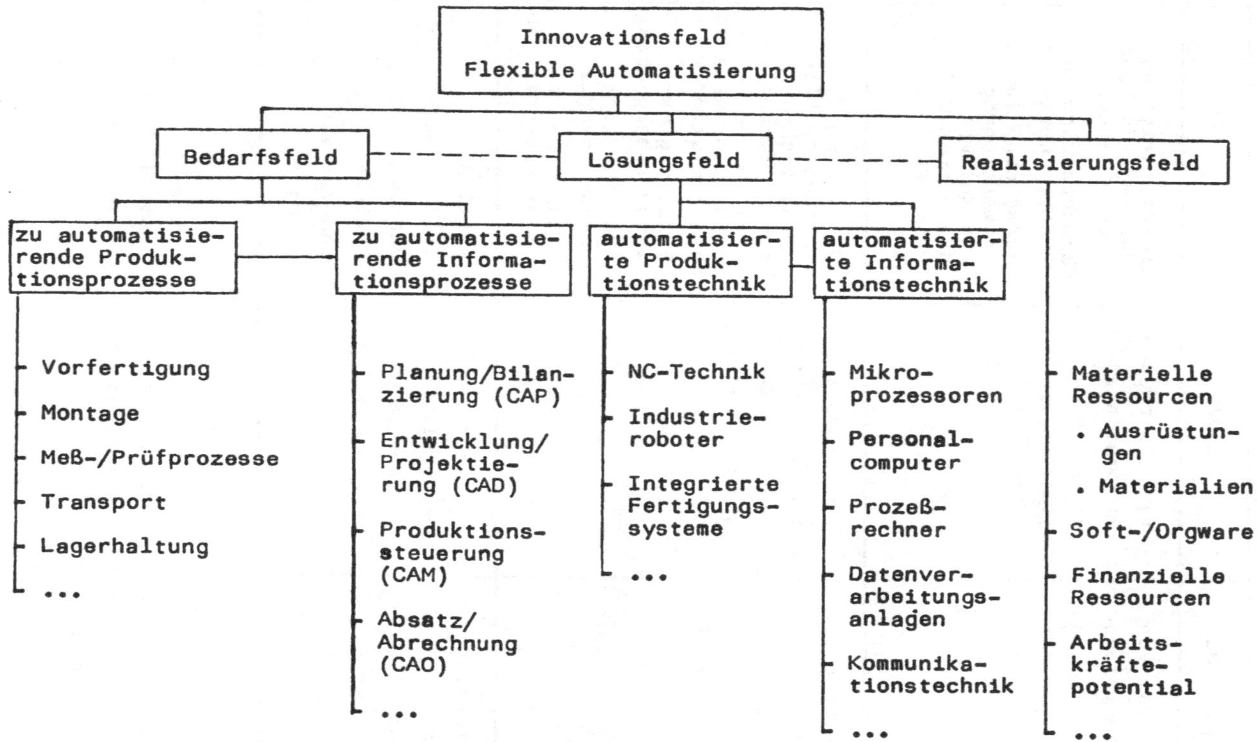

<u>Bild 2.2:</u> Elemente des Innovationsfeldes Flexible Automatisierung eines Kombinates

Elemente automatisierbarer Informationsprozesse bilden computergestützte technisch-ökonomische Planung und Bilanzierung (CAP), Forschung, Entwicklung und Projektierung (CAD), Produktionssteuerung (CAM) sowie Absatz und Abrechnung (CAO).

Die automatisierte Produktions- und Informationstechnik der flexiblen Automatisierung stellt das potentielle Lösungsfeld des Innovationsprozesses Flexible Automatisierung dar. Es setzt sich gegenwärtig aus numerisch gesteuerten und computer-integrierten Werkzeugmaschinen (NC/CNC-Technik), prozeßspezifischen und prozeßflexiblen Industrierobotern der 1. und 2. Generation sowie flexiblen Fertigungszellen, integrierten Fertigungssystemen und bedienarmen Betriebsteilen zur Automatisierung von Produktionsprozessen sowie aus Mikroprozessoren, Personal- und Mikrocomputern, Großcomputern und Kommunikationsanlagen zur Automatisierung von Informationsprozessen zusammen.

Für die strategische Orientierung der Effektivitätswirkungen von Innovationsprozessen in der sozialistischen Wirtschaft ist dabei das Niveau von Innovationen maßgeblich bestimmend. Aus dieser Sicht werden 3 Typen von Innovationen unterschieden:

- Basisinnovationen
- Verbesserungsinnovationen
- Pseudoinnovationen.

Unter Basisinnovationen werden grundlegende Neuerungen mit weitreichenden Auswirkungen verstanden. Sie eröffnen bisher nicht gekannte Produktionsmöglichkeiten, schaffen oder verändern ganze Industriezweige, ermöglichen eine Steigerung der Arbeitsproduktivität auf das Vielfache bisheriger Lösungen, erschließen umfassende Effektivitätspotentiale und üben tiefgreifende Wirkungen auf die Bedürfnisbefriedigung aus. Derartige Basisinnovationen sind in historischer Sicht etwa die Entwicklung und Verbreitung von Dampfmaschine und Verbrennungsmotor oder in der Gegenwart die Entwicklung und Verbreitung der Mikroelektronik und der flexiblen Automatisierung.

Auf dieser Grundlage entstehen Verbesserungsinnovationen. Sie entwickeln vorhandene Erzeugnisse und Technologien in bezug auf

Qualität, Quantität, Sortiment, Wirkungsgrad, Ressourceneinsatz, Zuverlässigkeit, Kostensenkung, Nutzerfreundlichkeit und Lebensdauer weiter, verbreitern und vertiefen damit das durch die Basisinnovationen geschaffene Effektivitätspotential. Derartige Wirkungen werden von Pseudoinnovationen nicht erreicht, da diese nur scheinbare Neuerungsmerkmale aufweisen. Dazu zählen äußere Retouchen an Erzeugnissen ohne spürbare Steigerung von Gebrauchswert und Funktionssicherheit zur Verlängerung der Marktdauer veralteter Produkte oder die Nutzung der automatisierten Informationstechnik für wenig rationelle Organisationslösungen in der Planung, Leitung und Abrechnung ohne echte Erhöhung des qualitativen Niveaus und der Zeitgerechtheit der bereitgestellten Informationen.

Auf diesen Resultaten der Systemanalyse von Bedarfsfeld, Lösungsfeld und Innovationstypen basiert nun die Berechnung und Nutzung des innovationswürdigen Potentials - auf dem Gebiet der flexiblen Automatisierung des automatisierwürdigen Potentials. Dazu wird das Potential in seiner Gesamtheit, seiner gegenwärtigen Nutzung und seiner möglichen Ausschöpfung in der Form untersucht, daß die Struktur des Fertigungsaufwandes ermittelt und die nicht automatisierbaren Prozesse nach den in Bild 2.3 dargestellten Kriterien analysiert werden. Die vorgenommene Differenzierung von algorithmier- und automatisierfähigen und -würdigen Prozessen ist deshalb notwendig, weil für Entscheidungen derartiger Dimensionen technische, ökonomische und soziale Faktoren herangezogen werden müssen. Außerdem ist der potentielle Automatisierungsgrad A^o

$$A^o = \frac{t_{aut}}{\sum t} \qquad (2.4)$$

t_{aut} Fertigungszeitaufwand automatisierter Prozesse

$\sum t$ Gesamt-Fertigungszeitaufwand

für einzelne Produktionsprozesse unterschiedlich. Während für den Zeitraum der nächsten 10 Jahre für die mechanische Fertigung MF Größenordnungen von $A^o_{MF} \geqq 0{,}6$ prognostiziert werden, wird für Montageprozesse M mit einem Wert von $A^o_M < 0{,}4$ gerechnet.

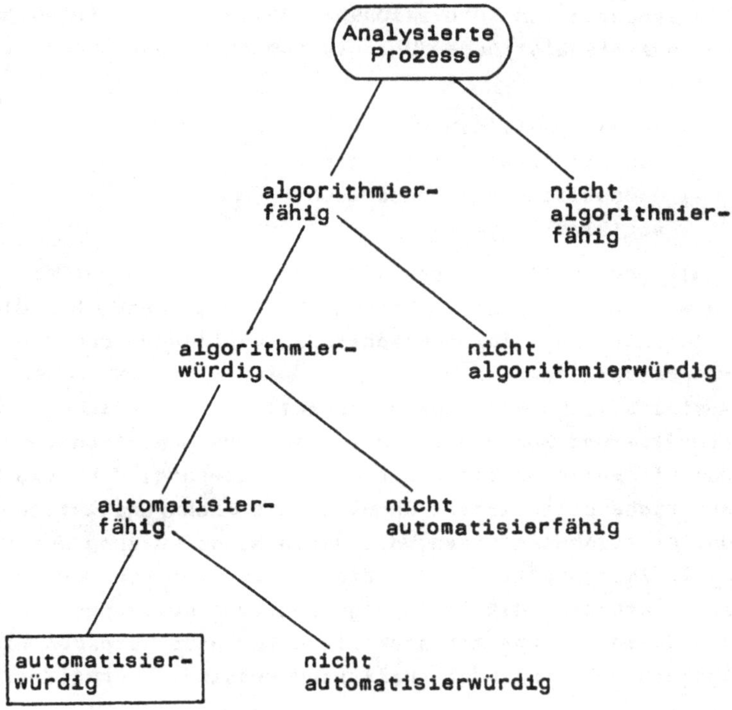

<u>Bild 2.3:</u> Entscheidungsgraph zur Ermittlung des automatisierwürdigen Potentials

Die Synthese von Innovationsprozessen als zweite Aufgabenklasse der systemanalytischen Untersuchungen umfaßt zunächst die Bestimmung

- . wissenschaftlicher
- . technisch/technologischer
- . ökonomisch-organisatorischer
- . sozialer

Ziele und Einflußfaktoren. Sie beziehen sich auf die angestrebte wissenschaftlich-technische Lösung in bezug auf die zu erreichenden sozialökonomischen Zielstellungen und die Realisierungsbedingungen nach Bild 2.2. Wesentlich ist dabei, die für die sozialistische Wirtschaft charakteristische Einheit von Wirtschafts- und Sozialpolitik in der Form praktisch umzusetzen, daß die sozialen Ziele der Automatisierung, d.h. die Gestaltung anspruchsvoller Arbeitsinhalte, die Sicherung leistungsfördernder Arbeitsbedingungen, die weitgehende Nutzung des vorhandenen Qualifikationspotentials, die Entwicklung höherer Qualifikationsanforderungen, die Förderung kreativen Leistungsverhaltens und die Gewinnung von Arbeitskräften für neue Aufgaben als Vorgaben in Form meßbarer oder skalierter Prämissen formuliert werden.

Als Realisierungsbedingungen fungieren die verfügbaren und zu schaffenden Ressourcen auf den Gebieten der Ausrüstungen und Materialien (Hardware), der programmtechnischen und organisationsseitigen Projekte (Soft-/Orgware) und der Arbeitskräfte. Weiterhin sind Zeitpunkt und Zeitdauer der Innovationsphasen Einführung, Wachstum, Reife, Saturation und Veraltung einzuschätzen. Dies ist in Anbetracht des zunehmenden Stellenwertes des Zeitfaktors für die Nutzung der Ergebnisse und Erkenntnisse von Wissenschaft und Technik in der Produktion von grundlegender Bedeutung für die künftige Effektivitätsentwicklung; sie bestimmen zudem im Zusammenhang mit dem gewählten Innovationstyp die Auswahl der Grundstrategien nach Tab. 2.3. Für die flexible Automatisierung sind dabei die Strategien 1 ... 4 von Interesse, für die sich 2 Hauptrichtungen abzeichnen /2.2/ .

Lfd. Nr.	Strategien-Typ	Merkmal	Effektivität	Risiko-Faktor
1	Offensiv-Strategie	Beschreiten von Neuland mit eigenen Lösungen	potentiell am größten	sehr hoch
2	Nutzungs-Strategie	Einstieg in die Wachstumsphase bereits laufender Innovationsprozesse	groß	hoch
3	Übernahme-Strategie	Verwendung von Resultaten realisierter Innovationsprozesse	gering	gering
4	Reaktions-Strategie	Innovationen begrenzten Umfangs auf Anforderung der Abnehmer	sehr gering	kurzfristig gering, langfristig groß
5	Traditions-Strategie	Verzicht auf nennenswerte Innovationen	unbedeutend	
6	Nischen-Strategie	Orientierung auf Restmärkte	unbedeutend	

Tab. 2.3: **Merkmale, Effektivität und Risiko-Faktor grundlegender Strategientypen**

Die erste strategische Hauptrichtung besteht in der weiteren Ausbreitung und schrittweisen Vervollkommnung bereits bewährter Elemente der flexiblen Automatisierung unter Berücksichtigung von Modul-Bauweise und Adaptionsfähigkeit an künftige komplexe Lösungen. Das bedeutet:

- Modernisierung von Werkzeugmaschinen und Anlagen durch mikroelektronische Bauelemente,
- umfassender Einsatz integrierter flexibler Fertigungszellen,
- verstärkte Einführung von prozeßflexiblen Industrierobotern der 2. Generation,
- Erschließung neuer Anwendungsgebiete, z.B. Montageprozesse.

Charakteristisch für die zweite strategische Hauptrichtung ist die Entwicklung komplexer CIM-Lösungen der flexiblen Automatisierung durch

- Projektierung und Realisierung hierarchischer, flexibler automatisierter Steuersysteme mit künstlicher Intelligenz für bedienarme Betriebsteile und Betriebe,
- Einsatz integrierter CAD/CAM-Systeme für die komplexe Produktionsvorbereitung und Produktionsdurchführung,
- Aufbau kommunikativ verknüpfter, hierarchischer Rechnernetze zur automatisierten Informationsverarbeitung für die Leitung und Planung in Kombinaten und Volkswirtschaftszweigen mit zentraler und dezentraler Datentechnik

und weitere Grundsatzlösungen.

Unter Verwendung von Simulationsmodellen werden diese Strategien variiert. Diese Ermittlung strategischer Varianten ist ein wesentliches Element der computergestützten Systemanalyse wissenschaftlich-technischer Innovationsprozesse. Infolge der Vielzahl der auf die Strategienbildung einwirkenden Faktoren, zu denen variierbare Zielstellungen, zu erreichende Effekte, wissenschaftliche, technisch-technologische, sozialökonomische und organisatorische Einflüsse, unterschiedliche Zeitpunkte und Zeitphasen sowie veränderliche Ressourcen gehören, und der differenzierten Streuungsbreite dieser Faktoren ergibt sich eine große Variantenvielfalt. Diese Varianten lassen sich sinnvoll und rationell nur unter Verwendung mathematisch-ökonomischer Modelle und der elektronischen Rechentechnik ermitteln, bewerten und auswählen. Hierzu wurde das Rechnergestützte Entscheidungs-Modell für die Innovations-Strategien-Auswahl REMISA entwickelt, dessen Struktur und Funktion noch im einzelnen dargestellt werden.

Die dritte Aufgabenklasse der Systemanalyse wissenschaftlich-technischer Innovationsprozesse beinhaltet die Bewertung von Innovationsstrategien mit dem Ziel der Auswahl der effektivsten Strategievarianten. Auf Grund der Komplexität der zu bewertenden Prozesse werden nach Tab. 2.4 vier Kategorien von Wirkungen der flexiblen Automatisierung unterschieden: technische, ökonomische, soziale und innovative Wirkungen, deren Inhalte bereits in Kapitel 1 behandelt wurden und auf die einzeln noch in Kapitel 8 eingegangen wird. Dabei ist in Tabelle 2.4 eine übergreifende Stellung der innovativen Wirkungen expliziert.

2.2. Prinzipien, Methodologie und Methoden

Das Instrumentarium der Systemanalyse umfaßt die grundlegenden

- Prinzipien und die Methodologie der Systemanalyse von Innovationsprozessen
- Methoden und Modelle zur Analyse, Synthese, Simulation und Bewertung von Innovationsstrategien.

Aus der Tatsache, daß die charakteristischen Merkmale Großer Systeme /2.4/

- Tätigkeit des bewußt handelnden Menschen im System und in der Leitung des Systems,
- Komplexität und Kompliziertheit von Verhalten, Struktur und Funktion,
- Einwirkung externer und interner stochastischer Einflüsse, Unsicherheits- und Risikofaktoren,
- Hierarchie des Systems, seiner Ziele, Leitungs- und Informationsprozesse,
- Fähigkeit zur Multistabilität, Adaption und Entwicklung

auch für Innovationsprozesse typisch sind, resultiert die Notwendigkeit einer umfassenden, vielschichtigen Betrachtungs- und Herangehensweise an ihre Analyse, Synthese, Simulation und Be-

<table>
<tr>
<td rowspan="4"><u>Innovative Wirkungen</u>

. Herausbildung neuer Produktivkraftelemente, Effektivitätspotentiale und Effektivitätsmaßstäbe
. Entwertung von Erzeugnissen, Technologien, Verfahren und Potentialen
. neue Bedarfsstrukturen und Anforderungen</td>
<td><u>Technische Wirkungen</u></td>
<td colspan="3">. technische Leistungsparameter: Kapazität, Operationsgeschwindigkeit, Zuverlässigkeit, Energieverbrauch
. Qualitätsniveau: Generationsstufe</td>
</tr>
<tr>
<td rowspan="2"><u>Ökonomische Wirkungen</u></td>
<td><u>Aufwand</u> (+/-)</td>
<td><u>einmaliger:</u>
Investitionskosten, Peripheriekosten
<u>laufender:</u>
technologische Kosten, Beschaffungs-, Leitungs- und Absatzkosten</td>
<td rowspan="2"><u>Aufwand/Ergebnisrelationen</u>
. Arbeitsproduktivität
. Exportrentabilität
. Fondseffektivität</td>
</tr>
<tr>
<td><u>Ergebnisse</u></td>
<td>. neue Erzeugnisse (Innovationsrate)
. Wachstumseffekte (Nettoproduktion, Gewinn, Export, Konsumgüter)
. Einsparungseffekte (Zeit, Material, Energie)
. Qualitätseffekte
. Organisationseffekte</td>
</tr>
<tr>
<td><u>Soziale Wirkungen</u></td>
<td colspan="3">. Arbeitsbedingungen
. Arbeitsinhalte
. Leistungsbereitschaft
. Qualifikationsstruktur
. Lebensqualität im weitesten Sinne</td>
</tr>
</table>

<u>Tab. 2.4:</u> Ausgewählte gesellschaftliche Wirkungen der flexiblen Automatisierung (vgl. Kapitel 8)

wertung auf der Grundlage folgender Prinzipien /2.5/:

1. Prinzip: Einheit von ökonomischen, technischen und soziologischen Untersuchungen.

Entsprechend der sich verändernden Rolle des Menschen bei der Durchsetzung der flexiblen Automatisierung und der zunehmenden Mensch-Maschine-Kommunikation gewinnen neben ökonomischen und technisch-technologischen Analysen und Parametern insbesondere soziologische Erfassungs-, Verarbeitungs- und Auswertungsmethoden und Indikatoren an Bedeutung. Die Verfahren der sozialen Modellierung werden daher künftig integrierter Bestandteil des Instrumentariums der Systemanalyse von Innovationsprozessen sein.

2. Prinzip: Verbindung von Analyse und Synthese.

Die Analyse ist vor allem auf die Untersuchung vergangener und gegenwärtiger Prozesse und Erscheinungen zur Gewinnung struktureller und funktioneller Gesetzmäßigkeiten sowie die Prognostizierung möglicher Automatisierungstendenzen gerichtet. Auf dieser Basis verfolgt die Synthese das Ziel sowohl der Vervollkommnung laufender Prozesse und ihrer Leitung zur Erhöhung ihrer Effektivität als auch der Modellierung und Projektierung künftiger Automatisierungsprozesse und ihrer Strategien. Analyse und Synthese stehen in Wechselwirkung und bedingen einander, um nutzbare Lösungen der flexiblen Automatisierung zu erhalten.

3. Prinzip: Komplexität von Makro- und Mikrobetrachtung.

Da Ablauf und Effektivität von Innovationsprozessen von internen und externen Einflußfaktoren bestimmt werden, muß die Systemanalyse zunächst mit einem Makro-Modell beginnen. Es erfaßt und klassifiziert die Einwirkungen der äußeren Bedingungen (gesellschaftliche Entwicklung, Bedarf, Ressourcensituation, Wissenschaftsentwicklung) und bewertet sie hinsichtlich ihrer Relevanz sowie nach der black-box-Methode hinsichtlich möglicher Reaktionen und Strategien zur Erreichung definierter Ziele. Danach kann in der Mikro-Phase die interne Struktur, Funktion und Dynamik von Innovationsprozessen der flexiblen Automatisierung entwickelt, variiert und bewertet werden.

Dies ist unter anderem für die Entscheidung über den Grad und die Proportionen von zentralisierter und dezentralisierter automatisierter Informationsverarbeitung in den Relationen Betrieb - Kombinat - Volkswirtschaft - RGW-Länder von grundsätzlicher Bedeutung.

4. Prinzip: Zusammenhang von Leitungsprozeß und Informationsprozeß.

Die Leitung und Planung von Innovationsprozessen ist nur auf der Basis einer adäquaten Informationsbasis rationell und effektiv realisierbar. Aus diesem Grunde ist die Entwicklung von Datenbanken über Ziel-, Zustands- und historische Daten, über Einflußfaktoren, Potentiale, Prognosen, Projekte und Effekte eine generelle Voraussetzung für die Analyse, Synthese, Simulation und Bewertung von Automatisierungsstrategien. Die Datenbank ist daher organischer Bestandteil des Rechnergestutzten Entscheidungs-Modells für die Innovations-Strategien-Auswahl REMISA; unscharfe Verfahren gewinnen infolge des schwach strukturierten Charakters von Innovationsprozessen und des hohen Unbestimmtheitsgrades benötigter Informationen zunehmend an praktischem Wert für die Systemanalyse.

5. Prinzip: Verflechtung von Verhaltens-, Funktions- und Strukturmodellen.

Die Komplexität von Innovationsprozessen erfordert die Berücksichtigung des Verhaltens der Umwelt auf die Strategienbildung ebenso wie der Funktion als Ablauforganisation und der Struktur als Aufbauorganisation dieser Prozesse. Typische Strukturen - wie lineare, anfangs- und endverzweigte sowie kombinierte Strukturen - erfordern andersgeartete Abläufe und führen zu unterschiedlichen Handlungsalternativen. Dies gilt in der flexiblen Automatisierung u. a. für Industrieroboter-Strategien hinsichtlich der Proportionen von Serienfertigung von Industrierobotern in Maschinenbaubetrieben und Eigenfertigung im Rationalisierungsmittelbau der Anwenderbetriebe sowie für Kooperationsstrukturen von Wissenschaft und Produktion. Die Berücksichtigung der Wechselwirkungen von Verhalten und Struktur/Funktion auf der einen Seite und von Struktur und Funktion auf der anderen Seite ist daher unabdingbar für die Verwertbarkeit systemanalytischer Ergebnisse.

6. Prinzip: Integration von Modellierung, Optimierung und Automatisierung.

Modelle zur Analyse, Synthese, Simulation und Bewertung von Innovationsstrategien führen infolge der Vielzahl und der Unbestimmtheit der Modellgrößen zu zahlreichen Varianten. Ihre Auswahl und - künftig - ihre Optimierung unter unterschiedlichen Zielfunktionen, Restriktionen und Modellstrukturen erfordern daher die Nutzung automatisierter Informationsverarbeitungstechniken mit Mensch-Maschine-Dialog. Insofern ist die Systemanalyse komplexer Innovationsprozesse nur unter Einsatz rechnergestützter Entscheidungsmodelle sinnvoll und erfolgversprechend. Das System REMISA basiert auf diesen Grundsätzen.

Die Methodologie des Herangehens an die Systemanalyse und Strategienbildung von Innovationsprozessen der flexiblen Automatisierung geht von den genannten inhaltlichen Aufgabenstellungen und den Prinzipien aus; sie ist in dem heuristischen Algorithmus nach Bild 2.4 dargestellt. Entsprechend dem Algorithmus ist nach der Vorgabe eines zu erreichenden Zielgebietes (Operator 1), der Analyse von Feldern, Typen und Potentialen (Operator 2) und der Bestimmung von Einflußfaktoren, Phasen und Strategien (Operator 3) eine logische Entscheidung (Operator 4) darüber zu fällen, ob im Resultat der Synthese des definierten Innovationsprozesses Strategievarianten vorliegen. Ist dies nicht der Fall, folgt über den Operator 11 ein zyklischer Prozess der Wiederholung einiger oder aller Schritte der Analyse und Synthese, bis unterschiedliche, vergleichbare Varianten vorliegen (Zyklus I: (2, 3, 4). Wird die Entscheidung bejaht, folgen mit den Operatoren 5 und 6 die computergestützte Simulation der Strategievarianten 1, ..., i mit unterschiedlichen Parametern sowie ihre Bewertung nach den erreichbaren Effektivitätsparametern. Die zweite logische Entscheidung (Operator 7) enthält die Fragestellung, ob die Effektivität η einer Variante StV_j im vorgegebenen Zielgebiet liegt oder nicht. Bei Verneinung folgt über den

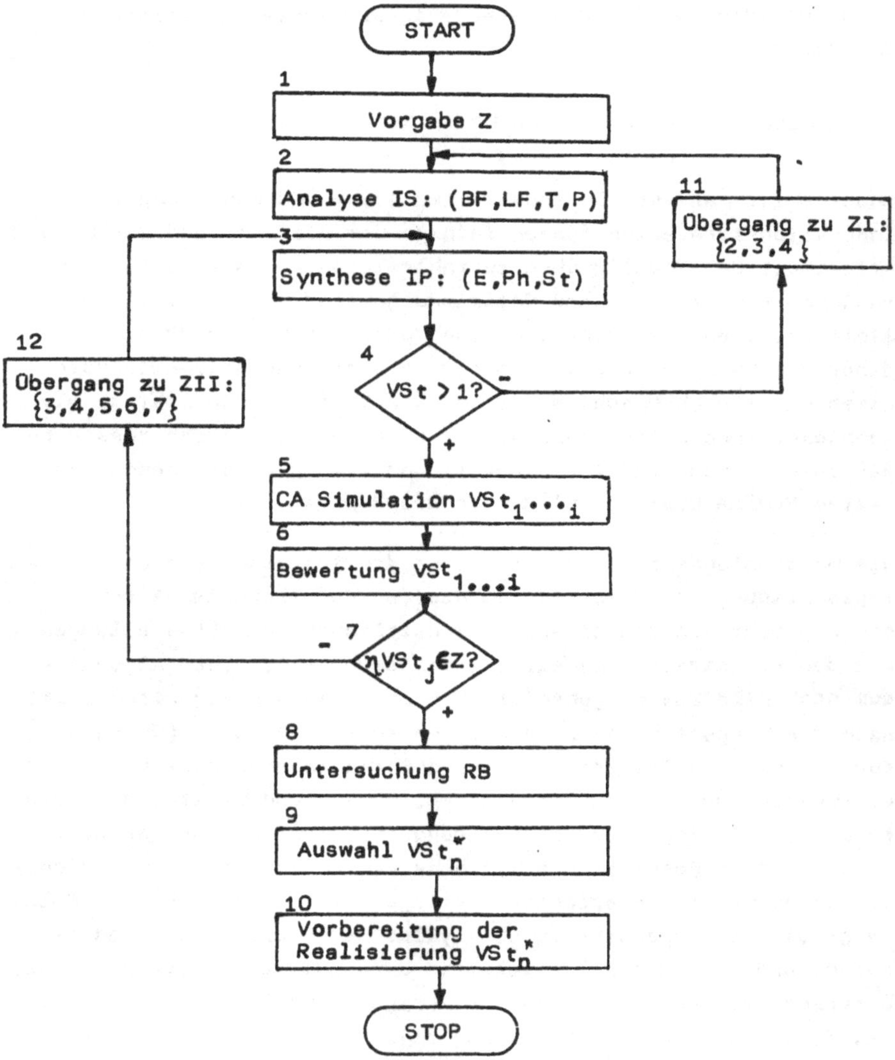

Z Zielgebiet; IS Innovationssituation; BF Bedarfsfelder; LF Lösungsfelder; T Typen; P Potentiale; IP Innovationsprozeß; E Einflußfaktoren; Ph Phasen; St Strategien; $VSt_{1, \ldots, i}$ Strategievarianten 1, ..., i; CA Computergestützt; η Effektivität; RB Realisierungsbedingungen; VSt_n^* günstige realisierbare Strategievariante; Z I, Z II Zyklen I und II

Bild 2.4: Heuristischer Algorithmus der Strategienbildung

Operator 12 der Zyklus II: (3, 4, 5, 6, 7), d. h. der Ableitung, Simulation und Bewertung neuer Strategievarianten, bei Bejahung werden über den Operator 8 eine Untersuchung der Realisierungsbedingungen jeder günstigen Variante VSt_n^* vorgenommen, über den Operator 9 eine Auswahl günstiger realisierbarer Varianten vorgenommen und über den Operator 10 Vorbereitungen zu ihrer Realisierung getroffen.

Der Operator 8 wurde mit Bedacht deshalb nach der logischen Entscheidung (Operator 7) eingeordnet, um das Spektrum möglicher Varianten nicht a priori einzuengen - dies wäre der Fall, wenn gegenwärtige Realisierungsbedingungen bereits bei der Festlegung des künftigen Zielgebietes fixiert würden.

Die Methoden und Modelle der Systemanalyse innerhalb der Innovationsforschung müssen den Anforderungen gerecht werden, die sich aus dem Charakter von Innovationsprozessen und den Eigenschaften Großer Systeme ergeben. Die zu treffenden Entscheidungen sind durch Unbestimmtheit und Risiko, multiple Ziele mit sozialen Komponenten, eine Vielzahl von Entscheidungsträgern aus unterschiedlichen Hierarchieebenen, historische Dimension und relative Einmaligkeit, Dynamik und faktische Irreversibilität gekennzeichnet. Es werden nach Tab. 2.5 ... 2.7 vier Kategorien von Methoden und Modellen verwendet: Analysemethoden, Synthesemethoden, Simulationsmodelle und Bewertungsmodelle.

Analysemethoden umfassen Bedarfs- und Gebrauchswert-Kosten-Analysen, Technologiefolgenabschätzungen und Expertenbefragungen, Lebenszyklusanalysen, heuristische und statistische Methoden.

Zu Synthesemethoden gehören Ziel-Programm-Methoden, Wachstums- und Trendberechnungen, Verflechtungs-, Substitutions- und Diffusionsmodelle, Rangfolgemethoden, Szenariotechnik, Planspiele und Verfahren der Organisationsprojektierung. Für Simulationsmodelle werden systemdynamische Verfahren, Methoden der Wahrscheinlichkeitsrechnung, Fuzzy-Modelle, Graphenmethoden und die Szenario-Technik verwendet. Methoden und Modelle für die Bewertung und Auswahl von Innovationsstrategien beinhalten

Lfd. Nr.	Aufgabenstellung	mögliche einsetzbare Methoden (Auswahl)	
1	Identifizierung der Bedarfsfelder	. Gebrauchswert-Kosten-Analysen . Prozeßanalysen . Bedarfsanalysen	. Fallmethoden . Klassifikations-methoden
2	Identifizierung der Lösungsfelder	. Technologiefolgen-abschätzung . Expertenbefragungen	. statistische Methoden . heuristische Methoden . systemdynamische Modelle
3	Einschätzung der Innovationstypen	. Lebensdaueranalysen . Spektralanalysen	. Klassifikations-methoden
4	Berechnung des innovationswürdigen Potentials	. Faktorenanalysen . Erst-/Ersatzbedarfs-modelle . Clusteranalysen . Szenario-Technik	. Prognosemethoden . Aufwand-/Nutzen-Analysen . Trendberechnungen

Tab. 2.5: Methoden der Analyse von Innovationssituationen (Auswahl)

Lfd. Nr.	Aufgabenstellung	mögliche einsetzbare Methoden (Auswahl)	
1	Bestimmung der Einflußfaktoren	. Schwachstellenanalyse . Verflechtungsmodelle . Korrelationsanalysen . Regressionsanalysen . Rangfolgemethoden . Graphenmethoden	. Analyse von Wechselwirkungen . Trendberechnungen . Faktorenanalyse . Szenario-Technik . Planspiele
2	Fixierung der Zeitphasen des Innovationszyklus	. Wachstumsmodelle . Phasenmodelle . Diffusionsmodelle . Substitutionsmodelle	. Trendberechnungen . Graphenmethoden . informationslogische Modelle . Organisationsprojektierung
3	Ableitung von Grundstrategien	. Ziel-Programm-Methoden . Zielbaum-Methoden . Technologiefolgenabschätzung . Szenario-Technik	. Wachstumsmodelle . systemdynamische Modelle . heuristische Methoden

Tab. 2.6: Methoden der Synthese von Innovationsprozessen (Auswahl)

Lfd. Nr.	Aufgabenstellung	mögliche einsetzbare Methoden (Auswahl)	
1	Simulation von Strategievarianten	. Szenario-Technik . Expertenbefragungen . Wahrscheinlichkeits-rechnung . systemdynamische Modelle . Graphenmethoden	. Planspiele . heuristische Methoden . fuzzy-Modelle
2	Bewertung von Innovations-strategien	. Entscheidungsmodelle . Optimierungsmodelle . Rangfolgemethoden . Checklisten . fuzzy-Modelle . Risiko-Bewertung	. Technologiefolgenab-schätzung . Graphenmethoden . Effektivitätsberechnungs-methoden . Informationsbewertungs-methoden . spieltheoretische Modelle

Tab. 2.7: Methoden der Simulation und Bewertung von Innovationsstrategien (Auswahl)

Entscheidungs- und Optimierungsmodelle, Effektivitätsberechnungsmethoden, Dominanzmodelle und spieltheoretische Modelle.

2.3. Computergestütztes Entscheidungssystem REMISA

Die große Zahl der im Prozeß der Strategienbildung zu berücksichtigenden Faktoren erfordert eine rechnergestützte Daten- und Wissensverarbeitung. Das hierfür auf der Basis von /2.6/ konzipierte REMISA-System (Bild 2.5) besteht nach /2.1/ aus

- dem Menschen als Nutzer N im Dialog mit dem Computer,
- dem Dialog-/Steuerbaustein DSB als Bindeglied zwischen Nutzer und Modell,
- dem algorithmischen Modell S_{Π} des Innovationsprozesses als Resultat der Systemanalyse und Objekt der Entscheidungsfindung,
- der Modell- und Methodenbank als Speicher für die Instrumentarien der Analyse, Synthese, Simulation und Bewertung von Innovationsstrategien,
- der Datenbank als Speicher für künftige, aktuelle und historische Daten.

Der Dialog-/Steuerbaustein kann nach Bild 2.6 als rechnergestützter Arbeitsplatz des Leiters aufgebaut werden. Über den Tastatur-Baustein S erfolgt die Eingabe der Variablen und die Steuerung der Abarbeitung des Programms über den Rechnerbaustein R und den Speicherbaustein SP; die Ausgabe erfolgt über Farbdisplay F, Drucker D und Plotter P durch den Ausgabebaustein A.

Kernstück des Systems bildet das algorithmische Modell des Innovationsprozesses

$$S_{\Pi} = \left[\{\Pi_F, \ \Pi_P, \ \Pi_E\} \ , \ \{R_1, R_2, \ldots R_8\} \right] \qquad (2.5)$$

mit folgenden 3 Elementen:

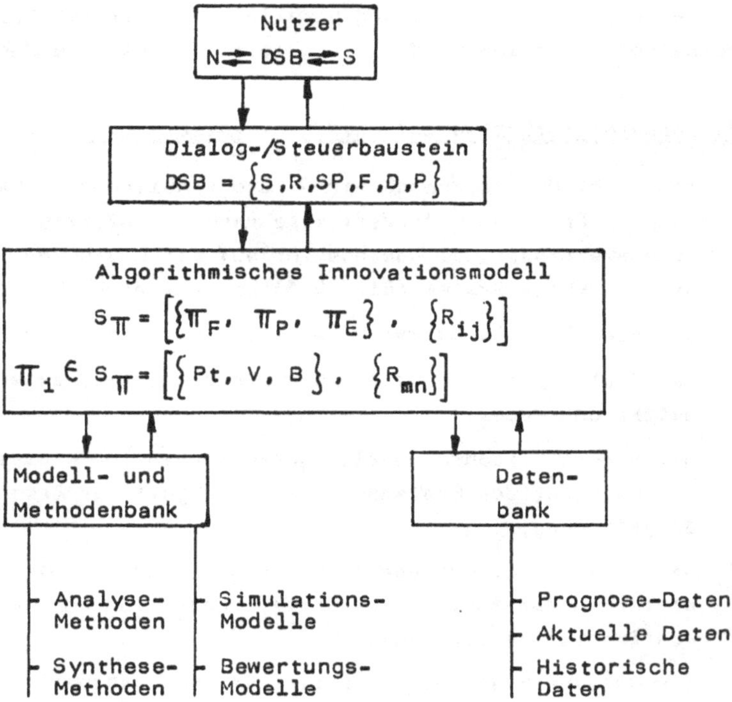

N	Nutzer	F	Farbdisplay-einheit	Π_E	Einsatzstrategie-Algorithmen
DSB	Dialog-/Steuerbaustein	D	Druckeinheit	Pt	Potential-Berechnungs-baustein
S_{Π}	Algorithmen-system	P	Plottereinheit	V	Strategie-Variations-baustein
S	Steuer-/Tastatur-einheit	Π_F	Forschungs-strategie-Algorithmen	B	Bewertungs-baustein
R	Rechner-einheit	Π_P	Produktions-strategie-Algorithmen	R_{ij}, R_{mn}	Strukturmatrizen des Algorithmen-systems
SP	Speicher-einheit				

Bild 2.5: Struktur des Rechnergestützten Entscheidungs-Modells für die Innovations-Strategien-Auswahl **REMISA**

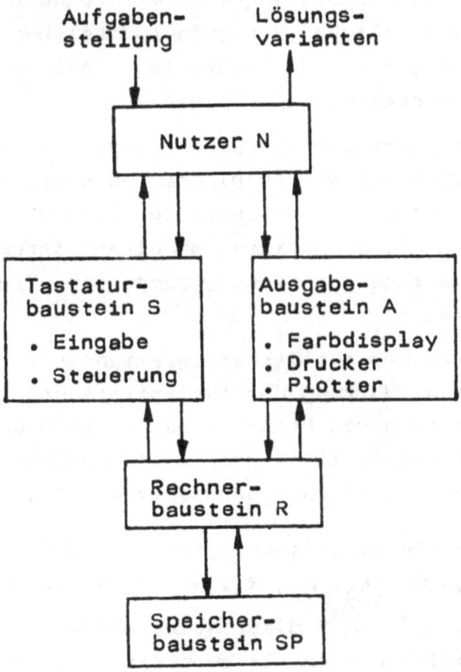

Bild 2.6: Aufbau des Dialog-/Steuerbausteins als rechnergestützter Arbeitsplatz (Zielzustand)

Π_F Forschungsstrategien mit Strategievarianten für die Grundlagenforschung und die angewandte Forschung zur Sicherung des wissenschaftlichen Vorlaufs auf solchen Gebieten wie Industrieroboter der 3. Generation, Computer der 5. Generation und künstliche Intelligenz,

Π_P Produktionsstrategien mit Strategievarianten für die Bereitstellung der erforderlichen automatisierten Fertigungs- und Informationstechnik zur Deckung von Inlands- und Exportbedarf an Werkzeugmaschinen, Industrierobotern, flexiblen Fertigungssystemen, Computern, Transport- und Lagersystemen,

Π_E Einsatzstrategien mit Strategievarianten zur Einführung und effektiven Nutzung der Automatisierungstechnik für die Rationalisierung von Produktionsprozessen und Informationsprozessen einschließlich komplexer CAD/CAM-Lösungen als computerintegrierte Fertigungssysteme CIM.

Diese 3 Elemente des Algorithmensystems sind durch Relationen $\{R_1, R_2, R_3, R_4, R_5, R_6, R_7, R_8, R_9\}$ entsprechend Bild 2.7 miteinander verknüpft. Auf diese Weise werden sowohl die Vielzahl ihrer Wechselwirkungen als auch die Forderung nach iterativer Abarbeitung mit unterschiedlichen Zyklen berücksichtigt.

Aus den Bildern 2.5 und 2.7 ist darüber hinaus ersichtlich daß die Strategienbildung - entsprechend der Logik der inhaltlichen Aufgabenstellung der Systemanalyse - jeweils durch Teilalgorithmen

$$\Pi_i \in S_\Pi = \left[\left\{\Pi_i^{Pt}, \Pi_i^{V}, \Pi_i^{B}\right\}, \left\{R_{mn}\right\}\right] \qquad (2.6)$$

für die Potentialberechnung Pt, Strategienvariation V und die Strategiebewertung B erfolgt.

Potentialalgorithmen Π_i^{Pt} dienen der Ermittlung des Ressourcen-Potentials für Forschung und Entwicklung (Π_F^{Pt}), der Produktionskapazitäten im Automatisierungsmittelbau und im Kombinats-Rationalisierungsmittelbau (Π_P^{Pt}) sowie des automatisierwürdigen Potentials für den effektiven Einsatz von automatisierter Produktions- und Informationstechnik (Π_E^{Pt}).

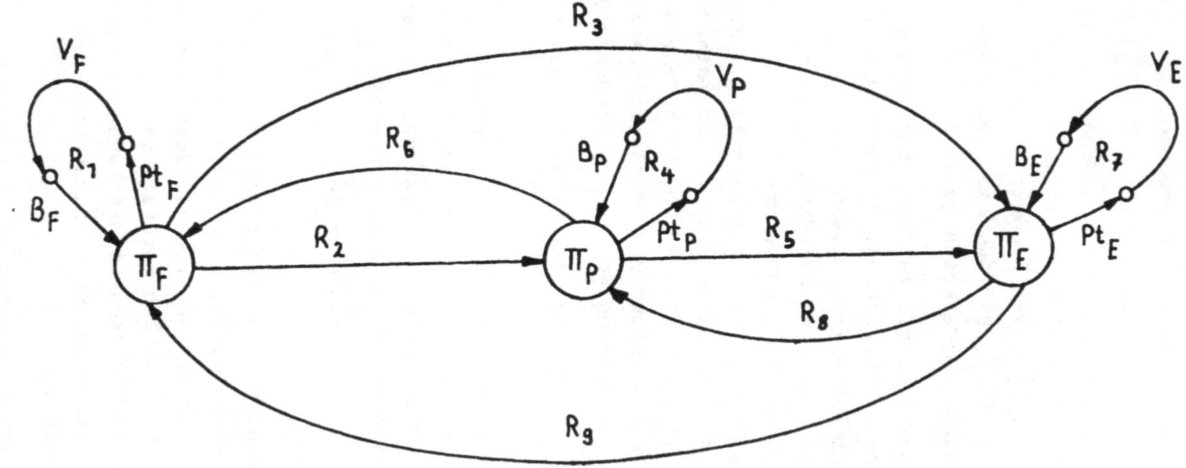

<u>Bild 2.7:</u> Graph des Algorithmensystems für Innovationsstrategien der flexiblen Automatisierung

Die Anwendung von Variationsalgorithmen Π_i^V ist auf die Simulation strategischer Varianten für die Forschung und Entwicklung (Π_F^V), für die Produktion von Automatisierungsmitteln (Π_P^V) sowie für den Einsatz der Automatisierungstechnik (Π_V^E) gerichtet. Bewertungsalgorithmen (Π_i^B) werden für die Einschätzung der technischen, ökonomischen, sozialen und innovativen Wirkungen von Forschungsstrategien (Π_F^B), von Produktionsstrategien (Π_P^B) und von Einsatzstrategien (Π_E^B) mit dem Ziel der Auswahl der effektivsten Automatisierungsstrategien genutzt.

Auf diese Weise trägt das konzipierte Algorithmensystem den komplexen Zusammenhängen von Forschung, Produktion und Einsatz auf dem Gebiet der flexiblen Automatisierung Rechnung. Die Realisierung und rationelle Anwendung des REMISA-Systems wird dabei wesentlich von der Existenz und schnellen Verfügbarkeit der benötigten Modelle, Methoden und Daten bestimmt. Hierzu dienen die in Bild 2.5 dargestellten Modell- und Methodenbank sowie die Datenbank. Inhalt der Modell- und Methodenbank bilden die vorstehend behandelten Methoden und Modelle zur Analyse, Synthese, Simulation und Bewertung von Innovationsstrategien.

Die Datenbank umfaßt prognostische, aktuelle und historische Daten. Dazu zählen:

- Daten der Zielhierarchie für die Strategienbildung über die zu erreichende Produktivität und sozialökonomische Effektivität zu automatisierender Prozesse, Innovationsraten, Flexibilitätsgrad und Automatisierungsgrad,
- Daten gegenwärtiger und vergangener Zeiträume über die gleichen Kenngrößen,
- Daten über Einflußfaktoren wissenschaftlicher, technischer, technologischer, ökonomischer, organisatorischer und sozialer Natur auf Entwicklungstempo, Ausbreitungsumfang und Effektivität der flexiblen Automatisierung einschließlich der Daten aus der internationalen und nationalen Markt- und Bedarfssituation, Ressourcenentwicklung und territorialer Infrastruktur,
- Daten über Prognosen, Strategien und Projekte der flexiblen Automatisierung anderer Länder unter besonderer Berück-

sichtigung integrierter Lösungen,

- Daten über das Potential zu erschließender Innovationsfelder der Automatisierung,
- Daten über qualitative und quantitative Wirkungen der flexiblen Automatisierung unter besonderer Berücksichtigung von Innovationswirkungen.

Entsprechend dem Verwendungszweck der Datenbank erfolgen ihr Aufbau und die inhaltliche Gestaltung der Datenmassive nutzerorientiert, d. h. auf die Bedürfnisse des jeweiligen Nutzers gerichtet.

Als Instrumentarium des Leiters zur Vorbereitung strategischer Entscheidungen für wissenschaftlich-technische Innovationsprozesse kann sie nach Bild 2.8. in 5 Datenmassiv-Komplexe gegliedert werden /2.7/, die eine Grundlage für den gegenwärtig vorbereiteten Aufbau der Wissensbasis eines Expertensystems im Rahmen des Konzeptes REMISA EXPERT bildet:

1. Forschungsbezogene Daten.
2. Planungsbezogene Daten.
3. Persönliche, leiterbezogene Daten.
4. Literaturbezogene Daten.
5. Dateiorganisation der Datenbank.

Diese Komplexe umfassen sowohl inhaltliche Daten über Innovations- und Forschungsfelder, Tendenzen, Hypothesen und Theorien sowie methodisch orientierte Daten über Methoden, Modelle und Software zur Simulation und Bewertung von Forschungsprozessen und Forschungsstrategien als auch Leitungs- und Planungsdaten über Forschungsprojekte, Kaderpotential und Kooperationsbeziehungen sowie persönliche Daten des Leiters für die unmittelbare Organisation des Forschungsprozesses in Form von Konzepten, Manuskripten und Korrespondenzen. Außerdem sind aus der Datenbank Literaturquellen als Kurz- und Langfassungen abrufbar.
Die vorgesehene Dateiorganisation dient dem schnellen und eindeutigen Einspeichern und Abrufen von Daten in die Datenbank und aus der Datenbank.

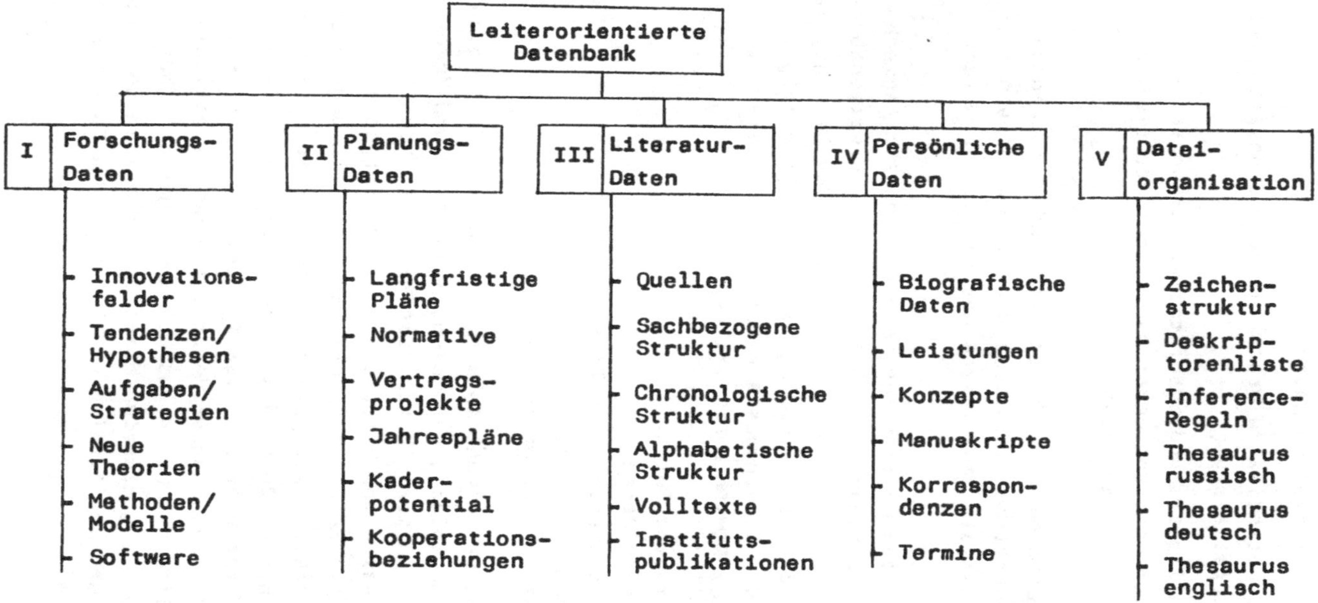

<u>Bild 2.8:</u> Datenkomplexe und Datenmassive der leiterorientierten REMISA-Datenbank

Das Konzept dieser für das REMISA-System erarbeiteten personengebundenen Datenbank ist somit für Leiter wissenschaftlicher Institutionen und Bereiche in Wissenschaft und Wirtschaft sowie für ihre Stabsorgane bestimmt, die komplexe wissenschaftlich-technische Innovationsprozesse zu planen, zu leiten und zu organisieren haben.

Ihre Aufgabe besteht darin, die Arbeit der Leiter zu erleichtern, sie effektiver zu gestalten und ihren Zeitanteil für schöpferische Aktivitäten zu erhöhen. Diese Aufgabe wird insbesondere dadurch realisiert, daß die Datenbank auch subjektive Erfahrungen und Kenntnisse, subjektives Wissen und Können in den in Bild 2.8 dargestellten Formen enthält, die als Vorstufe zu Expertensystemen das "schöpferische Suchen" beschleunigen, Zusammenhänge verdeutlichen und Situationen im Dialog mit dem Computer rekonstruieren - nicht zuletzt aber auch dadurch, die erforderliche Ordnung und Disziplin im Umgang mit Daten zu praktizieren.

Insofern umfaßt das dargestellte Konzept der personengebundenen Datenbank zwei Grundtypen von Daten:

- Daten zu und aus eigenen und kooperativen Forschungen, die sowohl als Resultate vorliegen als auch weiterer Bearbeitung bedürfen,
- Daten für die Leitung, Planung und Organisation wissenschaftlicher Forschungsarbeiten im eigenen Verantwortungsbereich des Leiters sowie für die nationale und internationale Forschungskooperation.

Die Implementierung der Datenbank, d. h. die Umsetzung des Konzeptes in ein computergerechtes, ablauffähiges System, wurde für Personalcomputer vorgenommen. Die genannten 5 Komplexe umfassen insgesamt 28 Datenmassive, deren Beziehung und Inhalt tabellarisch in /2.8/ zusammengefaßt sind.

Die Modellierung von Innovationsprozessen wird nach der Vorgehensweise des heuristischen Algorithmus der Strategienbildung in Bild 2.4 vorgenommen; die rechnergestützte, dialogorientierte Realisierung des Modells erfolgt entsprechend der in Bild 2.9 dargestellten Funktionsweise des REMISA-Systems.

Nach der Definition der zu erreichenden Effektivität (Zielgebiet ηZ) im Operator O_1 und der Festlegung der Datenbasis D_B sowie der Bedingungen für die Strategienbildung B_S (Operator O_2) folgen mit O_3 und O_4 die Simulation und Bewertung von Strategievarianten VSt_i.

Werden im ersten Simulationslauf durch Bejahung der logischen Entscheidung E_1 nach Beziehung (2.7)

$$\eta VSt_i \geq \eta Z \qquad (2.7)$$

bereits effektive Varianten $\{VSt^*\}$ ermittelt, erfolgt im O_5 ein Vergleich dieser Varianten nach dem Dominanz-Prinzip und in O_6 die Selektion der effektivsten Varianten $\{VSt^{**}\}$.

Bei Verneinung von E_1 wird über E_2 eine Entscheidung über die Möglichkeit der Simulation weiterer Varianten VSt_i' unter den bisher geltenden Bedingungen getroffen.

Wird E_2 bejaht, wird der erste Zyklus Z I: (O_7, O_3, O_4) ausgelöst; bei Verneinung von E_2 folgt die Entscheidung E_3 über die Möglichkeit der Formulierung veränderter Bedingungen für die Strategienbildung B_S', z.B. geänderter Ressourceneinsatz, Kosten- und Preisänderungen. Bei Bejahung von E_3 folgt der Zyklus Z II: (O_8, O_2, O_3, O_4), bei Verneinung wird über E_4 die Möglichkeit der Bestimmung eines geänderten Zielgebietes $\eta' Z$ geprüft. Wird E_4 bejaht, wird der Zyklus Z III: (O_9, O_1, O_2, O_3, O_4) ausgelöst; bei Verneinung erfolgt mit O_{10} der Abbruch der Simulation.

Der Effekt der Anwendung des REMISA-Systems besteht zusammengefaßt

- in der Möglichkeit einer umfassenden, detaillierten computergestützten Analyse und Prognose wissenschaftlich-technischer Innovationsprozesse in kurzer Zeit,

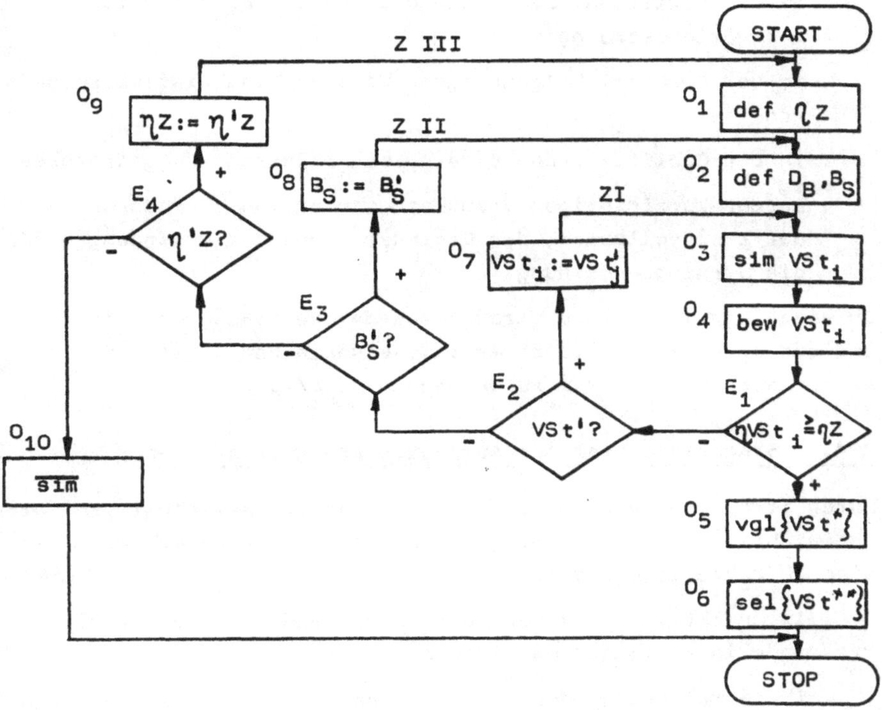

Bild 2.9: Funktionsweise des REMISA-Systems

- in der Variation, Bewertung und Auswahl effektivster Innovationsstrategien,
- in der Berücksichtigung einer Vielzahl von Einflußfaktoren,
- in der Qualifizierung strategischer Entscheidungsprozesse,
- in der kurzfristigen Berücksichtigung von Veränderungen der Zielstellungen, der Basisdaten und der Bedingungen für die Strategienbildung.

Im einzelnen sind diese Vorzüge aus dem Vergleich der bisherigen und der computergestützten Arbeitsweise in der strategischen Arbeit nach Tabelle 2.8 zu entnehmen /2.1/ .

2.4. Szenario-System für Automatisierungsstrategien

Unter Strategien werden langfristige Handlungsalternativen unter Ungewißheit zur Erreichung grundlegender Ziele verstanden. Sie sind charakterisiert durch

- ihren aktiven, auf Veränderung zielenden Charakter als Modelle künftiger Handlungen,
- ihren weitreichenden Zeithorizont, der von einem Jahrzehnt bis zu mehreren Jahrzehnten reicht,
- ihren Wahrscheinlichkeits- und Unschärfeeinfluß auf Ziele, Bedingungen und Parameter,
- ihre potentielle Variantenvielfalt infolge sich ändernder Aufgaben, Lösungsmöglichkeiten, Ressourcen und Effekte.

Die daraus folgende Komplexität und Kompliziertheit strategischer Berechnungen für die wesentlichen Elemente der flexiblen Automatisierung führt zu einer Vielzahl von Informationen, die durch elektronische Computertechnik rationell erfaßt, verarbeitet, gespeichert und ausgegeben werden können. Hierfür eignen sich sowohl große und mittlere Computer in Rechenzentren im Stapel- oder Echtzeitbetrieb als auch dezentral eingesetzte Personalcomputer. Letztere gewinnen als unmittelbar am Arbeitsplatz des Wissenschaftlers, Technikers und Ökonomen nutzbare Rechentechnik zunehmend an Gewicht - und zwar nicht nur für die

Lfd. Nr.	Vergleichs-kriterien	Bisherige Arbeitsweise	Künftige Arbeitsweise
1	Ziel-Mittel-Relation	Manuelle, zeitaufwendige, kaum gleichzeitige Abstimmung von Zielen und Lösungswegen	Iterativer, rechnergestützter Prozeß der Anpassung von Zielen und Lösungswegen
2	Zeitdauer	Längere Zeiträume für den Entscheidungsprozeß	Kurze Zeiträume; Beschleunigung des Innovationsprozesses
3	Algorithmierung	Kein strenger Algorithmus, Vorgehen weitgehend durch Erfahrung und Intuition geprägt	Vorliegen flexibler Algorithmen als Ergebnis der Systemanalyse
4	Quantifizierung	Überwiegend unzureichende quantitative Untersetzung und Bewertung	Systemanalytische, quantitativ orientierte Projektierung und rechnergestützte Bewertung
5	Instrumentarien-Nutzung	Verwendung einfacher Hilfsmittel	Einsatz eines breiten Spektrums nutzerfreundlich aufbereiteter Methoden und Modelle
6	Varianten-/Optimierungs-Rechnung	Kaum Variantenvergleich; keine Optimierung	Vergleich einer Vielzahl von Alternativen, partielle Optimierung
7	Lernverhalten	Aufwendiger trial-and-error-Prozeß	Adaptive, laufende Entwicklung von Methoden und Techniken
8	Kapazität	Überforderung des Menschen durch Komplexität; Überlastung durch Routineprozesse	Vereinigung der hohen Leistungsfähigkeit des Rechners mit der Intuition des Menschen
9	Voraussetzungen	Problemverständnis, Fachwissen, Erfahrung, Intuition	Problemverständnis, Fachwissen, Erfahrung; Intuition, Hard/Software-Aufwand

Tab. 2.8: Vergleich bisheriger und rechnergestützter Arbeitsweisen in der strategischen Arbeit /2.1/

schnellere und effektivere Lösung bereits bearbeiteter Aufgaben, sondern insbesondere für neue, bisher nicht ausreichend oder gar nicht gelöste Probleme. Dazu zählt die Variantenrechnung für Innovationsstrategien.

Die Realisierung des in Bild 2.7 dargestellten komplexen Algorithmensystems für Innovationsstrategien der flexiblen Automatisierung erfolgt durch Szenarien für die Ermittlung wesentlicher Parameter der potentiellen Dynamik des Ausbreitungsprozesses der flexiblen Automatisierung sowie der Potential-, Aufwands- und Effektivitätsberechnung von Strategien für flexible Fertigungssysteme, CAD/CAM-Systeme und Software unter Nutzung von Personalcomputern.

Ein solches Szenario stellt das Modell eines möglichen Handlungsablaufs unter definierten Bedingungen und variierbaren Eingabedaten dar. Das Szenario-System für Einsatzstrategien

$$S_{SZ} = \left[M_{SZ}, R_{SZ}\right] \tag{2.8}$$

besteht aus der Menge der Szenarien

$$M_{SZ} = \left\{DYN, FMS, CAS, SOW\right\} \tag{2.9}$$

mit

- DYN Szenario zur Berechnung von Varianten der Dynamik des Innovationsprozesses flexible Automatisierung in seinen Wachstums- und Saturationsphasen unter Verwendung logistischer Funktionen,
- FMS Szenario zur Berechnung von Varianten des automatisierwürdigen Potentials, des erforderlichen Aufwands und der erreichbaren Effekte beim Einsatz flexibler Fertigungssysteme (FMS) einschließlich Industrierobotern zur Automatisierung von Produktionsprozessen,
- CAS Szenario zur Berechnung von Potential-, Aufwands- und Effektivitätsvarianten beim Einsatz von CAD/CAM-Systemen (CAS) zur Automatisierung von Informationsprozessen in den Vorbereitungs- und Leitungsbereichen,

SOW Szenario zur Berechnung von Varianten für Softwarestrategien zur Bilanzierung und Deckung des Software-Bedarfs für FMS- und CAD/CAM-Lösungen.

Diese 4 Elemente des Szenario-Systems sind nach Bild 2.10 durch eine Relationsmenge

$$R_{SZ} = \left\{ R_1, R_2, R_3, R_4, R_5, R_6 \right\} \qquad (2.10)$$

miteinander verbunden. Sie umfaßt die Datenbereitstellung variierter Zielstellungen für die Ausbreitungsgeschwindigkeit von FMS (R_1) und CAS (R_2), Potential-, Aufwands- und Effektivitätsdaten für FMS (R_3) und CAS (R_4) sowie Software-Bedarfsdaten für FMS (R_5) und CAS (R_6).

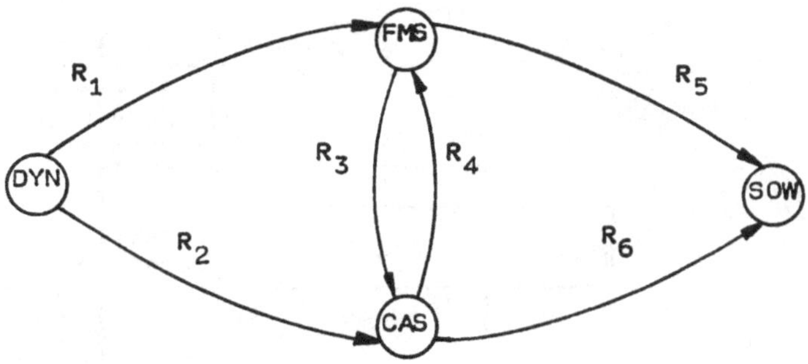

Bild 2.10: Strukturgraph des Szenario-Systems für Einsatzstrategien der flexiblen Automatisierung

Die für die Abarbeitung auf Personalcomputern verschiedener Typen entwickelten BASIC-Programme enthalten ein System von > 50 Gleichungen zur Berechnung der wesentlichen strategischen Kenngrößen; der Ablauf der Berechnungen ist in Bild 2.10 dargestellt.

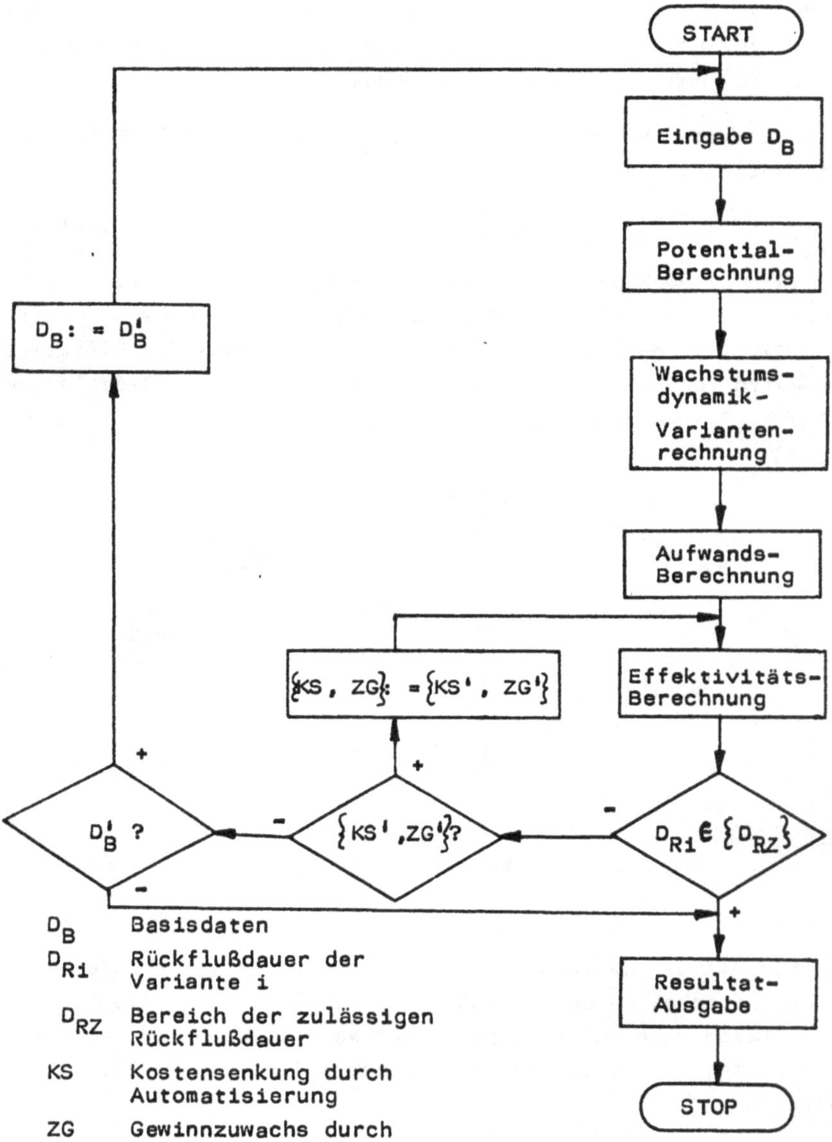

D_B Basisdaten

D_{Ri} Rückflußdauer der Variante i

D_{RZ} Bereich der zulässigen Rückflußdauer

KS Kostensenkung durch Automatisierung

ZG Gewinnzuwachs durch innovative Erzeugnisse

Bild 2.11: Algorithmus der computergestützten Simulation von Automatisierungsstrategien

Die Szenarien für Automatisierungsstrategien bis zum Jahre 2000 gehen generell von folgenden Zielen und Bedingungen aus:

1. Auf der Grundlage der künftigen Bedarfsentwicklung werden verschiedene Varianten der Ausbreitungsgeschwindigkeit und der Ausbreitungsintensität der Prozeßinnovation Flexible Automatisierung durch Variation des potentiellen Automatisierungsgrades zugrundegelegt. Für den fertigungszeitbezogenen Automatisierungsgrad AG werden im internationalen Maßstab bis zum Jahre 2000 Werte

   $$AG = 0{,}10 \ldots 0{,}50 \qquad (2.11)$$

   erwartet.

   Das automatisierwürdige Potential bezieht sich im Industriebereich dabei auf die Anzahl automatisierungswürdiger Arbeitsplätze; es bildet unter Berücksichtigung der erreichbaren Produktivitätssteigerung ΔAP von

   $$\Delta AP = 2{,}0 \ldots 10{,}0 \qquad (2.12)$$

   sowie des künftigen Schichtfaktors automatisierter Systeme mit einer Orientierung auf einen vollen 3-Schichtbetrieb mit einer bedienarmen dritten Schicht die Basis für die Ermittlung der Anzahl erforderlicher automatisierter Fertigungs- und CAD/CAM-Systeme. Über entsprechende Koeffizienten wird darüber hinaus die Anzahl benötigter Industrieroboter und Computer berechnet.

2. Für die Ermittlung des Aufwandes für den Einsatz automatisierter Systeme werden Hardware- und Softwarekosten zugrundegelegt, die sowohl den gegenwärtigen Stand als auch künftige Kostenentwicklungen durch den Übergang zu größeren Serien und zu höheren Generationen mit größerer Leistungskeit berücksichtigen. Zudem wird der Anteil der Investitionen für die flexible Automatisierung an den Gesamtinvestitionen berechnet; er dient der Bilanzierung sowie der Einschätzung den Intensität und des Umfangs der Automatisierung von Produktions- und Informationsprozessen. Schließlich wird die Anzahl der für die Nutzung, Überwachung, Wartung und Instandhaltung erforderlichen Arbeitskräfte ermittelt; dies

wiederum bildet eine wesentliche Grundlage für die Planung langfristiger Qualifizierungsmaßnahmen, insbesondere für die Erarbeitung der erforderlichen Software.

3. Der Nachweis der sozialökonomischen Effektivität bildet einen Schwerpunkt der Berechnungen. Er bezieht sich

   . auf die Anzahl von Arbeitskräften, die für neue Aufgaben gewonnen werden können,

   . auf die Verbesserung der Arbeitsinhalte und der Arbeitsbedingungen der Arbeitskräfte,

   . auf die erreichbaren Einsparungen durch Kostensenkungen infolge der Reduzierung von Arbeitsplätzen, die Rationalisierung der Vorbereitungs-, Bearbeitungs-, Montage-, Transport- und Lagerhaltungsprozesse sowie der Planungs-, Leitungs- und Abrechnungsprozesse,

   . auf den Gewinnzuwachs ΔG entsprechend der Wirkungskette nach Beziehung (2.2),

   . auf die Rückflußdauer der einzusetzenden Investitionen mit anzustrebenden Werten

$$D_R = 1{,}0 \ldots 2{,}5 \qquad [\text{Jahre}] \qquad (2.13).$$

Das Szenario-System enthält die Bausteine nach Bild 2.12.

Die Berechnung der für Einsatzstrategien der flexiblen Automatisierung von Produktions- und von Informationsprozessen wesentlichen Daten erfolgt auf der Basis folgender Grundbeziehungen:

. Ermittlung der Anzahl der automatisierwürdigen Arbeitsplätze PA

$$PA = PM \cdot AG \qquad (2.14)$$

PM Anzahl der Arbeitsplätze im Produktions- oder Vorbereitungs- und Leitungsbereich der untersuchten Wirtschaftseinheit (Betrieb, Kombinat, Industriezweig, ...)

AG Potentieller Automatisierungsgrad auf Basis technologischer Zeiten, wobei gilt

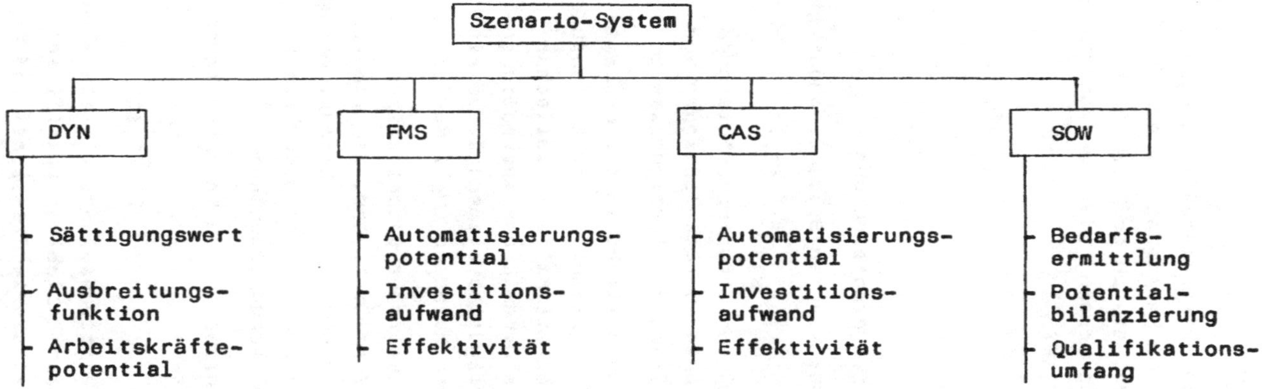

Bild 2.12: Elemente und Bausteine des Szenario-Systems zur Variation und Bewertung von Einsatzstrategien der flexiblen Automatisierung

$$0 < AG \leq 1 \qquad (2.15);$$

Ermittlung der Anzahl der im betrachteten Strategieraum erforderlichen automatisierten Fertigungssysteme ZS als elementare Fertigungssysteme, die zu größeren Fertigungsabschnitten gekoppelt werden können, sowie der Anzahl der erforderlichen Industrieroboter ZI

$$ZS = \frac{PA}{AP \cdot KS} \qquad (2.16)$$

$$ZI = ZS \cdot IR \qquad (2.17)$$

AP Koeffizient der Produktivitätssteigerung

KS Schichtfaktor der automatisierten Systeme, wobei gilt

$$2 < KS \leq 3 \qquad (2.18),$$

IR Durchschnittliche Anzahl von Industrierobotern je automatisiertes System unter Berücksichtigung von Mehrfach-Bedienung und Größe der Fertigungssysteme,

wobei diese Werte in Verbindung mit historischen Zeitreihen über das Tempo und die Intensität der Einführung der flexiblen Automatisierung mit Hilfe logistischer Funktionen Aussagen über die Dynamik des Ausbreitungsprozesses von flexiblen Fertigungssystemen, Industrierobotern und CAD/CAM-Systemen zulassen (vgl. Kapitel 3).

- Ermittlung der Anzahl erforderlicher automatisierter Informationssysteme als CAD/CAM-Stationen, die wiederum zu CAD/CAM-Systemen verschiedener Größe gekoppelt werden können, einschließlich der Anzahl der erforderlichen Computer nach einer analogen Vorgehensweise;
- Ermittlung der benötigten Hardware- und Software-Investitionen FI für Fertigungssysteme

$$FI = ZS \cdot IF \qquad (2.19)$$

IF Durchschnittlicher Investitionsaufwand für ein elementares Fertigungssystem einschließlich anteiliger Investitionen für automatisierte Transport- und Lagersysteme unter Berücksichtigung künftiger Kostenentwicklungen für Hardware und Software

sowie analog für Industrieroboter RI und CAD/CAM-Stationen (CI), einschließlich der Berechnung des Anteils der Automatisierungsinvestitionen (AI) an den Gesamtinvestitionen IN der Wirtschaftseinheit, wobei dieser Koeffizient eine nutzbare Größe zur Charakterisierung des Umfangs und der Intensität des Ausbreitungsprozesses der flexiblen Automatisierung bilden kann:

$$AI = \frac{FI + RI + CI}{IN} \quad (2.20),$$

mit der Bedingung

$$AI < 1 \quad (2.21);$$

. Ermittlung der für die Nutzung, Überwachung, Wartung und Instandhaltung der automatisierten Systeme insgesamt benötigten Arbeitskräfte ZA als Grundlage ihrer langfristig vorzubereitenden Qualifizierung

$$ZA = ZS \cdot AA \quad (2.22)$$

AA durchschnittliche Anzahl der für ein Fertigungssystem benötigten Arbeitskräfte für Überwachung, Wartung und Instandhaltung mit analoger Berechnung der Anzahl potentieller Nutzer und der Wartungs- und Instandhaltungskräfte für CAD/CAM-Systeme sowie der durch flexible Automatisierung insgesamt zu gewinnenden Arbeitskräfte GA zur Lösung neuer Aufgaben zur Sicherung eines dynamischen Wirtschaftswachstums im Maßstab der Kombinate und der Volkswirtschaft

$$GA = (PA \cdot SI) - ZA \quad (2.23)$$

SI Schichtfaktor zu Beginn des Strategieraumes und der spezifischen Arbeitskräftegewinnung GS je automatisiertes System als Kenngröße des Leistungsvergleiches verschiedener Wirtschaftseinheiten

$$GS = \frac{GA}{ZS} \quad (2.24),$$

detailliert bezogen auf flexible Fertigungssysteme, Industrieroboter und CAD/CAM-Systeme;

- Ermittlung des Realisierungsgrades von Vorgaben für die Erfüllung weiterer sozialer Ziele und Anforderungen, bezogen auf solche Faktoren wie die Gestaltung von Arbeitsinhalten RI und Arbeitsbedingungen RB:

$$RI = \frac{PI}{VI} \qquad (2.25)$$

$$RB = \frac{PB}{VB} \qquad (2.26)$$

PI, PB Projektierte Werte für Arbeitsinhalte/Arbeitsbedingungen im Strategiezeitraum auf der Basis von Skalierungen, wobei gilt

$$0 < PI \leqq 1 \qquad (2.27)$$

$$0 < PB \leqq 1 \qquad (2.28)$$

VI, VB Vorgabewerte als Mindestforderungen für die Gestaltung von Arbeitsinhalten/Arbeitsbedingungen auf der Basis von Skalierungen, wobei gilt

$$0 < VI \leqq 1 \qquad (2.29)$$

$$0 < VB \leqq 1 \qquad (2.30)$$

mit der generellen Orientierung

$$RI \geqq 1 \qquad (2.31)$$

$$RB \geqq 1 \qquad (2.32),$$

die auf eine Überbietung der vorgesehenen Mindestforderungen zielt;

- Ermittlung der Rückflußdauer RD der Investitionen auf der Basis sowohl von Kostensenkungen SE durch Automatisierung von Produktions- und Informationsprozessen als auch durch Gewinnzuwachs GZ durch erhöhte Flexibilität entsprechend Beziehung (2.2) infolge der praktischen Wirkung der stimulierenden Funktion der flexiblen Automatisierung auf die Beschleunigung des Innovationsprozesses von Erzeugnissen, d.h. der schnelleren Einführung neuer Erzeugnisse mit höheren Gebrauchswerten in die Produktion und eines gewinnbringenden Absatzes dieser Erzeugnisse nach Beziehung (2.33)

$$RF = \frac{FI + RI + CI}{SE + GZ} \qquad (2.33),$$

- Ermittlung des erforderlichen Software-Potentials pro Jahr in Stunden (SG) für die Einführung und effektive Nutzung von flexiblen Fertigungssystemen, Industrierobotern und CAD/CAM-Stationen aus den Szenarien FMS und CAS sowie für die Pflege und Weiterentwicklung bereits laufender Projekte

$$SG = SF + SI + SC + SL \qquad (2.34)$$

SF jährlicher Software-Bedarf für flexible Fertigungssysteme

SI jährlicher Software-Bedarf für Industrieroboter

SC jährlicher Software-Bedarf für CAD/CAM-Systeme

SL jährlicher Software-Bedarf für Projektpflege

mit Bilanzierung dieser Größe mit dem vorhandenen und künftigen Software-Potential unter Berücksichtigung

- von Koeffizienten der extensiven Potentialerweiterung in Rechenzentren und in Fachabteilungen durch Einsatz bzw. Qualifizierung entsprechender Softwareentwickler,
- von Koeffizienten der intensiven Potentialerweiterung durch Nutzung computergestützter Verfahren der Softwareentwicklung, durch Kombination modularer Software oder durch verstärkte Adaption vorliegender Software,

wobei in dem Fall einer negativen Differenz SD des Softwarepotentials

$$SD = EG - SB \qquad (2.35)$$

EG Mögliche Software-Potentialerweiterung insgesamt

SB Neu bereitzustellendes Softwarepotential

unter der Bedingung einer bisher ausgeglichenen Bilanz neue Varianten zur Deckung des Defizits durch neue

Überlegungen zur Intensivierung der Software-Produktion oder zur Überprüfung des Software-Bedarfs erfordert.

Diese bewußt vereinfacht dargestellten Grundbeziehungen zur Berechnung strategisch relevanter Kenngrößen kennzeichnen die Art des Herangehens an die Gestaltung der Szenarien. Für die rechentechnische Realisierung auf Personalcomputern wurden naturgemäß detaillierte Gleichungssysteme entwickelt, die der Abarbeitung und Variation der Szenarien DYN, FMS, CAS und SOW zugrundeliegen.

Wesentlich für die praktische Nutzung dieser Szenarien für die Simulation und Bewertung strategischer Varianten ist die Nutzung des Prinzips der interaktiven Team-Dialog-Modellierung /2.9/. Das bedeutet, daß

- die Entscheidungsträger, Projektanten und Experten mit ihrem Wissen, ihren Erfahrungen und den von ihnen zu realisierenden Zielstellungen in den Mensch-Maschine-Funktionsmechanismus des computergestützten Szenarios integriert sind,
- unterschiedliche Einschätzungen über Lösungsmöglichkeiten, Ressourcen und Effekte für wissenschaftlich-technische Innovationsstrategien der flexiblen Automatisierung zunächst zu Mensch-Mensch-Diskussionen sowohl über die einzugebenden Daten als auch über die Interpretation der Resultate führen und somit auf diese Weise das notwendige kollektive Wissen für die Lösung komplexer Aufgabenstellung aktiviert und eingebracht wird,
- durch den Mensch-Maschine-Dialog kreative Denkprozsse gefördert und im kurzfristigen Durchspielen von - auch zunächst nicht realistischen oder extremen - Varianten neue Lösungs- und Denkansätze erarbeitet werden können,
- Lösungsvarianten sowohl in Form der sequentiellen Modellabarbeitung mit wahlweiser Verwendung von Zyklen als auch in Form der Modellierung von Konfliktsituationen entwickelt werden können,

- der mögliche Ablauf künftiger Prozesse und die Auswirkungen von Entscheidungen zur aktiven Steuerung dieses Ablaufs unter Berücksichtigung vielfältiger Einflußfaktoren als Varianten ermittelt und bewertet sowie solche Varianten ausgewählt werden können, die den vorgegebenen Zielen und Restriktionen am besten entsprechen und somit als Basis strategischer Entscheidungen und künftiger Handlungen dienen können.

Die Erfahrungen aus der Diskussion und der praktischen Nutzung der Szenarien für Automatisierungsstrategien haben dabei gezeigt, daß eine nutzergerechte Form der Arbeit mit den computergestützten Szenarien schließlich noch einen weiteren Effekt zeitigt, der in Gegenwart und Zukunft einen immer höheren Stellenwert gewinnt: die Akzeptanz des Personalcomputers als unabdingbares und selbstverständliches Instrument des Leiters und seiner Experten. Nach Bild 2.13 sind die erforderlichen Kenntnisse, Fähigkeiten und Fertigkeiten für die sinnvolle und effektive Nutzung von Personalcomputern überwiegend genereller und nur zu einem geringen Teil spezieller Natur - letzteres vor allem in bezug auf elementare Hardware- und Software-Kenntnisse sowie auf die Bedienungsfertigkeiten.

Die in der Programmiersprache BASIC für Personalcomputer erfolgte rechentechnische Realisierung der Modelle ist auf eine nutzerfreundliche Arbeitsweise hinsichtlich der Datenbereitstellung und der Abarbeitung der Programme orientiert. Die Ausgabe farbiger Tabellen und Graphiken am Bildschirm bietet eine Reihe von Möglichkeiten, wesentliche Datenmassive und Varianten so zu kennzeichnen, daß sie sowohl für den einzelnen Nutzer als auch im Team-Dialog schnell und eindeutig identifizierbar, variierbar und vergleichbar sind. Gerade die Möglichkeit der kollektiven Beratung strategischer Grundrichtungen ist infolge der Komplexität dieser Aufgabenstellung mit wissenschaftlichen, technischen, ökonomischen, ökologischen und soziologischen Einflußfaktoren ein vielversprechender Weg zu qualifizierten Leitungsentscheidungen - und da über die Effektivität von Innovationsprozessen nach internationalen Erfahrungen zu mehr als 75 % in der strategischen Phase entschieden wird, werden

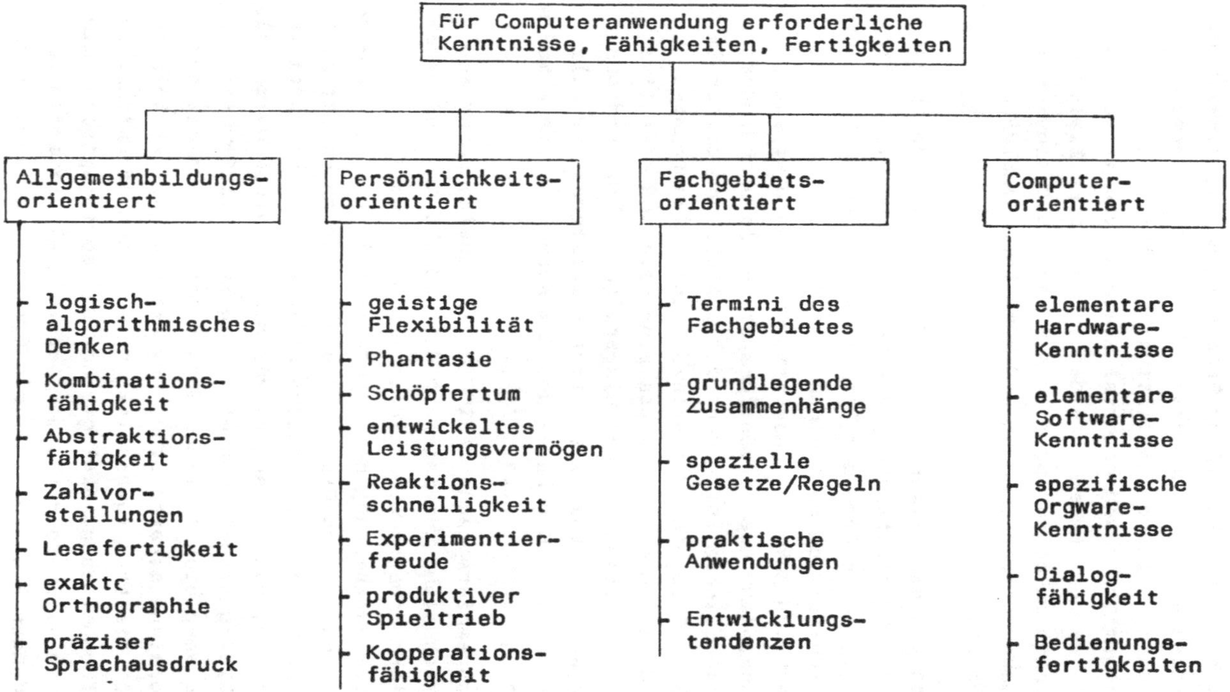

Bild 2.13: Erforderliche Kenntnisse, Fähigkeiten, Fertigkeiten für die Nutzung von Personalcomputern /2.10/

derartige Verfahren computergestützter Entscheidungsvorbereitung immer bedeutungsvoller.

2.5. Entwicklungstendenzen: Expertensysteme

Die künftige Entwicklung der Schlüsseltechnologie Flexible Automatisierung ist in der DDR durch

- schnellere Ausbreitungsraten auf bisher erschlossenen Anwendungsgebieten,
- Eröffnung neuer Anwendungsgebiete,
- Übergang zu qualitativ neuen Technologien und Techniken höherer Generationsstufen,
- positive Auswirkungen auf anspruchsvolle Arbeitsinhalte und leistungsfördernde Arbeitsbedingungen

gekennzeichnet.

Dies bedeutet insbesondere:

1. Beschleunigung des Tempos der Entwicklung, der Produktion und des Einsatzes von flexiblen Fertigungszellen, Industrierobotern und CAD/CAM-Stationen mit gleichzeitiger Orientierung auf die Integration von Haupt- und Hilfsprozessen.
2. Stufenweise Vorbereitung komplexer CIM-Lösungen, die die Automatisierung der Prozesse der Vorbereitung, Steuerung und Durchführung der Produktion in ihrer Gesamtheit umfassen und dem kreativen Element menschlicher Tätigkeit bei der Entwicklung, Kontrolle und Wartung der Automatisierungstechnik breiten Raum geben.
3. Realisierung von hierarchischen Rechnernetzen, die sowohl eine Integration der Vorbereitung und Steuerung von Teilprozessen als auch den schnellen Zugriff zu zentralen Modell-, Methoden- und Datenbanken ermöglichen.
4. Rationelle Organisation der Erarbeitung, Wartung, Weiterentwicklung und Nutzung leistungsfähiger Soft- und Orgware durch Entwicklung modular strukturierter, modifikationsfähiger Programmsysteme unter Verwendung computergestützter Arbeitsmittel.

5. Entwicklung leistungsstarker, adaptions- und lernfähiger Fertigungssysteme mit hoher Flexibilität und vielseitigen Einsatzbereichen mit zunehmender Charakteristik bedienungsarmer Fertigung.

6. Übergang von der Datenverarbeitung zur Wissensverarbeitung unter Nutzung von Methoden der künstlichen Intelligenz mit Schaffung von Expertensystemen für die Entscheidungsvorbereitung in der Planung, Projektierung, Realisierung und Steuerung computerintegrierter Fertigungssysteme, um auf diese Weise die Produktivität und die Effektivität geistig-schöpferischer Arbeitsprozesse um ein Vielfaches zu erhöhen.

Die Lösung der letztgenannten Aufgabe wurde im Zusammenhang mit der Weiterentwicklung des entscheidungsvorbereitenden Systems REMISA bereits in Angriff genommen. Ein erstes Resultat dieser Arbeiten bildet das Konzept des wissensbasierten Systems REMISA EXPERT nach Bild 2.14. Das System entstand aus der Integration der Modell-, Methoden- und Datenbank in die wesentlichen Elemente eines Expertensystems

- Wissensbasis,
- Schlußfolgerungselement (Inference-Element),
- Wissenserwerbselement,

deren Aufgaben in Tabelle 2.9 zusammengefaßt sind /2.10/.
Die stufenweise Realisierung dieses Konzepts wird zu einer neuen Qualität des Prozesses der Strategienbildung und zu aussagekräftigeren Strategievarianten führen - und zwar aus 3 Gründen:

1. Für die Ableitung und Bewertung von Forschungs-, Produktions- und Einsatzstrategien können bisherige Erfahrungen und Einschätzungen künftiger Entwicklungen von Experten im internationalen Maßstab berücksichtigt werden (deren Kompetenzgrad sich nach Bedarf ebenfalls computergestützt bewerten läßt).

2. Durch ein leistungsfähiges Inference-Element wird es möglich, das gespeicherte Expertenwissen entsprechend dem Prozeßablauf in einem Expertensystem nach Bild 2.15 aufgaben- und problem-

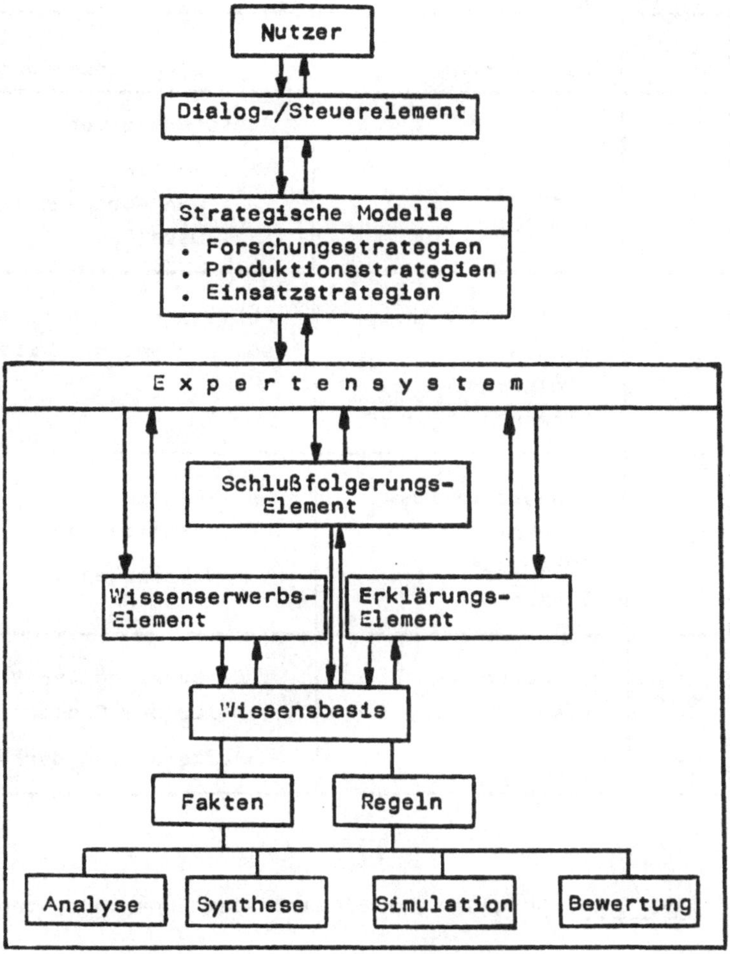

<u>Bild 2.14:</u> Wissensbasiertes Entscheidungssystem REMISA EXPERT

Lfd. Nr.	Bezeichnung	Aufgabenstellung
1	Wissensbasis	Speicherung von . Fakten . Wenn-Dann-Regeln . Meta-Regeln
2	Schlußfolgerungs-Element (Inference-Element)	Ableitung neuen Wissens aus vorhandenem Wissen
3	Wissenserwerbs-Element (Akquisitions-Element)	. Pflege . Erweiterung der Wissensbasis
4	Erklärungs-element	. Erläuterung der Vorgehensweise der Problemlösung . Aufbereitung der Resultate

Tab. 2.9: Aufgaben der Elemente des Expertensystems

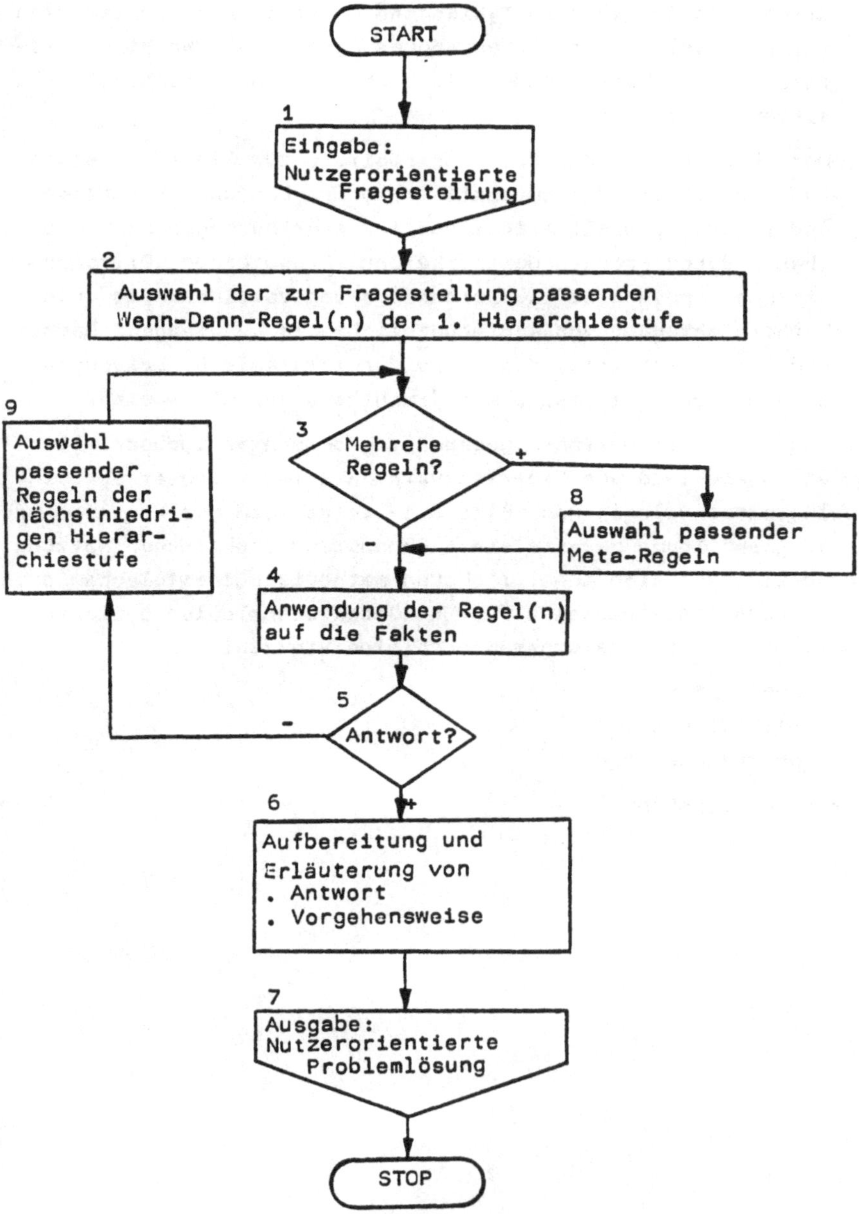

Bild 2.15: Ablauf der Problemlösung in Expertensystemen

orientiert in mehreren Zyklen und mehreren Hierarchiestufen mit dem Ziel zu verknüpfen, neues Wissen auf den strategierelevanten Gebieten nach Bild 2.16 aus dem vorhandenen Wissen abzuleiten.

3. Der Übergang von der Datenverarbeitung zur Wissensverarbeitung ermöglicht die automatisierte Erarbeitung, Variation und Bewertung qualitativ formulierbarer Aussagen und Hypothesen durch Problemidentifikation, Gruppierung, Differenzierung, Prüfung auf Zusammenhänge und Vereinbarkeit unter Berücksichtigung von Wahrscheinlichkeiten, Aussagesicherheit und Glaubwürdigkeit, d.h. eine für strategische Leitungsentscheidungen typische und fruchtbare Vorgehensweise.

Die Auswahl international gegenwärtig bekannter industrieller Anwendungsgebiete von Expertensystemen auf dem Gebiet der CIM-Schlüsseltechnologie nach Bild 2.17 zeigt, daß die Prognose und Strategienbildung bereits einen Gegenstand praktischer Nutzung darstellt, der sich inhaltlich und methodisch zweifelsohne auch auf Innovationsstrategien für Schlüsseltechnologien beziehen läßt. Hierfür ist naturgemäß noch eine Vielzahl

- inhaltlicher,
- methodischer,
- programmseitiger

Arbeit zu leisten.

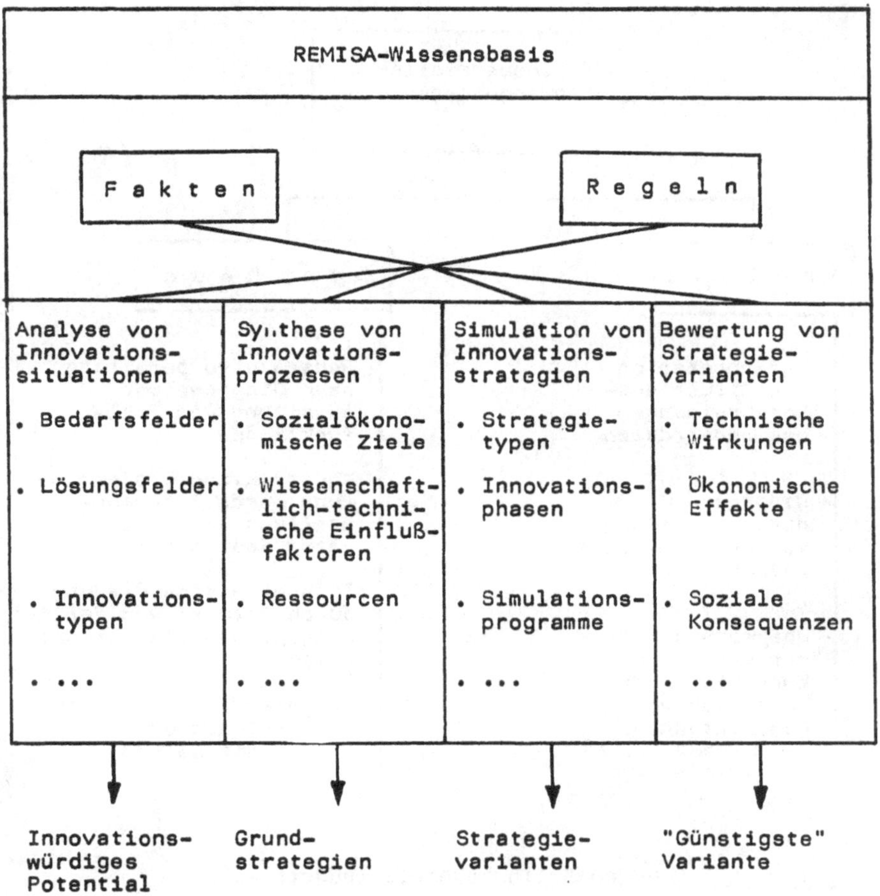

<u>Bild 2.16:</u> REMISA-Wissensbasis

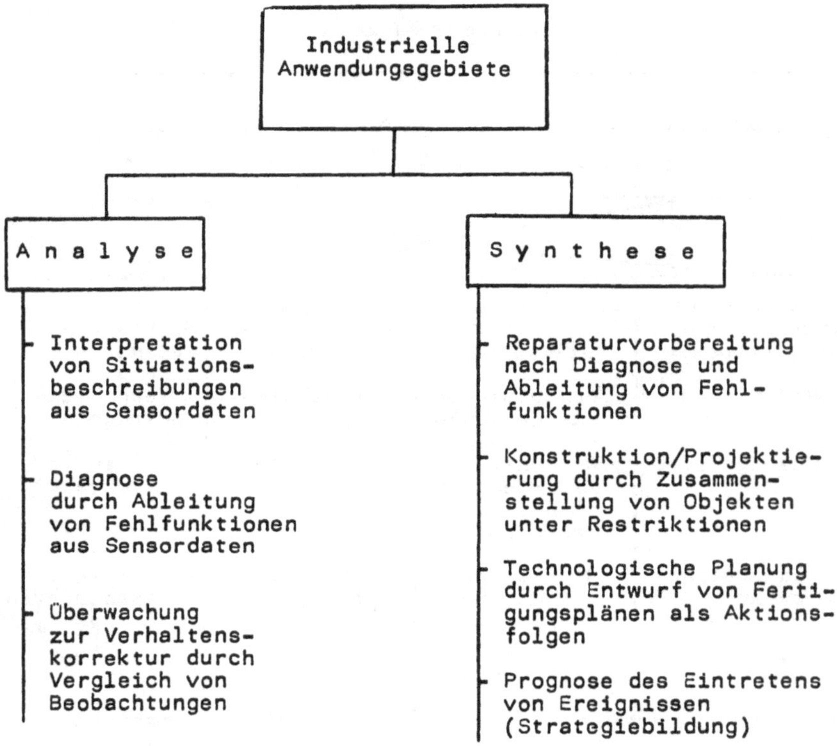

Bild 2.17: Gegenwärtig bekannte industrielle CIM-Anwendungsgebiete von Expertensystemen (Auswahl)

3. Einsatzstrategien und Effektivität flexibler Fertigungssysteme

Die Entwicklung der modernen Informationstechnik auf der Grundlage der Mikroelektronik schafft in wachsendem Umfang Möglichkeiten, geistige arbeitsausführende Funktionen des Menschen im Produktionsprozeß auf Maschinen zu übertragen. Damit können sowohl einzelne Bearbeitungs-, Transport-, Handhabungs- und Informationsprozesse als auch ganze Produktionssysteme, in denen diese Teilprozesse integriert sind, flexibel automatisiert werden. Es wird daher möglich, besser und schneller auf wechselnde Bedarfsforderungen zu reagieren, indem verschiedene erneuerte Produktionssortimente mit einem automatisierten Produktionssystem hergestellt werden können.

Flexible Automatisierungslösungen in der Produktion wurden auf dem X. und XI. Parteitag der SED als eine Hauptrichtung der Entwicklung von Wissenschaft und Technik in der DDR charakterisiert /3.1/. Sie sind eine der Schlüsseltechnologien, von denen heute und im strategischen Zeitraum wesentliche Impulse für den ökonomischen und sozialen Fortschritt ausgehen.

Automatisierte flexible Produktionssysteme sind komplexe Prozeßinnovationen, die über ein Effektivitätspotential verfügen, das größer ist als die Summe der Potentiale ihrer einzelnen flexibel automatisierten Elemente (Bearbeitungs-, Transport-, Steuersystem u. a.).

Die Entwicklung seit der Einführung der ersten automatisierten flexiblen Produktionssysteme in der Mitte der 60er Jahre /3.2/ zeigt gegenwärtig, daß ihr wachsendes Einsatzfeld noch immer kleiner als das ihrer Elemente ist. Bisher wurden automatisierte flexible Produktionssysteme überwiegend zur spanenden Bearbeitung in der metallverarbeitenden Industrie eingesetzt.

Flexible Fertigungssysteme stehen deshalb im Mittelpunkt der in diesem Kapitel dargestellten Untersuchungen zur Strategienbildung für automatisierte flexible Produktionssysteme. Die Überlegungen zur Erarbeitung von Einsatzstrategien für flexible Fertigungssysteme lassen sich auch auf die in der Entwicklung befindlichen Systeme für die Montage und andere technologische Bearbeitungsprozesse anwenden.

Flexible Fertigungssysteme erweisen sich 20 Jahre nach ihrer ersten Realisierung als eine Innovation, deren Effektivitätspotential bei weitem noch nicht umfassend erkannt und ausgeschöpft ist. Den durch sie ermöglichten ökonomischen, sozialen und innovativen Effekten stehen hohe einmalige Aufwendungen für die Projektierung, Produktion und Einführung gegenüber. Um die ausnahmsweise Produktivkraft der Arbeit in den neuen flexiblen Fertigungssystemen für die Anwenderbetriebe und Kombinate sowie für die gesamte Volkswirtschaft effektivitätswirksam werden zu lassen, ist es notwendig, rechtzeitig den günstigsten Zeitpunkt der Einführung, die Einsatzorte, die Zahl der Systeme sowie deren ökonomische und soziale Voraussetzungen und Wirkungen zu bestimmen. Dazu sind Strategien für den Einsatz von flexiblen Fertigungssystemen in der Volkswirtschaft, den Industriebereichen, Kombinaten und Betrieben zu erarbeiten und hinsichtlich ihres Beitrages zur Erfüllung sozialökonomischer Zielstellungen der Gesellschaft zu bewerten.

Mit der seit Beginn der 80er Jahre beschleunigten Durchsetzung des Konzepts der computerintegrierten Fertigung CIM (Computer Integrated Manufacturing) mit den Komponenten

- CAD (rechnergestützte Projektierung und Konstruktion),
- CAM (rechnergestützte Fertigung),
- CAP (rechnergestützte Leitung und Planung)

entstehen neue Bedingungen für den effektiveren Einsatz von flexiblen Fertigungssystemen. Die schrittweise Verwirklichung des CIM-Konzepts gibt der Effektivitätsentwicklung in den Produktionseinheiten, die diese Innovationen entwickeln und nutzen, neue Impulse. Damit verstärkt sich auch die Forderung nach einer wissenschaftlich fundierten Strategienbildung für den Einsatz flexibler automatisierter Produktionssysteme.

Die ersten flexiblen Fertigungssysteme wurden von den Nutzern selbst projektiert und aufgebaut. Zunehmend werden flexible Fertigungssysteme und Fertigungszellen zu Produktinnovationen, vor allem des Maschinenbaus. Somit muß die Bildung von Innovationsstrategien auch für flexible Fertigungssysteme die Erarbeitung von

- Forschungsstrategien,
- Produktionsstrategien und
- Einsatzstrategien

unter Beachtung ihrer wechselseitigen Abhängigkeiten umfassen /3.3/.

Die gegenwärtige Konzentration der Forschungsarbeiten auf Einsatzstrategien für die Volkswirtschaft und einzelne Kombinate ergibt sich aus der Notwendigkeit, das technische und ökonomische Einsatzfeld der bekannten wissenschaftlich-technischen Prinziplösungen für flexible Fertigungssysteme und die vielfältigen Wirkungen ihres Einsatzes genauer zu bestimmen, um damit auch Voraussetzungen für Produktionsstrategien und Ansatzpunkte für Forschungsstrategien zur Weiterentwicklung der Fertigungssysteme und ihrer Elemente zu schaffen.

3.1. Stand und Entwicklungstendenzen

In flexiblen Fertigungssystemen sind flexible Bearbeitungs-, Materialfluß- und Informationssysteme automatisiert und integriert, um verschiedene Erzeugnisse und innovativ veränderte Erzeugnisgenerationen effektiv herzustellen. Flexible Fertigungssysteme werden also wesentlich durch die produzierten Erzeugnisse, das technologische Bearbeitungsverfahren, das Automatisierungs- und Integrations- sowie das Flexibilitätsniveau charakterisiert.

Das produktionsorganisatorische Grundprinzip dieser Systeme ist die Gruppentechnologie, bei der ähnliche Werkstücke zu Gruppen zusammengefaßt und in einem relativ selbständigen technologischen Prozeß bearbeitet werden (gegenstandsorientierte Fertigung). Bei den flexiblen Fertigungssystemen in der spanenden Teilebearbeitung unterscheidet man nach der Anzahl und der Kompliziertheit der Werkstücke und der damit zusammenhängenden

Größe des Systems zwischen

- flexiblen Fertigungszellen,
- flexiblen Fertigungssystemen im engeren Sinne bzw. Maschinensystemen und
- flexiblen Transferstraßen.

Flexible Fertigungszellen bestehen in der Regel aus einer NC-Werkzeugmaschine, Industrierobotern und peripheren Einrichtungen für den Werkzeug- und Werkstückfluß und dienen der mehrstufigen Teil- oder Komplettbearbeitung eines beschränkten Sortiments konstruktiv-technologisch ähnlicher Werkstücke. Fertigungszellen sind konzipiert für

- einige wenige Bearbeitungsvorgänge,
- Teile in begrenzter Variantenzahl,
- mittlere bis kleine Lose.

Flexible Fertigungssysteme können vollständig aus flexiblen Fertigungszellen, aus NC-Werkzeugmaschinen oder teilweise aus konventionellen Werkzeugmaschinen bestehen (flexible integrierte Fertigungsabschnitte). Sie dienen der weitgehenden Komplettbearbeitung eines größeren Teilesortiments.

Flexible integrierte Fertigungsabschnitte sind eine besondere Form dieser Fertigungssysteme, die im RGW-Bereich bereits früh eine breite Anwendung in der DDR und der CSSR gefunden haben, da sie die Herstellung eines sehr breiten Teilesortiments bei niedrigem Automatisierungs- und Integrationsniveau gestatten. Integrierte Fertigungsabschnitte sind deshalb relativ große Systeme mit 20 bis 30 Arbeitsplätzen /3.4/.

Die flexiblen Maschinensysteme werden aus einstufigen und mehrstufigen flexiblen automatisierten Bearbeitungsstationen (NC-Maschinen, Fertigungszellen) gebildet und dienen der Komplettbearbeitung eines breiten Teilesortiments. Sie bestehen bisher im Durchschnitt aus 5 bis 11 Bearbeitungsstationen /3.5/.

Flexible Transferstraßen sind durch starre Innenverkettung der Bearbeitungsstationen gekennzeichnet, d. h. die Werkstücke durchlaufen die Stationen in sequentieller Folge ohne Umgehungsmöglichkeit. Die Teilevielfalt ist dadurch sehr eingeschränkt (2 bis 10 Teile).

Gemeinsame Merkmale flexibler Fertigungssysteme, die sie von alternativen Lösungen unterscheiden, sind:

- die Automatisierung der Teilprozesse, d. h. die Ersetzung körperlicher und geistiger Arbeitsfunktionen des Menschen im Produktionsprozeß durch technische Arbeitsmittel,
- die Integration der Teilprozesse, d. h. Produktionshaupt- und -hilfsprozesse sowie die Steuerprozesse sind verflochten und verschmelzen letztlich zu einem relativ selbständigen Prozeß der Stoff-, Energie- und Informationsumwandlung,
- die Flexibilität der Teilprozesse, d. h. die Fähigkeit zur schnellen Anpassung an wechselnde und neue Anforderungen.

Flexible Fertigungssysteme vereinen somit die Vorzüge der Automatisierung und der Flexibilität von Produktionsprozessen. In der Kombination dieser Merkmale ist der neue technische Wirkungsgrad flexibler Fertigungssysteme gegenüber einzweckautomatisierten Systemen und konventionellen Fertigungsabschnitten begründet. Die Messung des Automatisierungs- und Flexibilitätsniveaus der Fertigungsprozesse ist bisher nur teilweise möglich. Die Kennziffern Automatisierungsgrad der Ausrüstungen (Wertanteil der automatisierten und teilautomatisierten Ausrüstungen am Gesamtwert der Produktionsausrüstungen) und Automatisierungsgrad der Arbeit (Anteil der Arbeiter an voll- und teilautomatisierten Anlagen) sind offensichtlich zur Bestimmung des Automatisierungsniveaus flexibler Fertigungssysteme nicht geeignet. Ein anderer Zugang zur Quantifizierung des Automatisierungsniveaus ist die Definition von Automatisierungsniveaustufen der Teilsysteme /3.6/, /3.7/.

Das entscheidende Teilsystem flexibler Fertigungssysteme in der Vorfertigung ist das Bearbeitungssystem, d. h. die Werkzeugmaschinen, die das Automatisierungs- und Flexibilitätsniveau des gesamten Systems grundlegend bestimmen. In Montagesystemen sind Montageroboter diese grundlegenden flexibilitätsbeeinflussenden Elemente. Indikatoren für den Automatisierungsgrad des Bearbeitungssystems in flexiblen Fertigungssystemen sind:

- der Anteil der NC- und CNC-Maschinen an der Gesamtzahl der im System eingesetzten Werkzeugmaschinen,

- die Anzahl der Werkzeugmaschinen pro Arbeiter im Fertigungssystem /3.8/.

Die Flexibilität des Produktionsprozesses ist zunächst eine technische Eigenschaft, die von der Effektivität und der Produktivität zu unterscheiden ist und die nicht nur automatisierte Systeme, sondern alle Produktionssysteme in unterschiedlichem Maße besitzen. Mit dem Begriff der Flexibilität werden zum einen die Breite, das Spektrum der Anpassungsfähigkeit und zum anderen die Geschwindigkeit bei der Umstellung auf neue Anforderungen erfaßt. Die Flexibilität eines Fertigungssystems kann in zwei Komponenten unterteilt werden:

(1) die Fähigkeit, in längeren Zeiträumen mit diesem System mehrere Generationen von durch Produktinnovationen veränderten Erzeugnissen herzustellen (langfristige Flexibilität oder Umbauflexibilität). Sie äußert sich "... im Vorhandensein weitgehend typenunabhängiger Bearbeitungs- und Materialflußkomponenten, die sich bei unvorhergesehenen Typenwechseln direkt oder durch Umbau weiterverwenden lassen und nicht vollständig ersetzt werden müssen " /3.9/,

(2) die Fähigkeit, in kurzen Zeiträumen wechselnde Sortimente und Mengen von Erzeugnissen mit einem Produktionssystem zu bearbeiten (kurzfristige Flexibilität oder Umrüstflexibilität). Die kurzfristige Flexibilität kann durch die technologische und die kapazitive Flexibilität untersetzt werden. Die technologische Flexibilität umfaßt die Fähigkeit eines Fertigungssystems zur weitgehenden Komplettbearbeitung eines bestimmten Teilesortiments. Die kapazitive Flexibilität ist die Fähigkeit, im Rahmen der technologischen Flexibilität auf Schwankungen der Produktionsmenge und die resultierenden Belastungsschwankungen des Systems im Sinne gleichbleibend hoher Auslastung der Bearbeitungsstationen und kurzer Durchlaufzeiten der Werkstücke zu reagieren /3.10/.

Während die vorausschauende Bestimmung der langfristigen Flexibilität nur schwer möglich ist, kann die kurzfristige Flexibilität mit folgenden 4 Indikatoren recht gut quantifiziert werden:

1. Anzahl unterschiedlicher Teilefamilien und Teile, die bearbeitet werden können,
2. Losgrößenbereich,
3. Geschlossenheitsgrad der Fertigung (Anteil der Arbeitsgänge bzw. Arbeitszeit im System an der Gesamtzahl der Arbeitsgänge bzw. Gesamtbearbeitungszeit pro Teil),
4. Anteil der Bearbeitungszeit an der Durchlaufzeit der Lose.

Hohe kurzfristige Flexibilität wird in der Regel auch die langfristige Flexibilität des Fertigungssystems positiv beeinflussen. Das Niveau der technologischen Flexibilität der bis 1982 in Japan, den USA und der BRD eingesetzten flexiblen Fertigungssysteme wird in Tabelle 3.1 ausgewiesen.

Lfd. Nr.	Land	Teilevielfalt (Anzahl der Teile)			
		5 ... 10	10 ... 100	100 ... 200	> 200
1	Japan	22 - 34 %	42 - 61 %	5 - 15 %	11 %
2	USA	72 - 75 %	13 - 16 %	6 %	6 %
3	BRD	13 %	20 %	53 %	13 %

Tab. 3.1: Anteil flexibler Fertigungssysteme mit einem bestimmten technologischen Flexibilitätsniveau an der Gesamtzahl der 1981/82 installierten Systeme /3.5/

Der Zusammenhang zwischen dem Automatisierungs- und dem Flexibilitätsniveau in verschiedenen Typen flexibler Fertigungssysteme ist in Bild 3.1 dargestellt.

Ein qualitativ neues Element flexibler Fertigungssysteme gegenüber alternativen Produktionseinheiten ist das flexible automatisierte Informationssystem zur Steuerung und Kontrolle der Teilsysteme und ihres integrierten Zusammenwirkens. Das Informationssystem besteht aus hierarchisch strukturierten Hard- und Softwaresystemen, deren Komponenten über ein Kommunikationsnetz verbunden sind.

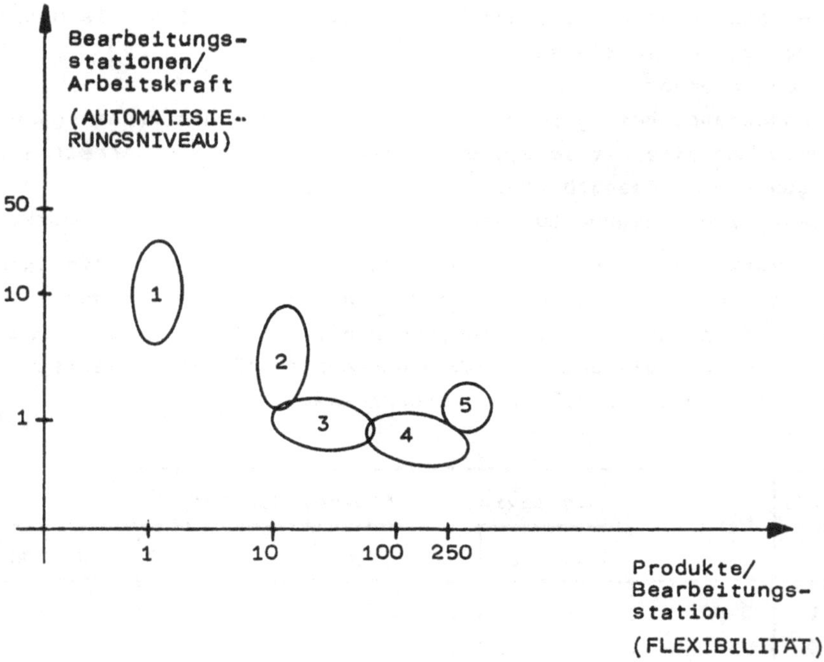

1 Flexible Transferstraße

2 Flexibles Fertigungssystem i. e. S.

3 Flexibler integrierter Fertigungsabschnitt (Mittelserienfertigung)

4 Flexibler integrierter Fertigungsabschnitt (Kleinserienfertigung)

5 Flexible Fertigungszelle

Bild 3.1: Automatisierungs- und Flexibilitätsniveau verschiedener FMS-Typen in der Teilefertigung

Aus Sicht der Informatik kann ein flexibles Fertigungssystem als ein kompliziertes hierarchisch strukturiertes Mehrrechnersystem mit zeitparallelen Prozessen, das durch ein zweites Computersystem gesteuert wird, betrachtet werden /3.11/. Das Informationssystem dient der organisatorischen und technischen Steuerung der Bearbeitungs-, Transport-, Lager- und Handhabungsprozesse sowie der Informationsprozesse.

Das interne Fertigungssteuersystem eines flexiblen Fertigungssystems kann in drei hierarchische Funktionskomplexe gegliedert werden:

1. Fertigungsplanung mit planenden und bilanzierenden Aufgaben, (Einschleusmenge und -reihenfolge der Aufträge, Maschinenbelegung), realisiert auf dem Fertigungsleitrechner,
2. Fertigungsdisposition (Verwaltung der Aufträge entsprechend dem Systemzustand und Zuweisung zu den Bearbeitungsplätzen, Transportgeräten, Lagerplätzen), realisiert auf dem Fertigungssteuerrechner,
3. Steuerung technischer Abläufe (Maschinen-, Transportgeräte-, Robotersteuerung), realisiert auf lokalen Steuerrechnern.

Schnittstellen nach außen existieren zu den externen Informationsverarbeitungssystemen sowohl der Produktionsplanung und -leitung (CAP) als auch der technischen Produktionsvorbereitung (CAD, CAM). Von der Weiterentwicklung des Informationssystems flexibler Fertigungssysteme werden die entscheidenden Impulse für die Erhöhung des Automatisierungs-, des Integrations- und des Flexibilitätsniveaus und die Realisierung der daraus entspringenden Effekte erwartet.

Im Jahre 1985 waren weltweit zwischen 200 und 300 flexible Fertigungssysteme eingesetzt. Die Unterschiede der veröffentlichten Zahlen resultieren aus der nicht eindeutigen definitorischen Abgrenzung flexibler Fertigungssysteme und einer Dunkelziffer, die von einigen Autoren durch Schätzungen ersetzt wird. Bild 3.2. veranschaulicht die Ausbreitungsgeschwindigkeit flexibler Fertigungssysteme seit 1967. Zwischen 1982 und 1984 hat sich ihre Zahl verdoppelt. Den Stand einzelner Länder bei der Einführung flexibler Fertigungssysteme zeigt Tabelle 3.2.

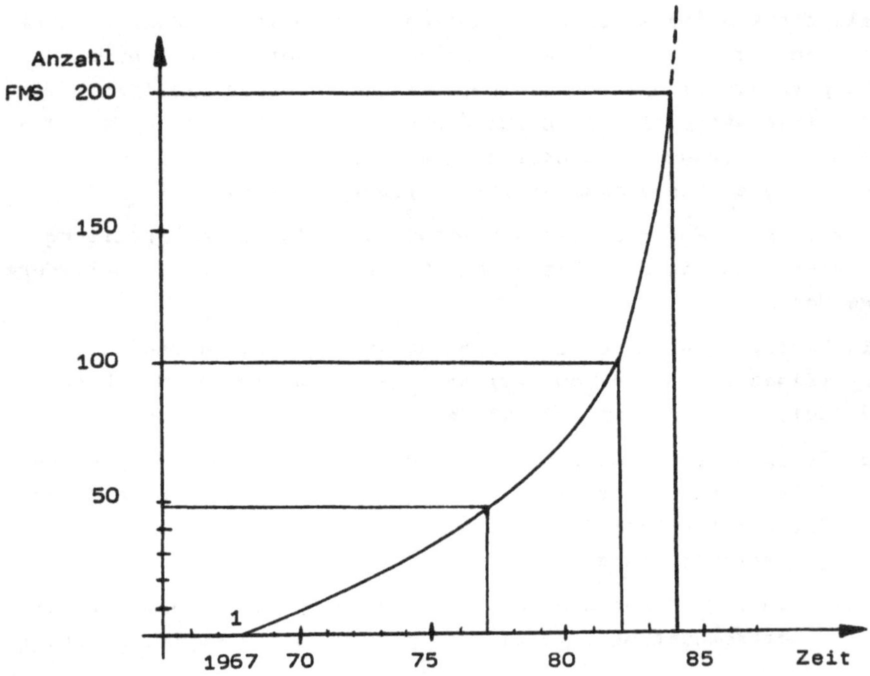

Bild 3.2: Wachstum der Anzahl weltweit installierter flexibler Fertigungssysteme (FMS) /3.5/

Lfd. Nr.	Land	Anzahl flexibler Fertigungssysteme		
		1983	1985	1990 (Vorgaben)
1	DDR	(...)	27	120
2	UdSSR	(...)	60	(...)
3	Japan	44	100	(...)
4	USA	28	47	280
5	BRD	22	25 ... 35	150 ... 170

Tab. 3.2: Ausbreitung flexibler Fertigungssysteme in ausgewählten Ländern /3.12/, /3.13/, /3.14/, /3.15/

Flexible Fertigungssysteme werden bislang überwiegend zur spanenden Bearbeitung von prismatischen oder rotationssymmetrischen Teilen eingesetzt; dabei überwog bisher die Herstellung von Prismateilen. Haupteinsatzbereiche von flexiblen Fertigungssystemen waren die metallverarbeitende Industrie, dabei besonders der Maschinen- und Fahrzeugbau sowie die elektronische Industrie.

Zwei Drittel der bis 1984 international existierenden flexiblen Fertigungssysteme wurden in der Klein- und Mittelserienfertigung genutzt, darunter allein 35 Prozent im Werkzeugmaschinenbau. Ein Drittel der Systeme war in der Großserien- und Massenfertigung des Automobil- und Landmaschinenbaus eingesetzt /3.16/. Für die BRD werden die in Tabelle 3.3 ausgewiesenen Anteile der Einsatzbereiche an den Gesamtzahlen der zu installierenden flexiblen Fertigungssysteme prognostiziert.

Flexible Fertigungssysteme wurden bisher überwiegend in Großbetrieben mit über 2000 Beschäftigten genutzt /3.5/.

Lfd. Nr.	Einsatzbereich	1986		1990	
		absolut	%	absolut	%
1	Maschinenbau	20	40	70 ... 90	50
2	Straßenfahrzeugbau	10 ... 15	30	40 ... 50	30
3	Elektrotechnische Industrie	10	15	25 ... 30	15
4	Sonstige	10	15	10	5

Tab. 3.3: Prognose der Einsatzentwicklung flexibler Fertigungssysteme in der Industrie der BRD 1986 - 1990 /3.13/

Die flexiblen integrierten Fertigungsabschnitte der DDR sind ebenfalls in Großbetrieben eingesetzt. Dies steht in Übereinstimmung mit der Forderung, flexible Fertigungssysteme vor allem in Betrieben mit konzentrierter Nutzung von NC-Maschinen einzuführen - in der DDR etwa 25 Prozent der Anwenderbetriebe von NC-Maschinen.

Die bisherige Entwicklung der Ausbreitung von flexiblen Fertigungssystemen vollzog sich in zwei Etappen /3.17/:

1. Die ab Mitte der sechziger Jahre bis Anfang der siebziger Jahre entwickelten Fertigungssysteme waren gekennzeichnet durch relativ geringe Flexibilität, ein enges Spektrum der zu bearbeitenden Fertigungsaufgaben und ein hohes Produktionsvolumen (flexible Transferstraßen).

2. Ab Mitte der siebziger Jahre wurden Fertigungskonzepte für die Klein- und Mittelserienfertigung entwickelt, die es gestatten, ein breites Spektrum von Fertigungsaufgaben in einer geschlossenen Produktionseinheit auszuführen. Den Effekten aus der höheren Flexibilität der Fertigungssysteme stehen dabei hohe Projektierungs-, Investitions- und Einführungsaufwände gegenüber.

3. Die gegenwärtige dritte Etappe der Entwicklung von flexiblen Fertigungssystemen wird charakterisiert durch

- Herausbildung verfahrensintegrierter Bearbeitungszellen und -zentren,
- durchgängig gesteuerten Materialfluß,
- verstärkten Einzug der Informatik in Verbindung mit einer ausgeprägten Systemlogistik /3.18/.

Mit der Schaffung von kleinen und stufenweise ausbaubaren flexiblen Fertigungssystemen und der Standardisierung material- und informationsflußtechnischer Schnittstellen zur Umgebung werden bessere Möglichkeiten der Nutzung auch in Mittel- und Kleinbetrieben gesehen.

Nach 20 Jahren der Nutzung flexibler Fertigungssysteme kann man feststellen, daß sich eine Reihe von Prognosen der sechziger und siebziger Jahre über die schnelle Ausbreitung dieser neuen Produktionstechnik nicht erfüllt haben. Auch diese Tatsache unterstreicht die Notwendigkeit einer wissenschaftlich fundierten Einsatzstrategienbildung zum gegenwärtigen Zeitpunkt.

3.2. Effektivität des Einsatzes flexibler Fertigungssysteme

Die Untersuchung der Effektivität des Einsatzes der Prozeßinnovation "Flexibles Fertigungssystem" umfaßt in Erweiterung bisheriger Betrachtungsweisen folgende Wirkungen (vgl. Kap. 1):

- den neuen technischen Wirkungsgrad der Innovation im Vergleich zu alternativen Lösungen,
- die ökonomische Effektivität als Aufwand-Ergebnis-Relation,
- die sozialen Effekte, vor allem die Wirkungen auf Quantität und Qualität des Arbeitskräftepotentials,
- die Innovationseffektivität im Verhältnis zur durchschnittlichen Effektivität des gesamten Produktionsfeldes im strategischen Zeitraum.

Flexible Fertigungssysteme ersetzen konventionelle Fertigungsabschnitte mit geringem Automatisierungsgrad einerseits und inflexible einzweckautomatisierte Fertigungsabschnitte andererseits.

In Tabelle 3.4 sind alternative Lösungen für verschiedene Gruppen flexibler Fertigungssysteme zusammengestellt.

Lfd. Nr.	Flexible automatisierte Fertigungslösung	Alternativlösung
1	Flexible Fertigungszelle	. Handarbeitsplatz mit Werkzeug . konventionelle Werkzeugmaschine . NC-Maschine
2	Flexibles Fertigungssystem	. verfahrensorientierte oder . gegenstandsorientierte Fertigungsabschnitte mit: - konventionellen und/oder NC-Maschinen; - mechanisierter und teilautomatisierter Transport- und Handhabungstechnik; - manueller oder rechnergestützter off-line-Steuerung
3	Flexible Transferstraße	. einzweckautomatisierte Transferstraße

Tab. 3.4: Flexible automatisierte Fertigungssysteme und Alternativlösungen

Flexible Fertigungssysteme mit unterschiedlichem technischen Niveau können sich auch gegenseitig ersetzen. Aus einer Analyse des Einsatzes flexibler Fertigungssysteme und Fertigungszellen in der BRD ergab sich, daß diese Systeme in 11 % der Fälle eine Transferfertigung ablösen. In 89 % der Einsätze werden unverkettete konventionelle oder NC-Maschinen abgelöst, auf denen vorher äußerst flexibel, aber wenig produktiv in kleinen und mittleren Serien gefertigt wurde. Damit stand im Maschinenbau der BRD die Erhöhung des Automatisierungsgrades in der Klein- und Mittelserienfertigung bei Erhaltung der hohen Flexibilität im Vordergrund /3.19/.

Der technische Wirkungsgrad drückt das technische Leistungspotential der Innovation gegenüber alternativen Lösungen aus, das für die Strategienbildung ökonomisch und sozial zu bewerten ist. Die technische Leistungssteigerung einer Innovation wirkt sich nicht in gleichem Maße auf die ökonomische Leistungssteigerung aus.

So konnten in einem Betrieb durch den Einsatz von CNC-Bearbeitungszentren gegenüber der konventionellen Fertigung Zeiteinsparungen von durchschnittlich 50 Prozent erreicht werden, während die Kosteneinsparungen im Durchschnitt nur 25 Prozent betrugen /3.20/.

Der neue technische Wirkungsgrad flexibler Fertigungssysteme beruht auf der Kombination eines hohen Flexibilitätsniveaus mit einem hohen Automatisierungsgrad, deren tendenzielle Einflüsse auf wichtige System- und Prozeßkenngrößen in Tabelle 3.5 dargestellt sind.

Der Vorteil flexibler Fertigungssysteme gegenüber konventionellen Produktionssystemen mit gleicher technologischer Flexibilität liegt in der höheren Mengenleistung und im kürzeren Produktionszyklus bei geringerem Arbeitskräfteeinsatz. Im Vergleich zu Produktionssystemen mit gleicher Mengenleistung kann in flexiblen Fertigungssystemen eine größere Vielfalt von Produkten in schnell wechselnder Folge bei etwa gleichem Arbeitskräfteeinsatz produziert werden.

Folgende Größenordnungen wesentlicher Effekte wurden bei einer Untersuchung von über 70 flexiblen Fertigungssystemen in der Welt als Durchschnittswerte ermittelt /3.21/:

- Senkung der Arbeitskräfteanzahl um 30 %,
- Senkung der Durchlaufzeit um 90 bis 96 %,
- Senkung der Anzahl der erforderlichen Werkzeugmaschinen um 20 bis 50 %,
- Senkung des Flächenbedarfs um 30 bis 40 %,
- Senkung der Umrüstzeit um 85 %.

Der Grad der Nutzung des technischen Leistungspotentials flexibler Fertigungssysteme ist abhängig von den dafür erforderlichen Aufwendungen und der Bewertung der erzielbaren Effekte unter den Bedingungen eines konkreten Einsatzbereiches. Dabei bestimmt die Umgebung (vor- und nachgelagerte Informations- und Produktionsprozesse) wesentlich die Transformation der Systemeffekte auf Effekte des übergeordneten Produktionssystems.

Lfd. Nr.	System- und Prozeßkenngrößen flexibler Fertigungssysteme		Flexibilitätsniveau	Automatisierungsniveau	Gesamttendenz
1	System-kenn-größen	1.1. Arbeitskräfte			
		1.1.1. Anzahl	o	-	-
		1.1.2. Qualifikation	+	+ -	+
		1.2. Arbeitsmittel			
		1.2.1. zur Stoffverarbeitung	-	-	-
		1.2.2. zur Informationsverarbeitung	+	+	+
		1.2.3. Energie	o	o	o
2	Prozeß-kenn-größen	2.1. Material	o	-	-
		2.2. Informationen	+	+	+
		2.3. Erzeugnisse			
		2.3.1. Erzeugnismenge	-	+	+
		2.3.2. Erzeugnisvielfalt	+	-	+
		2.4. Produktionszyklus	-	-	-

Tab. 3.5: Einfluß der Erhöhung des Flexibilitäts- und des Automatisierungsniveaus flexibler Fertigungssysteme auf System- und Prozeßkenngrößen

Legende:
- o Erhöhung bewirkt keine Veränderung der Kenngröße
- \+ Erhöhung bewirkt Erhöhung der Kenngröße
- \- Erhöhung bewirkt Verringerung der Kenngröße

Der Einsatz eines flexiblen Fertigungssystems ist noch immer mit hohem Projektierungs- und Einführungsaufwand sowie hohen Ausrüstungskosten einschließlich der Softwarekosten verbunden. Die Investitionskosten für ein Fertigungssystem wachsen mit seinem Automatisierungs- und Flexibilitätsniveau (Bild 3.3).

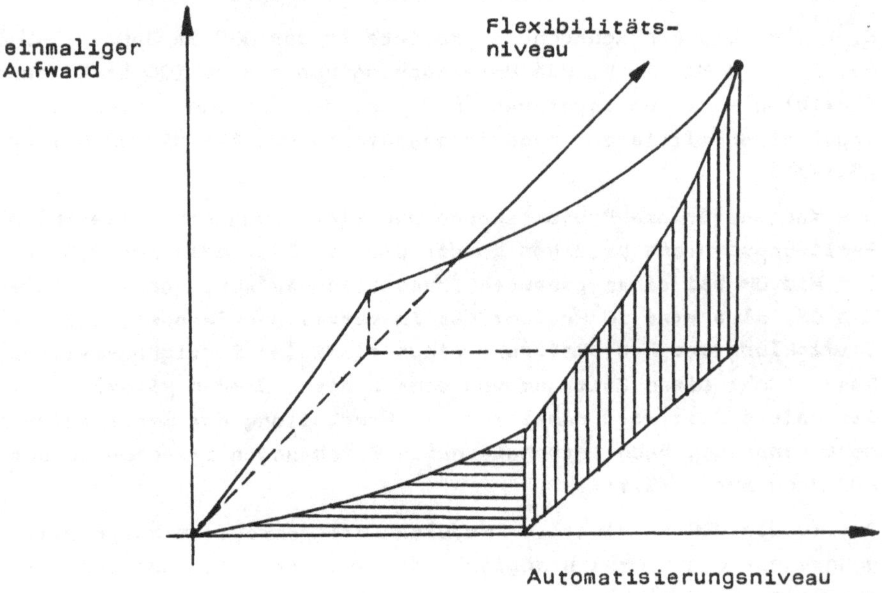

Bild 3.3: Der einmalige Aufwand für flexible Fertigungssysteme in Abhängigkeit von ihrem Automatisierungs- und Flexibilitätsniveau

Dieser überdurchschnittliche Investitionsaufwand ist für eine Innovation am Beginn der Phase des schnellen Wachstums charakteristisch und führt zu einem hohen Risiko für die Erstanwender, das sich gegenwärtig noch hemmend auf die breite Einführung von flexiblen Fertigungssystemen auswirkt.

Das mit der Nutzung von Neuerungen verbundene Risiko wurde bereits von Marx beobachtet:

> "Die viel größeren Kosten, womit überhaupt ein auf neuen Erfindungen beruhendes Etablissement betrieben wird, verglichen mit den spätern, auf seinen Ruinen ex suis ossibus aufsteigenden Etablissements. Dies geht soweit, daß die ersten Unternehmer meist Bankrott machen und erst die spätern, in deren Hand Gebäude, Maschinerie etc. wohlfeiler kommen, florieren "/3.22/.

Eine flexible Fertigungszelle kostete in der DDR im Jahre 1985 ca. 2 ... 4 Mio Mark. Die Untersuchung von nahezu 100 größeren flexiblen Fertigungssystemen in Japan, den USA und Westeuropa ergab einen mittleren Investitionsaufwand von 7,1 Mio US-Dollar /3.14/.

Die Kosten für die Projektierung und Einführung eines flexiblen Fertigungssystems betragen in der BRD zur Zeit zwischen 0,6 und 2,5 Mio DM bei einem gesamten Investitionsaufwand von 9 ... 20 Mio DM, also etwa 10 Prozent des Investitionsaufwandes; die Entwicklung und Projektierung eines flexiblen Fertigungssystems beansprucht einen Zeitraum von etwa 2 bis 3 Jahren /3.23/. Die meiste Zeit wird dabei für die Erarbeitung der Steuersoftware benötigt, nach internationalen Erfahrungen zwischen 30 und 200 Mannjahre /3.11/.

Das in der DDR entwickelte "Modulare Programmsystem zur Fertigungssteuerung" (MPS) ermöglicht dem Anwender, den Aufwand für die Softwareentwicklung auf 30 Prozent zu senken /3.15/.

Die Investitionen für flexible Fertigungssysteme verteilen sich wie folgt auf die Teilsysteme:

Bearbeitungssystem - 50 Prozent
Materialflußsystem - 30 Prozent
Informationssystem - 20 Prozent /3.23/.

In einer Untersuchung von 48 flexiblen Fertigungssystemen in Westeuropa und den USA wurde der Investitionsanteil für Hardware und Software mit 30 bis 50 Prozent ermittelt /3.24/. Für die nächsten Jahre rechnet man mit einem wachsenden Anteil der Software an den Investitionskosten. Die Entwicklung von Höhe und Struktur der Investitionen beeinflußt die Ausbreitungsgeschwindigkeit flexibler Fertigungssysteme entscheidend.

Hauptansatzpunkte zur Senkung des notwendigen Aufwandes beim Einsatz dieser Systeme sind:

- die Verringerung der Projektierungs- und Einführungskosten durch rechnergestützte Projektierung, verbunden mit der Möglichkeit zur optimalen Auslegung der Systeme und damit einer Erhöhung der Effekte,
- die Senkung der Investitionskosten durch die Modularisierung und Standardisierung von Komponenten aller Teilsysteme und damit die Möglichkeit zum stufenweisen Auf- und Ausbau flexibler automatisierter Systeme.

Von der innovativen Entwicklung der Informationsverarbeitungstechnik gehen dafür nach wie vor die entscheidenden Impulse aus.

Beim Einsatz eines flexiblen Fertigungssystems verändern sich vor allem die zeitliche Struktur des technologischen Prozesses und die qualitative Struktur der in einem längeren Zeitraum mit diesem System produzierbaren Erzeugnismenge.

Daraus resultieren für den Anwender zum einen Veränderungen in Höhe und Struktur der Kosten der Erzeugnisse und zum anderen der auf dem Markt realisierbaren Preise und damit des Gewinns auf Grund der zusätzlichen Neuwertschöpfung pro Ressourceneinheit zum anderen. Weitere ökonomische Nutzenswirkungen sind die Gewinnung von Arbeitskräften, die Freisetzung von Grund- und Umlaufmitteln sowie das Wachstum des Produktionsvolumens.
Die ökonomischen Hauptwirkungsketten des neuen technischen Niveaus von flexiblen Fertigungssystemen sind in Bild 3.4 dargestellt.

Das Flexibilitätsniveau des Fertigungssystems, d. h. seine Fähigkeit zur Anpassung an kurz- und langfristig veränderte Bedarfsanforderungen, ist die Ursache für die gegenüber einzweckautomatisierten Systemen neue und quantitativ bedeutende Nutzenskomponente - den Zusatzgewinn auf Grund der besseren Reaktionsfähigkeit auf den Wechsel des Bedarfs.

Während die anderen, sich im wesentlichen aus dem Automatisierungsniveau ergebenden Nutzenskomponenten bereits recht gut

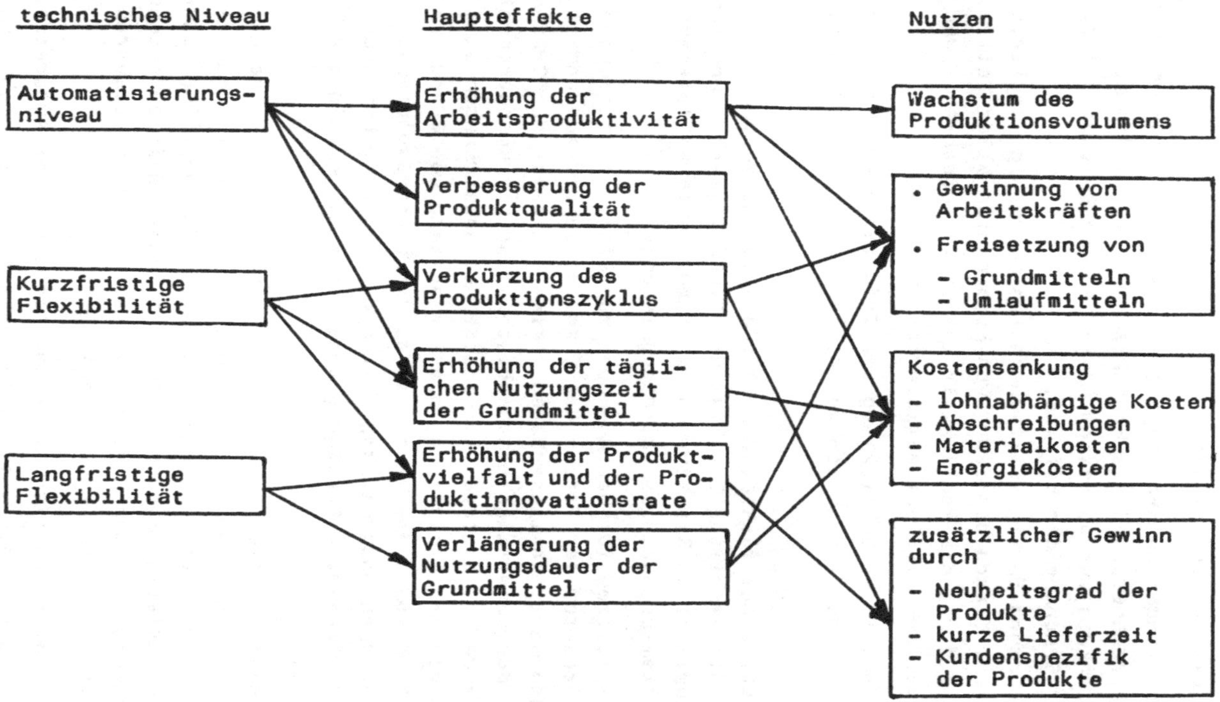

Bild 3.4: Ökonomische Hauptwirkungsketten des neuen technischen Niveaus flexibler Fertigungssysteme

quantifiziert werden können (vgl. Tab. 3.6), ist es gegenwärtig schwierig, die Größenordnung des beim Einsatz eines flexiblen Fertigungssystems zu erwartenden Zusatzgewinns zu ermitteln. Dafür gibt es vor allem drei Gründe:
Zum einen wird im Fertigungssystem nur ein Teil des Produktionsprozesses eines absatzfähigen Enderzeugnisses durchgeführt. Die Transformation der durch die Flexibilität verursachten Effekte in einem Produktionsabschnitt auf Effekte für den Betrieb wird von zahlreichen Bedingungen im Umfeld des Fertigungssystems beeinflußt und ist deshalb schwer zu ermitteln.
Zum zweiten sollen mit einem umbauflexiblen Fertigungssystem mehrere durch Produktinnovationen veränderte Erzeugnisgenerationen hergestellt werden. Die daraus entstehenden Effekte treten also erst nach einer längeren Nutzungsdauer des Systems auf. Zum Zeitpunkt der Projektierung des Fertigungssystems können die Bedarfsentwicklung und der Produktinnovationsprozeß nur ungenau eingeschätzt werden.
Zum dritten ist die Größenordnung der mit einer Innovation wie dem flexiblen Fertigungssystem erreichbaren Effekte wesentlich von der Entwicklung der relativen Effektivität der Innovation und von ihrem Ausbreitungsgrad im potentiellen Einsatzfeld abhängig.

Durch die Nutzung von flexiblen Fertigungssystemen verändern sich die technologischen Kosten der Erzeugnisse in ihrer Höhe und Struktur. Auf Grund des relativ hohen Investitionsaufwandes wachsen die Höhe und der Anteil der Abschreibungen, während sich Höhe und Anteil der Lohnkosten durch die Automatisierung verringern. Die Energiekosten und die Instandhaltungskosten steigen geringfügig, während sich die Materialkosten durch hohe Genauigkeit in der Bearbeitung und durch Senkung von Ausschuß und Nacharbeit verringern. In Tabelle 3.7 ist eine vergleichende Kostenrechnung für konventionelle Maschinen, CNC-Maschinen und eine flexible Fertigungszelle bei gleichem Produktionsvolumen dargestellt. Dabei wurden offensichtlich vereinfachend gleichbleibende Energie-, Material- und Instandhaltungskosten sowie gleiche Nutzungsdauer der Lösungen unterstellt. Die Maschinenstundenkosten vergrößern sich in flexiblen Fertigungssystemen zum Teil erheblich; für integrierte Fertigungsab-

Lfd. Nr.	Ökonomische Effekte und Nutzenskomponenten			
	Bezeichnung	Größe nach Literaturangabe		
		/3.25/	/3.26/	/3.14/
1	Erhöhung der Arbeitsproduktivität	(+)150 ... 500 %	(+)400 %	
2	Senkung der Durchlaufzeit	(-)90 %	(-)50 ... 60 %	(-)40 %
3	Erhöhung der täglichen Nutzungszeit der Maschinen		(+)40 ... 50 %	(+)30 %
4	Senkung der Produktionsfläche	(-)50 %	(-)20 ... 40 %	(-)50 %
5	Kostensenkung, davon	(-)10 %		(-)14 ... 27 %
	. Materialkosten			(-)15 %
	. Lohnkosten			(-)30 %
6	Zusatzgewinn			112 ... 310 % (Betriebsgewinn)
7	Gewinnung von Arbeitskräften	(-)30 %	(-)40 ... 60 %	
	. Freisetzung von Maschinen			(-)80 %
	. Freisetzung von Umlaufmitteln	(-) 20 ... 40 %		(-)50 %
8	Erhöhung des Produktionsvolumens	(+)30 %		

Tab. 3.6: Ökonomische Effekte und Nutzenskomponenten flexibler Fertigungssysteme im Vergleich zur konventionellen Fertigung mit Einzelmaschinen

Lfd. Nr.		Fertigungs-zelle	CNC-Maschinen	konventionelle Maschinen
1	Jährliche Nutzungszeit (h)	3.900	2.300	1.450
2	Anzahl der Maschinen	2	3	6
3	Investitionen (£)	330.000	360.000	120.000
4	Anzahl der Arbeitskräfte	2	4	12
5	Lohnkosten (£)	20.000	40.000	120.000
6	Umlaufmittelbindungskosten (£)	3.000	7.000	45.000
7	Laufende Kosten pro Jahr (£)	23.000	47.000	165.000
8	Gesamtkosten (£) nach			
	1 Jahr	353.000	407.000	285.000
	3 Jahren	399.000	501.000	615.000
	5 Jahren	445.000	595.000	945.000

Tab. 3.7: Vergleichende Kostenrechnung für den Einsatz einer Fertigungszelle, von CNC-Maschinen und von konventionellen Maschinen bei gleichem Produktionsvolumen /3.27/

schnitte wird eine Verzehnfachung gegenüber der bisherigen Fertigung angegeben. Ein Vergleich der Arbeitsplatzstundenkosten einer einzelnen NC-Maschine und einer Fertigungszelle ist in Tabelle 3.8 dargestellt.

Bei zweischichtiger Nutzung muß die Leistung der Fertigungszelle um den Faktor 1,23 höher sein als bei der konventionellen Maschine, um die gleichen Stückkosten zu erreichen. Deutlich wird an diesem Beispiel auch die Rolle der Erhöhung der Nutzungszeit durch die flexible Automatisierung für die Kostensenkung; bei der Nutzungsdauer wird nur der physische Verschleiß berücksichtigt.

Lfd. Nr.	Kenngröße	NC-Maschine	Flexible Fertigungszelle	
1	Investitionen (DM)	370.000	920.000	920.000
2	Schichtzahl	2	2	3
3	jährliche Nutzungszeit (h)	3.600	3.600	5.400
4	Nutzungsdauer (a)	6	6	5
5	Lohnkosten (DM/h)	32	4	4
6	Arbeitsplatzstundenkosten (DM/h)	64	79	62

Tab. 3.8: Arbeitsplatzstunden-Kostenvergleich zwischen NC-Maschine und flexibler Fertigungszelle

Unterschiede in der Umbauflexibilität und ihre Folgen für die Kosten wurden in diesem Beispiel nicht untersucht. Die tendenziellen Wirkungen der Umbauflexibilität und der Nutzungsdauer auf die Kosten zeigt Bild 3.5.

Die Senkung der technologischen Kosten durch die flexible Automatisierung ist ein Ziel, das gegenwärtig - am Beginn der Phase des schnellen Wachstums der Innovation "Flexibles Fertigungssystem" - auf Grund des hohen Investitionsaufwandes noch nicht immer erreicht werden kann.

Notwendige Bedingung für den effektiven Einsatz solcher flexiblen Lösungen ist aber die Realisierung von Zusatzgewinn auf Grund der höheren Neuwertschöpfung pro Einheit Ressourcenaufwand.

Moderne technische Entwicklungen fördern im Sozialismus das massenhafte wissenschaftlich-technische Schöpfertum; zugleich sind sie auf dieses Schöpfertum geradezu angewiesen /3.29/. Die Projektierung und Nutzung solcher komplexen neuen techni-

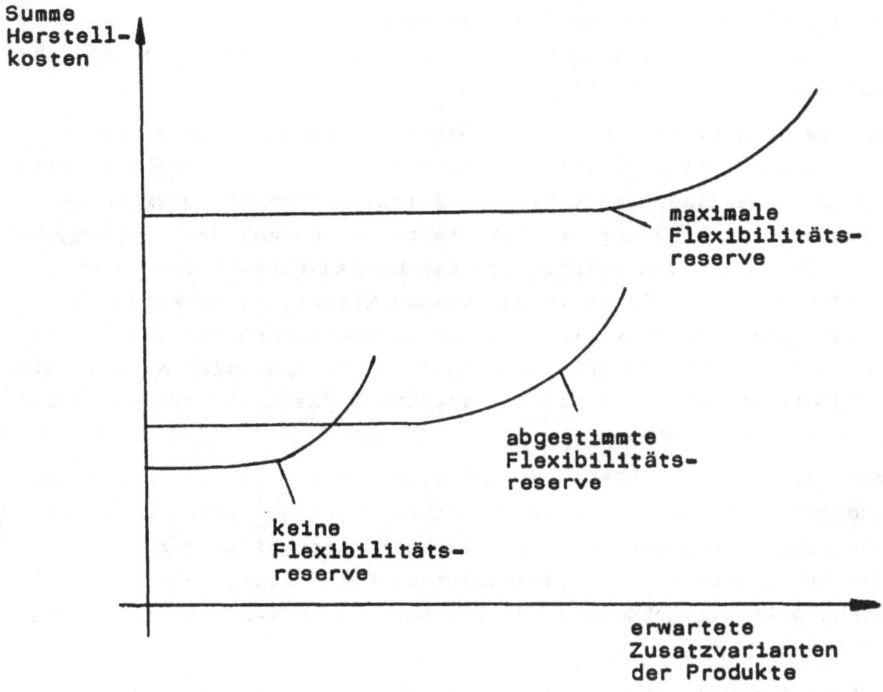

Bild 3.5: Ökonomische Bewertung der Flexibilität eines Fertigungssystems /3.28/

schen Lösungen wie der flexiblen Fertigungssysteme erfordern die engagierte Gemeinschaftsarbeit von qualifizierten Spezialisten (Ingenieuren, Informatikern, Ökonomen, Arbeitswissenschaftlern) und Produktionsarbeitern. Die rechtzeitige Einbeziehung der Werktätigen in die Vorbereitung und Realisierung von flexiblen Systemen, ihre Qualifizierung und wirksame Stimulierung sind wesentliche Voraussetzungen für die hohe Effektivität der Lösungen. Wesentliche Effektivitätswirkungen des Einsatzes von Fertigungssystemen ergeben sich dabei aus ihrem Flexibilitätsniveau. Der Mensch ist im Produktionsprozeß nach wie vor das flexibelste Element, d. h. er verfügt in größtem Umfang über die Fähigkeit zur Anpassung an veränderte Anforderungen, wenn auch technische Systeme dem Menschen in der Geschwindigkeit der Reaktion, in der Reaktionszeit auf eine begrenzte Zahl von Anforderungen überlegen sind.

Wie im Kapitel 1 im einzelnen dargelegt wurde, geht es bei flexiblen Fertigungssystemen vor allem darum, die Qualifikation und die spezifisch menschlichen intelligenten Fähigkeiten zur Flexibilitätserhöhung des Systems zu nutzen und damit Bedingungen sowohl für den effektivitätswirksamen Einsatz der Arbeitskräfte wie auch für positive soziale Effekte zu schaffen. Aus dieser Sicht wird das Konzept der automatischen menschenleeren Fabrik nicht die typische Lösungsform der flexiblen Automatisierung bilden, weil sie nicht ausreichend flexibel, produktiv und effektiv sein kann.

Auf dem Weg der Erhöhung des Flexibilitäts-, des Integrations- und Automatisierungsniveaus flexibler Fertigungssysteme zeichnen sich organisatorisch-technische Möglichkeiten zum Einsatz der Arbeitskräfte in automatisierten Produktionssystemen im Sinne positiver ökonomischer und sozialer Effekte in folgenden Formen ab:

- Werkstattprogrammierung von CNC-Werkzeugmaschinen und Robotern im Unterschied zur Programmierung in der technologischen Produktionsvorbereitung,
- Schaffung gruppentechnologischer Fertigungsstrukturen mit automatisierter und konventioneller Produktionstechnik, in denen Arbeitskollektive im Rahmen vorgegebener Ziele relativ selbständig für die Fertigung eines Produktionsprogramms verantwortlich sind und Spielräume in der Arbeitsteilung und der Planung nutzen können.

Diese Entwicklungen stehen im Einklang mit der allgemeinen Tendenz zur Herauslösung des Menschen aus dem unmittelbaren technologischen Produktionsprozeß und der Zunahme der steuernden und überwachenden, aber vor allem auch der kreativen produkt- und prozeßverändernden Arbeitsfunktionen des Menschen in der Produktion. Die Verbindung von flexiblen Fertigungssystemen mit flexiblen rechnergestützten Systemen der Produktionsvorbereitung sowie der Leitung und Planung (CAD, CAM, CAP) im Rahmen des Übergangs zur computerintegrierten Fertigung (CIM) führt zur Beherrschung komplexer Produktionsprozesse durch wenige Arbeitskräfte und somit zur Überwindung der historischen technischen Arbeitsteilung in der Fabrik und ihrer negativen sozialen und ökonomischen Wirkungen.

Als spezifische positive soziale Effekte des bisherigen Einsatzes von flexiblen Fertigungssystemen werden ausgewiesen:

- Reduzierung körperlich schwerer und gesundheitsgefährdender Tätigkeiten,
- bessere Nutzung des Qualifikationsniveaus,
- Erhöhung der Arbeitssicherheit und die Senkung der Unfallhäufigkeit,
- die progressive Gestaltung des Arbeitszeitregimes bei bedienarmer Fertigung,
- die Einsparung von Arbeitsplätzen und die Gewinnung von Arbeitskräften für andere Arbeitsaufgaben,
- Überwindung der geschlechtsspezifischen Arbeitsteilung durch Vergrößerung der Einsatzmöglichkeiten für Frauen.

Die Erschließung der positiven sozialen Effekte unterliegt keinem Selbstlauf. Es treten zum Teil auch negative soziale Wirkungen ein, die minimiert werden müssen. Dazu zählen:

- erhöhte psychische Belastung der Werktätigen,
- Reduzierung anspruchsvoller Arbeitsinhalte,
- Einschränkung von Entscheidungsspielräumen.

Durch die frühzeitige Vorgabe arbeitswissenschaftlicher und soziologischer Zielstellungen können bereits in der Projektierungsphase von flexiblen Fertigungssystemen negative Wirkungen weitgehend verhindert werden.

Die Bestimmung der notwendigen sozialen Bedingungen der Entwicklung und besseren Nutzung der Kreativität und Initiative der Werktätigen zur Realisierung des Effektivitätspotentials der flexiblen Automatisierung und die Abschätzung und Bewertung ihrer sozialen Auswirkungen sind wesentliche Bestandteile der wissenschaftlich-technischen Strategienbildung für diesen Innovationsprozeß.

Die Effekte der Einführung einer Innovation wie des flexiblen Fertigungssystems können für den einzelnen Anwenderbetrieb und die gesamte Volkswirtschaft nur im Vergleich zur durchschnittlichen Effektivitätsentwicklung im potentiellen Einsatzbereich der Innovation bewertet werden. Diesem Sachverhalt wird durch den Begriff der relativen Effektivität Rechnung getragen, der das Verhältnis der dynamischen Effektivität der innovativen Betriebe zur durchschnittlichen Effektivität im gesamten Produktionsfeld für bestimmte Produkte beinhaltet. Die durchschnittliche Effektivität ist dabei der gewogene Mittelwert aus der Effektivität der innovativen Produktionseinheiten und der Produktionseinheiten mit alternativen, d. h. traditionellen und anderen innovativen Lösungen (vgl. Gleichung (1.1) /3.30/).

Die dynamische Effektivität von Betrieben mit flexiblen Fertigungssystemen entwickelt sich wesentlich in Abhängigkeit von ihrer technischen Vervollkommnung und Beherrschung als relativ selbständige Produktionssysteme einerseits und von ihrer Integration in den gesamten rechnergestützten Prozeß der Vorbereitung, Produktion und Realisierung andererseits. Die durchschnittliche Effektivitätsentwicklung hängt u. a. von der Entwicklung des Ausbreitungsgrades der flexiblen Automatisierungslösungen und von der Zurückdrängung der konventionellen Lösungen im Einsatzfeld ab (z. B. Werkstattfertigung mit Einzelmaschinen).

Auf Grund des hohen Investitionsaufwandes für flexible Fertigungssysteme und ihrer Wirksamkeit in einem oft nur relativ kleinen Abschnitt des gesamten Produktionsprozesses ist die relative Effektivität der Betriebe mit diesen Systemen gegenwärtig oft noch nicht überdurchschnittlich. Somit ist die Entscheidung für die erstmalige Einführung eines flexiblen Fertigungssystems in einem Betrieb mit einem beträchtlichen Risiko verbunden. Die Anwendung einer so komplexen Innovation stellt neue Anforderungen an die Qualifikation und die Gemeinschaftsarbeit von Werktätigen verschiedener Bereiche, an Leitungs- und Organisationsabläufe im Kombinat und im Betrieb sowie an die

Kooperationsbeziehungen zu anderen Betrieben und Forschungseinrichtungen.

Sie setzt einen widerspruchsvollen Lern- und Entwicklungsprozeß in Gang, der von einer Akkumulation von Wissen und Erfahrung in der Nutzung flexibler Automatisierungstechnik begleitet wird. Erst beim Erreichen einer bestimmten Komplexität der flexiblen Automatisierungslösungen im Betrieb führt dieser Prozeß zu einer sprunghaften Effektivitätssteigerung, die zu einem späteren Zeitpunkt nicht kurzfristig nachvollzogen werden kann. Insofern darf die gegenwärtig geringe überdurchschnittliche Effektivität von Betrieben mit flexiblen Fertigungssystemen nicht darüber hinwegtäuschen, daß ein zu geringes Tempo der Realisierung dieser technischen Entwicklungen schon in kurzer Zeit zu beträchtlichen Rückständen und ökonomischen Verlusten führen kann.

3.3. Forschungsrichtungen zur Entwicklung der computerintegrierten Fertigung

Flexible Fertigungssysteme bestehen aus Hardware zur Stoff- und Energieumwandlung (Bearbeitungs-, Materialfluß-, Energieflußsystem) sowie aus Hard- und Software zur Informationsverarbeitung. Die Effekte flexibler Fertigungssysteme resultieren aus dem technischen Automatisierungs- und Flexibilitätsniveau, die wesentlich durch die internen und externen Informationsverarbeitungssysteme zur Steuerung bestimmt werden.

Der hohe Personal- und Zeitaufwand zur Projektierung und darunter besonders zur Erarbeitung der Steuerungslösung beeinflußt die Effektivität flexibler Fertigungssysteme gegenwärtig noch negativ. Auch hier liegt der Ansatzpunkt zur Verbesserung in der Entwicklung des Informationsverarbeitungssystems zur Projektierung.

Weitere Forschungen für die Fertigungssysteme in der Teilebearbeitung richten sich auf neue Bearbeitungsverfahren (z. B. Lasertechnik) und neue Werkstoffe für Werkzeuge. Die wesentlichen Impulse zur Entwicklung der technischen und ökonomischen Wirksamkeit flexibler automatisierter Produktionssysteme gehen jedoch von der Entwicklung der Informationstechnologien aus.

So bieten die im Rahmen der Forschungen zur Künstlichen Intelligenz geschaffenen Modelle, Methoden und Techniken zur Wissensverarbeitung neue Möglichkeiten zur Unterstützung

- der Gestaltung und des Entwurfs flexibler Produktionssysteme einschließlich des Steuersoftwaresystems,
- der Ablaufplanung der Produktion,
- der Realzeit-Steuerung und Überwachung des Systems und seiner Komponenten (z. B. Roboter),
- der Diagnose, Instandhaltung und Wartung des Systems /3.31/, /3.32/.

Mit den Expertensystemen stehen erste wissensbasierte Informationssysteme zur Verfügung, die

. große Mengen auch von vagem Wissen zu einem begrenzten Gebiet in problemangepaßter Weise repräsentieren,
. dieses Wissen erstmals zu beschaffen und zu verändern helfen,
. aus solchem Wissen Schlußfolgerungen ziehen und auf Anforderung des Nutzers Wissen und Entscheidungsvorschläge bereitstellen /3.33/.

Das Expertensystem ISIS zur Maschinenbelegung und Terminierung wurde 1981 vorgeführt und 1985 in einem Betriebsteil eingesetzt /3.34/, /3.35/. Expertensysteme unterstützen den Menschen auch bei der Diagnose und Erarbeitung von Reparaturvorschlägen für komplexe technische Systeme (z. B. das System FAULTFINDER /3.36/).

Die Unterschiede zwischen der konventionellen Datenverarbeitung und der Wissensverarbeitung können dabei nach /3.37/ wie folgt charakterisiert werden:

Datenverarbeitung	Wissensverarbeitung
. Repräsentation und Nutzung von Daten	. Repräsentation und Nutzung von Wissen
. algorithmisch	. heuristisch
. wiederholbarer Prozeß	. Schlußfolgerungsprozeß
. effektive Manipulation großer Datenmengen	. effektive Manipulation großer Wissensbasen

Softwarewerkzeuge der Wissensverarbeitung können zur Entwicklung der Steuersoftware von Fertigungszellen genutzt werden. Die Vorteile gegenüber den sonst verwendeten höheren Programmiersprachen liegen in der einfacheren Anpassung und Erweiterung der Software bei veränderten Anforderungen und der gewachsenen Softwareproduktivität; die Entwicklungszeit konnte um zwei Drittel reduziert werden/3.38/.

Die industrielle Anwendung der in der Forschung entwickelten Wissensverarbeitungssysteme befindet sich gegenwärtig im Anfangsstadium. Sie ist noch oft mit außergewöhnlich hohen Aufwendungen oder mit geringen Effekten verbunden. Dennoch lassen sich zwei Hauptvorteile der Nutzung der Wissensverarbeitung in der Informationsverarbeitung zur flexiblen Automatisierung bereits jetzt erkennen:

1. Entscheidende Erweiterung des Bereichs von Arbeitsfunktionen, in denen der Mensch durch automatisierte Informationsverarbeitung unterstützt oder ersetzt wird;
2. Senkung des Aufwandes zur Projektierung von Informationsverarbeitungssystemen, insbesondere der Software.

Die Schaffung von Super-EDV der 5. Generation unter Nutzung von Prinzipien der Wissensverarbeitung sowie der Aufbau von Wissensbanken ist einer der Schwerpunkte des Komplexprogramms des wissenschaftlich-technischen Fortschritts der Mitgliedsländer des RGW bis zum Jahr 2000 /3.39/. In einigen kapitalistischen Ländern existieren langfristige Programme zur Entwicklung der Informationstechnologien, darunter der Softwaretechnologien, der Künstlichen Intelligenz und der Wissensverarbeitung (Tabelle 3.9) /3.40/.

Die flexible Automatisierung der Produktion ist eines der ersten effektiven Anwendungsgebiete für dieses qualitativ neue Niveau der Informationsverarbeitung.
Eine weitere wichtige Entwicklungsrichtung der Informationstechnologien für die flexible Automatisierung der Produktion sind die Datenkommunikationsnetze. Zur Schaffung der computerintegrierten Fabrik der Zukunft müssen die unterschiedlichen Steuerrechner der Ausrüstungen auf und zwischen den Hierarchieebenen verbunden werden und miteinander kommunizieren. Diese Vernetzung

Lfd. Nr.	Land	Forschungsprogramm	Zeitraum	Fonds	Literaturangabe
1	Japan	Forschungsprojekt zur 5. Computergeneration	10 Jahre 1982 ... 1992	500 Mio US $	/3.41/ /3.42/
2	USA	Strategisches Computerprogramm des Verteidigungsministeriums	5 (10) Jahre ab 1984	500 Mio US $	/3.41/
		MCC (Mikroelektronik und Computertechnologie Corporation)	ab 1982	1983: 10 beteiligte Unternehmen 1986: - 402 Mitarbeiter - 21 beteiligte Unternehmen - 65 Mio US $	/3.42/ /3.43/
3	EWG	ESPRIT-Programm	10 Jahre	1,3 Mrd. US $	/3.42/
4	Großbritannien	Alvey-Programm AIT (Advanced Information Technology)	1983 ... 1992	350 Mio £	/3.42/ /3.44/

Tab. 3.9: Forschungsprogramme kapitalistischer Länder auf dem Gebiet der Informationstechnologien und der Künstlichen Intelligenz

der gegenwärtig noch isolierten Fertigungstechnik in der Fabrik eröffnet die Möglichkeit für einen Produktivitätssprung, der allerdings heute noch mit hohen Kosten und hohem Zeitaufwand verbunden ist. Deshalb gibt es sowohl von den Produzenten als auch von den Anwendern der Steuerungstechnik geförderte Forschungsprojekte zur Entwicklung standardisierter Datenkommunikationsnetze für den Produktionsbereich.

Eines der gegenwärtig wichtigsten Datenkommunikationsmodelle ist das OSI-Modell (Open Systems Interconnection) der Internationalen Organisation für Standardisierung (ISO). Kommunikationsmodelle unterscheiden mehrere Schichten, von der physikalischen bis zur Anwenderschicht, denen Protokolle zugeordnet sind, d.h. Vorschriften für den Ablauf des Datenaustausches und das Format der Daten, für das Verhalten der Partner und die Reaktion auf das Verhalten.

Die bisher angebotenen Netzwerke basieren auf verschiedenen Kommunikationsmodellen und unterstützen jeweils nur einige Schichten. In den Mittelpunkt des Interesses der Nutzer flexibler Automatisierungstechnik rückte in den letzten Jahren das MAP-Konzept (Manufacturing Automation Protocol) auf der Basis des OSI-Referenzmodells /3.45/; es wird unter der Schirmherrschaft von General Motors/USA in Zusammenarbeit von Anwendern und Herstellern entwickelt.

Gegenwärtig sind vier von den sieben Stufen des OSI-Referenzmodells in MAP implementiert. Bis 1988 sollen sieben Schichten abgedeckt sein und in einem "Betrieb der Zukunft" zur Herstellung von Frontantriebsaggregaten vorgeführt werden /3.46/.

Leistungsbestimmend für ein Kommunikationsnetzwerk ist die Software, insbesondere zur Realisierung von Verbindungsfunktionen, Anpassungsfunktionen und Vermittlungsfunktionen /3.47/.

Die computerintegrierte Produktion (CIM) in der Industrie eröffnet ein unerschöpfliches Bedarfsfeld für die friedliche Nutzung von neuen Informationstechnologien.

Die technische Leistungsentwicklung in der Mikroelektronik ist nach wie vor die Grundlage für die Entstehung und Vervollkommnung von Informationstechnologien, da sie die Realisierung von neuen Modellen und Prinzipien der Informationsverarbeitung ermöglicht.

Die oben genannten, für die flexible Automatisierung gegenwärtig besonders wichtigen Informationstechnologien befinden sich in verschiedenen Stadien der Entwicklung und Anwendung. Umfang und Aufwand für Forschung und Entwicklung wachsen. Dabei bilden sich national und international neue Formen der Zusammenarbeit von Forschung, Produktion und Anwendung heraus /3.40/.

Wachsende Bedeutung für die gesellschaftliche Beherrschung des Prozesses der Entstehung und Durchsetzung wissenschaftlich-technischer Innovationen auf dem Gebiet der Informationsverarbeitung haben die komplexe Messung und Bewertung ihrer Wirkungen auf die Gesellschaft und die strategische Leitung und Planung auf den verschiedenen Leitungsebenen.

3.4. Computergestützte Strategienbildung für den Einsatz flexibler Fertigungssysteme

Die Entwicklung des technischen Niveaus, der Effektivität und der Ausbreitung flexibler Fertigungssysteme ist am Beginn der Einführung dieser Innovationen weitgehend unbestimmt und muß bewußt im Sinne gesellschaftlicher Ziele beeinflußt werden. Dazu ist es notwendig, frühzeitig mögliche Varianten des Einsatzes flexibler Fertigungssysteme in Kombinaten, in Industriezweigen und in der Volkswirtschaft zu modellieren und ihre sozialökonomischen Voraussetzungen und Wirkungen zu erkennen und zu bewerten. Hierzu sind wissenschaftliche Grundlagen für Entscheidungen und Maßnahmen zur Beherrschung von Innovationsprozessen zu schaffen.

Die Fülle der in einer solchen Strategienbildung zu berücksichtigenden Informationen, die große Variantenbreite der möglichen Einsatzentwicklung und die unscharfen Zielvorstellungen am Beginn eines Innovationsprozesses erfordern Abstraktion und qualitative Verdichtung von Kenntnissen über seine inneren Zusammenhänge in Modellen und die Nutzung der automatisierten Informationstechnik zur Modellvariation. Das in Kapitel 2 entwickelte komplexe Algorithmensystem umfaßt nach Bild 2.7 Algorithmen zur Simulation und Bewertung von Forschungs-, Produktions- und Einsatzstrategien der flexiblen Automatisierung und wurde durch ein Szenariensystem für Einsatzstrategien nach Bild 2.10 untersetzt. Die Bildung von Einsatzstrategien für flexible Fertigungssysteme zum gegenwärtigen Zeitpunkt ist wesentlich dadurch bestimmt, daß nur in geringem Umfang Informationen über den bisherigen Ausbreitungsprozeß dieser Innovation sowie über ihre vielfältigen realen und potentiellen Wirkungen vorliegen und die einfache Fortschreibung der Entwicklungstrends in der Einführungsphase nicht möglich ist.

Einsatzstrategien für flexible Fertigungssysteme sollen am Beginn der Phase des schnellen Wachstums dieser Innovation durch die Lösung folgender Aufgaben gebildet werden:

1. Ermittlung des automatisierwürdigen Potentials
2. Bildung von Strategievarianten unter Berücksichtigung des Zeitaspekts
3. Bewertung der Strategievarianten und Entscheidungsvorschläge.

Zunächst wurde ein Algorithmus zur Bestimmung des automatisierwürdigen Potentials für flexible Fertigungssysteme in abgegrenzten Einsatzbereichen erarbeitet, der Grundlage für ein Programm im Rahmen des computergestützten Algorithmensystems zur Strategienbildung ist.

Unter dem automatisierwürdigen Potential für flexible Fertigungssysteme im Strategiezeitraum wird der Teil des automatisierfähigen Potentials verstanden, für den die Einführung solcher Systeme aus sozialökonomischer Sicht sinnvoll und effektiv ist. Die Realisierungsbedingungen werden dabei zunächst nicht betrachtet. Das automatisierfähige Potential umfaßt das technisch mögliche Einsatzfeld und wird über die Art und die Anzahl der Arbeitsplätze zu Beginn des Strategiezeitraumes erfaßt. Die Ermittlung des automatisierwürdigen Potentials für flexible Fertigungssysteme (FMS) erfolgt in den folgenden Teilschritten:

1) Definition technisch-ökonomischer FMS-Typen,
2) Bestimmung von FMS-Einsatzbereichstypen,
3) Bestimmung der Effektivität des Einsatzes von technisch-ökonomischen FMS-Typen in Einsatzbereichstypen,
4) Ermittlung des automatisierwürdigen Potentials für FMS-Typen in Einsatzbereichstypen.

zu 1): Flexible Fertigungssysteme unterscheiden sich in den Produkten, im technologischen Prozeß, in der Systemgröße und im Automatisierungs- und Flexibilitätsniveau. Die Effektivität von FMS in einem Einsatzbereich wird bei sonst ähnlichen Systemen wesentlich durch das Verhältnis von Flexibilitäts- und Automatisierungsniveau des Bearbeitungssystems bestimmt.

Aus einer ersten Analyse des bisher in der Teilefertigung eingesetzten FMS lassen sich einige Systemtypen bilden, deren Automatisierungs- und Flexibilitätsniveau (kurzfristige Flexibilität) in Bild 3.1 dargestellt ist.

zu 2): Die Einsatzbereichstypen für FMS unterscheiden sich hinsichtlich des technologischen Prozesses und der Anforderungen an die kurz- und langfristige Flexibilität des Produktionsprozesses sowie hinsichtlich des bestehenden Niveaus der flexiblen Automatisierung von Produktions- und Informationsprozessen. Wesentliche Einflußfaktoren auf die erforderliche Flexibilität im Einsatzbereich sind:

- die Innovationsrate der Produkte,
- die Variantenvielfalt der Produkte,
- das Produktionsvolumen (Einzel-, Serien-, Massenfertigung).

Die Kombination dieser Einflußfaktoren in ihrer unterschiedlichen Ausprägung führt zur Abgrenzung von FMS-Einsatzbereichstypen; im Beispiel in Tabelle 3.10 sind es 6 verschiedene Einsatzbereichstypen.

Lfd. Nr.	Einflußfaktoren	Ausprägung	Varianten							
			1	2	3	4	5	6	7	8
1	. Lebenszyklus des Produkts	kurz	x	x	x	x				
		lang					x	x	x	x
2	. Varianten-vielfalt	klein	x	x			x	x		
		groß			x	x			x	x
3	. Produktions-volumen	klein	x		x		x		x	
		groß		x		x		x		x
4	Anforderungen an									
4.1	. kurzfristige Flexibilität	sehr hoch			I					
		hoch	I			I			I	
		gering		I			I			I
		sehr gering						I		
4.2	. langfristige Flexibilität	hoch	I	I	I	I				
		gering					I	I	I	I
	Einsatzbereichstypen		A	B	C	A	D	E	F	D

Tab. 3.10: Einsatzbereichstypen für flexible Fertigungssysteme mit unterschiedlichen Flexibilitätsanforderungen

Das Ausgangsniveau der flexiblen Automatisierung im Einsatzbereich kann z. B. durch das Niveau und die Zahl der bereits eingesetzten Systeme charakterisiert werden.
Die FMS-Typen sind nun ausgehend von ihren technischen Potenzen den Einsatzbereichstypen zuzuordnen. Dazu wird eine Zuordnungsmatrix erarbeitet, deren Elemente die Automatisierungskoeffizienten AG sind. Der Automatisierungskoeffizient AG gibt an, welcher Anteil der Arbeitsplätze des Einsatzbereiches im Strategiezeitraum durch

FMS eines Typs umgestaltet werden kann (siehe Tabelle 3.11). Er hat wesentlichen Einfluß auf das zu ermittelnde automatisierwürdige Potential und ist von Experten abzuschätzen.

System-Typ / Einsatzbereichs-Typ	1	2	3	4	5
A	-	0,1	0,15	0,25	0,2
B	-	0,2	0,25	0,15	0,18
C	-	-	-	0,2	-
D	0,05	-	0,2	-	0,1
E	0,1	-	-	-	-
F	-	0,25	0,1	0,1	0,2

Tab. 3.11: Zuordnungsmatrix mit Automatisierungskoeffizienten für flexible Fertigungssysteme und Einsatzbereiche

zu 3): In diesem Teilschritt sind die ökonomischen und sozialen Aufwände und Effekte von FMS-Typen in Einsatzbereichstypen zu erfassen und zu quantifizieren. Der Grundgedanke dabei ist die Bestimmung der Aufwände und Effekte ausgehend vom technischen Automatisierungs- und Flexibilitätsniveau eines FMS-Typs und seiner Wirksamkeit im jeweiligen Einsatzbereichstyp mit bestimmten Ausgangsbedingungen und Flexibilitätsanforderungen. Ein hohes Flexibilitätsniveau ermöglicht vor allem einen Zusatzgewinn pro System durch bessere Reaktionsfähigkeit auf Bedarfsanforderungen.

Das Automatisierungsniveau wirkt sich ökonomisch vor allem auf den Produktivitätsfaktor als Verhältnis der Arbeitsproduktivität einer Arbeitskraft im FMS zur durchschnittlichen Arbeitsproduktivität im Einsatzbereich aus.

Dieser Produktivitätsfaktor beeinflußt wesentlich die mögliche Kostensenkung pro System sowie die Einsparung und Freisetzung von Arbeitskräften. Mit der flexiblen Automatisierung sind aber auch erhöhte einmalige Aufwendungen verbunden, die mit der Höhe des Automatisierungsniveaus in der Umgebung sinken und mit dem Automatisierungsgrad und Flexibilitätsgrad des Systems wachsen. Somit gibt es für jeden FMS-Typ einen ökonomisch optimalen Einsatzbereichstyp. Um ihn zu ermitteln, müssen die Aufwendungen und Effekte von FMS-Typen in Einsatzbereichstypen durch Experten als durchschnittliche Größen für den Strategiezeitraum eingeschätzt werden.

zu 4): Das automatisierwürdige Potential für FMS-Typen in Einsatzbereichen kann nun mit Hilfe des Programms FMSTRE ermittelt werden. Die Zahl der im Strategiezeitraum einsetzbaren Systeme ZS wird dabei wie folgt bestimmt:

$$ZS = \frac{NA}{AS} \cdot FK \qquad (3.1).$$

NA Bedarf an mit flexiblen automatisierten Produktionssystemen zu leistendem Arbeitsaufwand im Endjahr des Strategiezeitraumes

AS durch ein flexibles automatisiertes Produktionssystem durchschnittlich pro Jahr zu leistende Arbeit

$$FK = \begin{cases} 1, & \text{wenn } FB = FS \\ FB/FS, & \text{wenn } FB > FS \end{cases} \quad (3.2)$$

Flexibilitätskoeffizient, der das Verhältnis von Flexibilitätsbedarf im Einsatzbereich (FB) und Flexibilitätsangebot des Systems (FS) angibt.

In diesem Modell wird die Flexibilität in der Vorfertigung durch die mittlere Anzahl der zu fertigenden unterschiedlichen Teile je Arbeitskraft im System bzw. Einsatzbereich gemessen (technologische Flexibilität). In der Montage kann die technologische Flexibilität durch die Anzahl der verschiedenen Montageoperationen pro Arbeitskraft erfaßt werden.

Durch die Einbeziehung des Flexibilitätskoeffizienten in die Berechnungen erhöht sich die Zahl der Systeme, wenn ihr Flexibilitätsangebot nicht ausreicht, um den Flexibilitätsforderungen im Einsatzbereich zu entsprechen, d.h. es werden mehr Systeme mit niedrigem Flexibilitätsniveau benötigt, die in ihrer Mengenleistung nicht voll ausgelastet werden können.

Der Bedarf an automatisiert zu leistender Arbeit im Einsatzbereich NA und die durch ein System zu leistende Arbeit AS werden wie folgt berechnet:

$$NA = PA \cdot SI \cdot BE \cdot AZ \quad (3.3)$$

PA automatisierbare Arbeitsplätze im Einsatzbereich zu Beginn des Strategiezeitraumes unter Annahme eines Automatisierungskoeffizienten AG

SI Schichtfaktor der Arbeitskräfte im Einsatzbereich zu Beginn des Strategiezeitraumes

BE Faktor der Bedarfsentwicklung des Produktionsvolumens im Strategiezeitraum

AZ Arbeitszeitfonds einer Arbeitskraft pro Jahr in Stunden zu Beginn des Strategiezeitraumes

$$AS = AP \cdot AL \cdot SS \cdot AF \qquad (3.4)$$

AP Produktivitätsfaktor der Arbeitskräfte im System im Vergleich zur durchschnittlichen Produktivität im Einsatzbereich zu Beginn des Strategiezeitraumes
AL Arbeitskräfte pro System und Schicht
SS Schichtfaktor der Arbeitskräfte im System
AF Arbeitszeitfonds einer Arbeitskraft im System pro Jahr in Stunden.

Die in die Formel (3.4) eingehenden Kenngrößen sind Durchschnittsgrößen für einen System-Typ im Strategiezeitraum. Ausgehend von der berechneten Anzahl der Systeme ZS werden die notwendigen Gesamtinvestitionen und Arbeitskräfteeffekte durch den Einsatz von FMS berechnet.

Neben den Investitionsanforderungen und den Arbeitskräfteeffekten ist die Rückflußdauer RD eine wesentliche Bewertungsgröße für FMS.

$$RD = \frac{IS}{(KS + ZG)} \qquad (3.5)$$

IS Investitionsaufwand pro System
KS jährliche Kostensenkung pro System
ZG jährlicher zusätzlicher Gewinn pro System

Quellen für die jährliche Kostensenkung durch das System sind vor allem die aus dem Automatisierungsniveau resultierenden Einsparungen an lohnabhängigen Kosten und Materialkosten. Kostenerhöhend wirken oft die aufgrund der hohen Investitionen hohen Abschreibungen.
Der jährliche zusätzliche Gewinn ergibt sich vor allem aus dem hohen Flexibilitätsniveau, das es gestattet, besser auf wechselnde Marktforderungen zu reagieren, höhere Neuerungsraten der Produkte und kurze Lieferzeiten zu realisieren.

Zwischen den Eingabedaten des Modells zur Systemcharakteristik - wie z.B. zwischen Flexibilitätskoeffizient und

Zusatzgewinn - bestehen funktionale Abhängigkeiten, die noch nicht vollständig bekannt und quantifizierbar sind. Diese Zusammenhänge müssen aus statistischen Untersuchungen der Kenngrößen bekannter Systeme gewonnen werden und für die Zukunft durch Experten auf dem Gebiet der flexiblen Automatisierung eingeschätzt werden.

Im Ergebnis einer Variantenberechnung mit FMSTRE liegen folgende Kenngrößen für die Entscheidungsfindung vor:

- Gesamtzahl der einzusetzenden FMS eines Typs im Einsatzbereich,
- erforderlicher Investitionsaufwand für FMS gesamt,
- Gesamtzahl der in FMS tätigen Arbeitskräfte in ihrer Qualifikationsstruktur,
- Umfang der einzusparenden Arbeitszeit,
- Gesamtzahl der zu gewinnenden Arbeitskräfte,
- je FMS durchschnittlich zu gewinnende Arbeitskräfte,
- mittlerer Einsparungsaufwand je Arbeitskraft,
- mittlere Rückflußdauer der FMS.

Mit Hilfe dieser Bewertungsgrößen kann der Nutzer des Programms FMSTRE günstige Automatisierungsvarianten auswählen und somit das automatisierwürdige Potential für FMS-Typen in bestimmten Einsatzbereichen ermitteln. Die Ausgabedaten des Programms FMSTRE sind unter Einbeziehung von Daten für den Industrierobotereinsatz im Kapitel 4 tabellarisch dargestellt (Tabelle 4.6).

Das Modell wurde in der Programmiersprache BASIC auf dem Kleincomputer KC 85/2,3 und mit Hilfe von Tabellenkalkulationsprogrammen auf 8-bit- und 16-bit-Personalcomputern realisiert.

Ergebnisse eines Beispielexperiments werden in der Abbildung 3.6 gezeigt. Dabei wurden Wirkungen des Einsatzes von 12 unterschiedlichen FMS-Typen in einem Bereich bei gleichem Automatisierungskoeffizienten berechnet. Die FMS-Typen unterscheiden sich in der Kombination von Produktivitätsfaktor AP und im Flexibilitätsangebot des Systems FS. In Abhängigkeit von dieser jeweiligen Kombination wurden Funktionen für die Investitionen pro

System, die jährliche Kostensenkung und den jährlichen Zusatzgewinn pro System festgelegt.

Bewertungsgrößen der Varianten waren die notwendigen Gesamtinvestitionen GI, die Rückflußdauer RD, die Zahl der Systeme ZS und die absolute Arbeitskräftegewinnung GA.

Die Graphik in Bild 3.6 zeigt, daß im Einsatzbereich FMS-Typen mit einem Produktivitätsfaktor zwischen 4 und 5 eingesetzt werden sollten, um optimale Effekte (minimales Investitionsvolumen, minimale Rückflußdauer, maximale Arbeitskräftegewinnung) zu erreichen.

Nachdem vorstehend ein Programm zur computergestützten Ermittlung des automatisierwürdigen Potentials der in einem Strategiezeitraum einsetzbaren flexiblen Fertigungssysteme behandelt wurde, soll nun ein Modell zur Prognose des zeitlichen Ausbreitungsprozesses dieser Systeme entwickelt werden. Es entspricht dem Szenario DYN des Szenario-Systems nach Bild 2.10.
Zur Modellierung der Ausbreitung unterschiedlicher Innovationen eignet sich die logistische Funktion (S-förmige Sättigungsfunktion). Dabei nimmt man an, daß sich die Ausbreitungsrate zeitabhängig bis zu einem Sättigungswert entwickelt und der Übergang vom progressiven zum degressiven Wachstum im oder in der Nähe des halben Sättigungswertes liegt. Setzt man den Sättigungswert auf 1, so gilt:

$$F(t) = \frac{1}{1 + ae^{-bt}} \qquad (3.4)$$

$$\ln \frac{F(t)}{1 - F(t)} = \alpha + \beta t \qquad (3.5).$$

Die Ausbreitungsrate F(t) wird für automatisierte Produktionssysteme wie folgt definiert /3.48/:

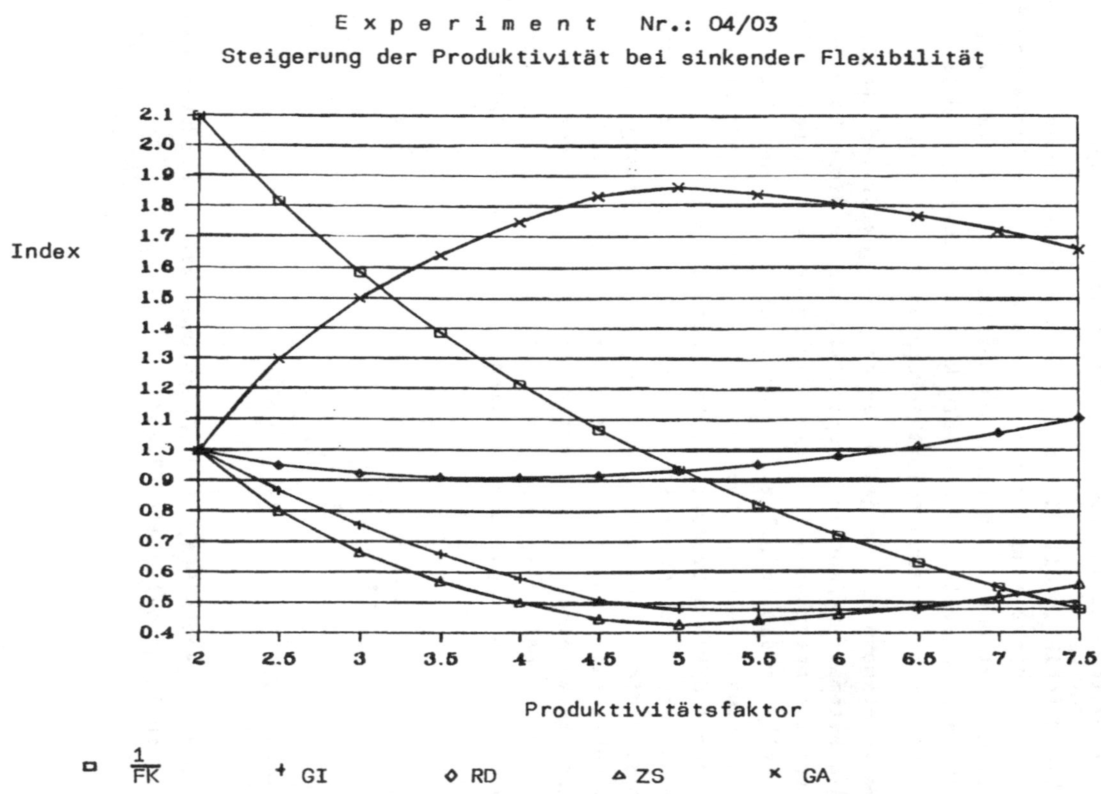

<u>Bild 3.6:</u> Ausgabegraphik FMSTRE (Beispielexperiment) /3.49/

$$F(t) = \frac{A(t)}{A(t) + P(t)} \qquad (3.6)$$

A(t) Anzahl der zum Zeitpunkt t durch automatisierte Systeme ersetzten Arbeitsplätze

P(t) Anzahl der zum Zeitpunkt i noch durch automatisierte Systeme ersetzbaren Arbeitsplätze;

sie kann für jeden Zeitpunkt nach Gleichung (3.7)

$$F(t) = \frac{S(t) \cdot AP \cdot AL \cdot SS}{BE \cdot AK \cdot AG} \qquad (3.7)$$

berechnet werden (vgl. Tab. 3.12 und 3.13).

Szenario und Programm zur Trendschätzung für die Ausbreitung von flexiblen automatisierten Produktionssystemen mit Hilfe logistischer Funktionen (LOPGRA) für den Personalcomputer KC 85/2,3 bestehen aus folgenden Bausteinen:

1) Schätzung des Sättigungswertes für die Ausbreitung von Systemen eines Typs bzw. einer Generation.
2) Ermittlung der logistischen Ausbreitungsfunktion aus einer historischen Zeitreihe und dem geschätzten Sättigungswert.
3) Prognose der Ausbreitung von flexiblen automatisierten Systemen im wählbaren strategischen Zeitraum und graphische Darstellung.
4) Berechnung der Wirkungen auf die Zahl der Arbeitskräfte zur Produktion und Nutzung von flexiblen automatisierten Systemen.

In dem Modell hängt die Geschwindigkeit der Ausbreitung flexibler Fertigungssysteme vom geschätzten Sättigungswert, von der historischen Entwicklung der Ausbreitung und vom angesetzten Produktivitätsfaktor der Arbeitskräfte im System gegenüber der Produktivität im durchschnittlichen Produktionsprozeß (AP) ab.

In den Tabellen 3.12 und 3.13 sind die wichtigsten Ein- und Ausgabedaten sowie ein Testbeispiel für die Ausbreitung flexibler Industrieroboter der 1. Generation in der DDR dargestellt. Bild 3.7 zeigt die entsprechende S-förmige Funktion.

Lfd. Nr.	Bezeichnung	Symbol	Testvariante			
1	Arbeitskräfte im Einsatzbereich	AK	2.022.000			
2	Schichtfaktor Ist	SI	1,6			
3	Automatisierungsgrad	AG	0,03			
4	Produktivitätsfaktor der Arbeitskräfte im automatisierten System	AP	5,0			
5	Arbeitskräfte pro System und Schicht	AL	0,3			
6	Schichtfaktor des Systems	SS	2,4			
7	Bedarfsentwicklungsfaktor	BE	1,0			
8	Arbeitskräfte zur Herstellung eines Systems pro Jahr	HS	0,5			
9	historische Zeitreihe					
9a	Jahr	JH	1980	1981	1982	1985
9b	Anzahl automatisierter Systeme	S (JH)	253	563	1106	4200

Tab. 3.12: Wesentliche Eingabedaten des Szenarios LOPGRA (Auswahl)

Lfd. Nr.	Bezeichnung	Symbol	Berechnung	Testvariante			
1	Sättigungswert (Anzahl automatisierter Systeme)	ZS	$\frac{AK \cdot AG \cdot BE}{AP \cdot AL \cdot SS}$	16.850			
2	automatisierbare Arbeitsplätze	PA	(AK/SI)·AG	37.913			
3	Prognosezeitreihe						
3.1	Jahr	JP	Eingabe	1986	1988	1990	1992
3.2	Anzahl automatisierter Systeme	S(JP)	F(JP)·ZS	6.686	11.572	14.822	16.185
3.3	Ausbreitungsrate	F(JP)	lineare Regression nach (3.5), (3.6), (3.7)	0,39	0,68	0,87	0,96
4	Arbeitskräftepotential						
4.1	Arbeitskräfte in automatisierten Systemen	AS(JP)	S(JP)·AL·SS	4.813	8.331	10.671	11.653
4.2	Arbeitskräfte zur Herstellung automatisierter Systeme pro Jahr	AH(JP)	(S(JP) - S(JP - 1)).HS	1.111	1.189	670	255
4.3	Arbeitskräftegewinnung insgesamt	AE(JP)	(AS(JP)·(AP/BE) -AS(JP)-AH(JP)	18.141	32.135	42.014	46.357

Tab. 3.13: Wesentliche Ausgabedaten des Szenarios LOPGRA (Auswahl)

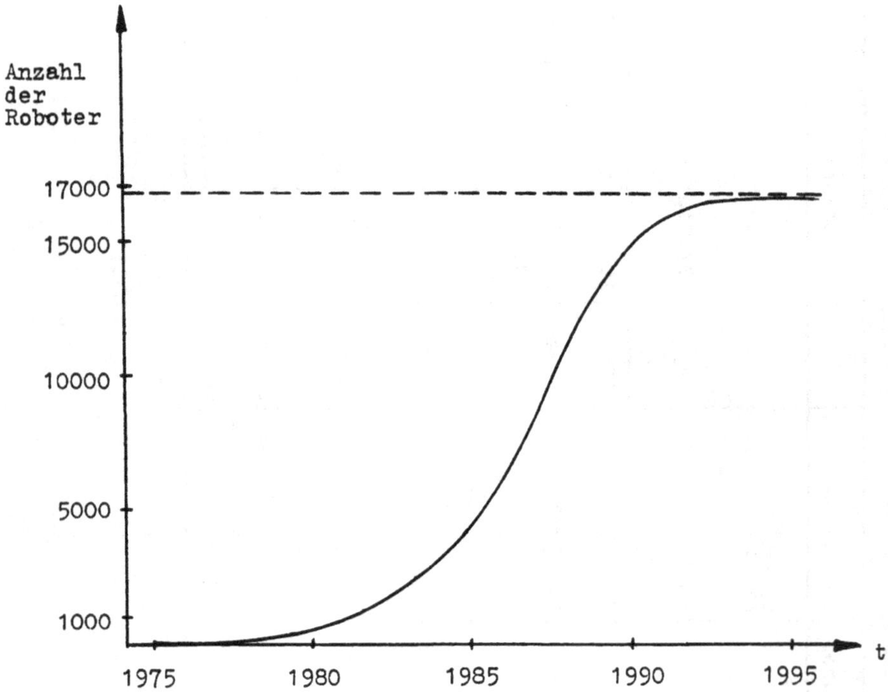

Bild 3.7: Prognose der Ausbreitung von flexiblen Industrierobotern in der DDR (Beispiel nach Tab. 3.12 und 3.13)

Die Direktive des XI. Parteitages der SED zum Fünfjahrplan sieht vor, im Zeitraum von 1986 bis 1990 etwa 10.000 bis 12.000 prozeßflexible Industrieroboter zu produzieren /3.1/.

Das Programm LOPGRA kann zur Variation und Diskussion von technisch-ökonomischen Kenngrößen genutzt werden, die in der volkswirtschaftlichen Planung normativ verwendet werden. Die Ergebnisse können darüber hinaus in die mittelfristige Investitions- und Arbeitskräfteplanung eingehen. Im Testbeispiel wird der Sättigungswert für flexible Industrieroboter der 1. Generation Anfang der 90er Jahre erreicht. Daraus lassen sich für die Forschung Schlußfolgerungen über die notwendigen Zeitpunkte der Produktionsreife höherer Generationen von Industrierobotern mit einem erweiterten Einsatzfeld ableiten. Hier zeigt sich gleichzeitig die enge Wechselwirkung zwischen den Elementen des komplexen Algorithmensystems nach Bild 2.7 und des Szenario-Systems nach Bild 2.9 bei der Erarbeitung, Variation und Bewertung von Automatisierungsstrategien als Forschungs-, Produktions- und Einsatzstrategien für flexible Fertigungssysteme, Industrieroboter und CAD/CAM-Systeme in ihrer Gesamtheit.

4. Analyse, Effektivität und Innovationsstrategien des Industrierobotereinsatzes

4.1. Einsatzentwicklung und Hauptanwendungsgebiete

Die Beschlüsse des XI. Parteitages der Sozialistischen Einheitspartei Deutschlands orientieren auf eine Weiterführung und Vertiefung der eingeleiteten qualitativen Veränderungen in der materiell-technischen Basis der Volkswirtschaft durch die rasche Entwicklung und umfassende Anwendung der Schlüsseltechnologien. Hierzu zählen insbesondere Mikroelektronik, Rechentechnik, rechnergestützte Projektierung, Konstruktion, Produktionsvorbereitung und Produktionssteuerung (CAD/CAM), Industrieroboter und flexibel automatisierte Fertigungssysteme /4.1/.

Die Entwicklung, Produktion und effektive Nutzung von 75.000 bis 80.000 Industrierobotern bilden daher eine grundlegende Aufgabe der Volkswirtschaft der DDR im Zeitraum 1986 bis 1990, die großen Einfluß auf die qualitative Erhöhung des technologischen Niveaus und die effektivste ökonomische Nutzung des dadurch geschaffenen wissenschaftlich-technischen Effektivitätspotentials hat.

Damit verbindet sich die Forderung, den Industrieroboter immer mehr als Bestandteil eines die Produktivkräfte auf revolutionäre Art und Weise verändernden komplexen Technologiekonzeptes zu verstehen, das im System der flexiblen Automatisierung seine Wirkungsbedingungen erhöht.

Ein bestimmendes Merkmal in der Veränderung der materiell-technischen Basis der Volkswirtschaft ist die breite Entwicklung und Anwendung der Automatisierungstechnik. Mit ihr muß

> "die Mikroelektronik, Robotertechnik, Computertechnik und Informatik vereint und in allen Bereichen der Volkswirtschaft immer stärker wirksam gemacht werden" /4.2/.

Dieser Zielstellung entsprechen die durch den Fünfjahrplan bis 1990 fixierten Aufgaben zur Realisierung von mindestens 60 komplexen Automatisierungsvorhaben in der metallverarbeitenden Industrie der DDR und 35 Automatisierungsvorhaben in anderen Zweigen der Volkswirtschaft. Dabei sind vorhabenbezogene Steigerungen der Arbeitsproduktivität auf 500 ... 600 %, zeitliche Auslastungen von 17 ... 20 Stunden je Kalendertag, Selbstkostensenkungen von 15 ... 20 % und Einsparungen an Material von 20 ... 40 % durchzusetzen (vgl. Tabelle 1.1).

Entwicklung, Produktion und Einsatz von Industrierobotern als ein Grundelement der flexiblen Automatisierung sind damit als eine volkswirtschaftliche Aufgabenstellung zu verstehen, problemlösend und leistungsstimulierend bei der qualitativen Hebung des technologischen Niveaus wirksam zu werden.

Unter Industrierobotern wird die Gesamtheit von Grundmitteln verstanden, die der selbständigen Handhabung von Werkstücken, Werkzeugen und Materialien zur Automatisierung von Haupt-, Hilfs- und Nebenprozessen dienen und in einer oder mehreren Bewegungsachsen hinsichtlich Positionierung und Arbeitsablauf fest- oder freiprogrammierbar sind /4.3/.

Der Unterscheidung in prozeßflexible und prozeßspezifische Industrieroboter liegt folgende technologische Differenziertheit zugrunde:

- Prozeßflexible Industrieroboter für
  - Beschicken von Werkzeugmaschinen und analogen technologischen Ausrüstungen,
  - Transportprozesse,
  - Stapeln und Entstapeln.
- Technologische Industrieroboter für
  - Montage,
  - Farbgebung,
  - Schweißen,
  - Schmieden,
  - Führen von Werkzeugen und Arbeitsgegenständen,
  - textiltechnische Prozesse.
- Prozeßspezifische Industrierobotertechnik als maschinengebundene Handhabetechnik und fester Bestandteil technologischer Ausrüstungen für

. Einlegen,
. Entnehmen,
. Magazinieren,
. Positionieren,
. Beheben von Störungen.

- Prozeßgebundene Industrierobotertechnik als selbständige Handhabetechnik zur Durchführung von Beschickungs- und technologischen Prozessen für

  . Beschicken,
  . technologische Aufgaben,
  . Transportprozesse.

Die Nutzung der Erfahrungen und Tendenzen führender sozialistischer und kapitalistischer Industrieländer sowie bisherige Ergebnisse und Erkenntnisse bei der Erarbeitung und Durchsetzung des Industrieroboter-Programms der DDR machen es für die Erarbeitung einer Strategie für Industrieroboter im System der flexiblen Automatisierung erforderlich, die Entwicklung wissenschaftlich-technischer Problemlösungen mit der Herausarbeitung wissenschaftlich-technischer Bedingungen für die Entwicklung, Produktion und den Einsatz von Industrierobotern der 2. und 3. Generation zu verbinden.

Industrieroboter der 2. Generation sind gekennzeichnet durch die Nutzung einfacher adaptiver und visueller Systeme, die es ermöglichen, Art und Lage der Werkstücke zu erkennen und unter Verwendung einer entsprechenden Steuerung - meist mit Hilfe eines Computers - in aktive Beziehung zur Umwelt zu treten.

Industrieroboter der 3. Generation reproduzieren die menschlichen Bewegungen von Armen und Beinen. Ein Lernsystem soll diese Manipulatoren befähigen, viele Operationen zu speichern und Entscheidungen ohne direkte Programmvorgabe zu treffen. Diese Roboter sind durch industriell einsatzbereite Lösungen für solche Problemkreise wie

- Ordnen von Werkstücken,
- Vermessen von Positionen,
- Sichtkontrolle,
- Werkzeugüberwachung und Werkstückprüfung in der spanenden

Fertigung,
- akustische Mustererkennung,
- Synchronisationsmöglichkeit mit Transportsystemen,
- Kombinationsmöglichkeit von Bahn- und Punktsteuerung,
- Anschlußmöglichkeiten an Zentralrechner

gekennzeichnet.

Sie verarbeiten selbständig von außen kommende Informationen und verhalten sich zielgerichtet unter veränderten Bedingungen.

Flexibel programmierbare Industrieroboter verfügen über einen flexiblen Informationsspeicher, der es ermöglicht, durch Programmauswahl den Bewegungszyklus zu ändern bzw. vollkommen neu zu gestalten. Die auswechselbaren Greifersysteme sind in ihrem Aufbau an das zu handhabende Objekt anpaßbar und ermöglichen einen universellen Einsatz der Industrieroboter.

Ob ein Industrieroboter als sinnvolle technische Lösung für die Übernahme einer Arbeitsoperation gelten kann, hängt im wesentlichen von seinem Leistungsvermögen ab. Die wichtigsten Leistungsanforderungen beziehen sich auf

. Tragkraft,
. Geschwindigkeit,
. Anzahl der Freiheitsgrade,
. Wiederholgenauigkeit,
. Programmkapazität,
. technische Zuverlässigkeit.

Außerdem ist er an Bedingungen für

. Teilezu- und -abführung,
. technische Anpassung des Materialflusses,
. Ausstattung mit Sensoren

gebunden.

Die Integration der Produktionshilfsprozesse in den Produktionshauptprozeß sowie ihre Optimierung werden erst durch die technologische Kombination von NC-Werkzeugmaschinen und der Industrierobotertechnik im Rahmen des Übergangs zur flexiblen Automatisierung möglich. Die Entwicklung der Industrie in der DDR zeigt, daß sich als Schwerpunkt der Automatisierung der technologische

Bereich der mechanischen Vorfertigung in der metallverarbeitenden Industrie herausgebildet hat.

Diese Entwicklung entsprach der Notwendigkeit,

- technologisch begründete Kapazitätsdisproportionen zwischen Vorfertigung und Montage zu überwinden,
- das Produktivitätsniveau in der mechanischen Vorfertigung zu erhöhen,
- die Sicherung einer von Menschen unabhängigen Qualität und Kontinuität der Produktion zu gewährleisten,
- den für die mechanische Vorfertigung typisch hohen Lohnkostenanteil zu reduzieren.

Durch die scnwerpunktmäßige Orientierung auf die Automatisierung der Vorfertigungsprozesse, die durch den Einsatz hochproduktiver numerisch gesteuerter Werkzeugmaschinen möglich wurde, sind wissenschaftlich-technische und ökonomische Effektivitätspotentiale geschaffen worden, deren Wirksamkeit jedoch wegen fehlender wissenschaftlich-technischen Bedingungen des Übergangs zur komplexen Automatisierungsstrategie bisher vielfach begrenzt blieb.

Der XI. Parteitag der SED orientiert darauf, den Prozeß der komplexen Automatisierung neben dem umfassenden Einsatz in der Großserien- und Massenfertigung zunehmend auf die Bereiche der Klein- und Mittelserienfertigung auszudehnen, die gegenwärtig ca. 60 ... 65 % des Produktionsvolumens der metallverarbeitenden Industrie umfaßt /4.1/.

Damit ist die Notwendigkeit des verstärkten Einsatzes von flexiblen Fertigungssystemen, Industrierobotern und CAD/CAM-Stationen verbunden, die folgenden Bedingungen genügen muß:

- Es entstehen neue Anforderungen an die Automatisierung der Klein- und Mittelserienfertigung durch die Entwicklung einer wachsenden Zahl innovativer Erzeugnisse und kundenspezifischer Anforderungen.

- Die durch konstruktive und technologische Verbesserungen erreichte Verkürzung der Stückzeiten in der Fertigung überschreitet zunehmend die Grenzen der menschlichen Leistungsfähigkeit hinsichtlich der Arbeitsgeschwindigkeit, Tragfähigkeit und Arbeitsintensität.

- Die durch die Mikroelektronik bedingte Miniaturisierung der Bauteile, vor allem in der feinwerktechnischen und elektronischen Industrie verlangt eine weitgehende Automatisierung.
- Die Notwendigkeit der Sicherung gleichbleibender Qualität, der Senkung der Ausschußquoten und der Erhöhung der Auslastung der Grundfonds erfordert entsprechende technologische Lösungen.

Um diesen objektiven Anforderungen zu genügen, sind mit der Herausbildung der für die achtziger und neunziger Jahre typischen Automatisierungsstrategien folgende Ziele verbunden:

. Herausbildung persönlichkeitsfördernder Arbeitsinhalte und zunehmende Herauslösung des Menschen aus dem unmittelbaren Fertigungsprozeß,

. Automatisierung der technischen Produktionsvorbereitung durch den Aufbau computergestützter Informationsverarbeitungssysteme und von der Konstruktion über die technologische Produktionsplanung und Produktionssteuerung bis zur Produktionsdurchführung,

. Automatisierung der Fertigung durch den Aufbau von Gestaltungslösungen integrierter Fertigung als integrierte Produktionseinheiten unterschiedlicher Ausführungsformen unter Nutzung vorhandener Grundfonds, Übergang zur automatisierten bedienarmen Produktion in mehreren Schichten bis zum automatisierten Betrieb,

. Fertigung unterschiedlicher Werkstücke (Einzelteile und Baugruppen) in beliebiger Folge und Stückzahl bei stufenarmer Prozeßgestaltung, verringerter Stückzeit sowie Verkürzung der Neben- und Durchlaufzeiten durch Integration von Produktionshaupt- und Hilfsprozessen,

. Gewährleistung hoher Flexibilität, Variabilität und Zuverlässigkeit.

Ein dadurch mögliches, komplexes Rationalisierungskonzept führt somit zur Integration von Bearbeitungsgängen, Bewegungsabläufen und Steuerprozessen, zur Überwindung der Disproportionen von Teilefertigung und Montage sowie der nichtkontinuierlichen Auslastung technologischer Kapazitäten, zur Verkürzung der Gesamtdurchlaufzeit der Erzeugnisse, zur Verknüpfung der der Produktion vor- und nachgelagerten Prozesse sowie zur Integration von Material- und Informationsfluß. Es steht daher in enger Wechselbeziehung mit der effektiveren Nutzung der der Volkswirtschaft der DDR zur Verfügung stehenden Ressourcen an gesellschaftlichem Arbeitsvermögen, Energie, Rohstoffen, Material, Grundfonds und Investitionen und verbindet sich mit grundlegenden Zielen des volkswirtschaftlichen Leistungswachstums, insbesondere

- der Erreichung einer überdurchschnittlichen Einsparung von lebendiger und vergegenständlichter Arbeit,
- der Realisierung wissenschaftlich-technischer Innovationsstrategien in ihrer Einheit von Prozeß- und Produktinnovationen,
- der Nutzung vorhandener technologischer Potentiale durch den Übergang zur flexiblen Automatisierung bei diskontinuierlichen Prozessen und deren Potentialerweiterung durch Produktions- und Informationsautomatisierung,
- der Erhöhung der Qualität und Stabilität der Produktion bei Verkürzung des Überleitungszyklus von Forschungs- und Entwicklungsergebnissen in die materielle Produktion sowie der technologischen Durchlaufzeiten,
- der Steigerung der Produktivität und Effektivität des volkswirtschaftlichen Reproduktionsprozesses in seiner Gesamtheit.

Auf dem XI. Parteitag der SED konnte folgende eindrucksvolle Bilanz gezogen werden:

> "Charakteristisch dafür, daß der ökonomische Leistungsanstieg zunehmend aus den Ergebnissen von Wissenschaft und Technik fließt, sind unter anderem die beträchtlichen Zuwachsraten der Mikroelektronik und der Robotertechnik. Während wir 1970 noch über keinen einzigen Industrieroboter verfügten, waren es Ende 1985 mehr als 56.000. Von erheblicher volkswirtschaftlicher Bedeutung ist ebenso die beschleunigte Einfüh-

rung der CAD/CAM-Technik, verbunden mit Systemen der flexiblen Automatisierung ..." /4.4/

Das Ziel der flexiblen Automatisierung besteht insbesondere in der Verringerung der nichtproduktiv genutzten Zeit bei gleichzeitiger höherer Mengenleistung innerhalb der produktiven Zeit.

Analysen zeigen, daß sich die unproduktive Zeit zu annähernd gleichen Teilen auf Vorbereitungs-, Abschluß- und Hilfszeiten verteilt, insbesondere für das Umrüsten von Vorrichtungen und Werkzeugen, den Werkzeugwechsel, den Werkstückwechsel und die Positionierung.

Vorrangige Wege zur Reduzierung der unproduktiven Zeit bilden

- Reduzierung von Prozeßstufen,
- Zusammenfassung von Arbeitsoperationen,
- Einsatz automatischer Werkzeugwechseleinrichtungen mit kurzen Wechselzeiten,
- Verwendung außerhalb der Maschine voreingestellter Werkzeuge bis zum Wechsel voreingestellter Werkzeugträger,
- Einsatz der Werkstückwechselpalette in Verbindung mit den Werkstückmanipulatoren,
- automatisiertes Positionieren der Verfahrenswege durch den Einsatz der NC-Technik.

Wie der technologische Fortschritt im Prozeß des Übergangs von der konventionellen Technik über numerisch gesteuerte Werkzeugmaschinen bis zu flexiblen Automatisierungssystemen mit der unmittelbaren Steigerung der Arbeitsproduktivität verbunden ist, zeigt die Entwicklung der Zeitaufwände zur Herstellung gleicher Werkstücke:

100 %:	konventionelle Werkzeugmaschinen
50 ... 70 %:	NC-Drehmaschinen
40 ... 60 %:	NC-Drehmaschinen mit automatischem Werkstückwechsel
55 ... 75 %:	NC-Fräsmaschinen
40 ... 55 %:	Bearbeitungszentren
30 ... 45 %:	Bearbeitungszentren mit automatischem Werkstückwechsel /4.5/.

Die Durchlaufzeiten der Werkstücke in Abhängigkeit vom Fertigungsprinzip entwickeln sich wie folgt:

Werkstattprinzip	: 6 ... 12	Monate
Gegenstandsprinzip	: 3 ... 6	Monate
Integrierte Fertigungsabschnitte	: 2 ... 4	Monate
Integrierte Fertigungssysteme	: 2 ... 60	Stunden.

Um die flexible Automatisierung in den achtziger und neunziger Jahren in komplexer Weise vorzubereiten und durchzusetzen, werden die Anstrengungen auch auf die Schaffung von Systemlösungen zur Automatisierung der Leitung, Planung und Steuerung der Produktion sowie die dazu notwendige Softwareentwicklung konzentriert.

Das automatisierte Leitungs- und Planungssystem ist mit einem System der integrierten technischen Produktionsvorbereitung verknüpft.

Die aufbereiteten Informationen werden automatisiert erfaßt, verarbeitet und für die Produktionssteuerung über eine hierarchisch aufgebaute Rechnerkette bereitgestellt.

Kennzeichnend ist eine vom Wareneingang bis zum Warenausgang durchgängig automatisierte informationsflußtechnische Verknüpfung aller Bereiche des Produktionsbetriebes. In diesem Konzept entwickelt sich die Einsatzvorbereitung und Nutzung von Industrierobotern immer mehr zu einer grundlegenden Aufgabe der Kombinate und Betriebe der DDR.

Tabelle 4.1 zeigt die Entwicklung des Robotereinsatzes in der Volkswirtschaft der DDR von 1981 bis 1985.

Der Einsatz von Robotern erfolgt vorwiegend in technologischen Ausrüstungen wie Einzelmaschinen, Fertigungslinien, Fertigungsstraßen, Be- und Verarbeitungseinrichtungen insbesondere für folgende Prozesse und Handhabungen:

Lfd. Nr.	Jahr	Volkswirtschaft gesamt		Industrie	
		absolut	Zuwachs gegenüber Vorjahr (absolut)	absolut	Anteil (%)
1	1981	13.680	...	12.372	90,4
2	1982	22.418	8.738	19.764	88,2
3	1983	32.117	9.699	27.267	84,9
4	1984	43.299	11.182	36.171	83,5
5	1985	56.601	13.302	45.005	79,5

Tab. 4.1: Robotereinsatz in der Volkswirtschaft der DDR 1981 ... 1985

- Einlege- und Entnahmearbeiten von Werkstücken und Werkzeugen,
- Stapelung und Entstapelung,
- Zu- und Abführung von Vor-, Zwischen- und Fertigungsmaterialien,
- Positionierung von Werkstücken, Materialien und Werkzeugen,
- Transportaufgaben zwischen Be- und Verarbeitungsstationen,
- Führung von Meßwerkzeugen und
- automatische Behebung von Ablaufstörungen im Prozeß.

Das entscheidende Merkmal der prozeßgebundenen Industrieroboter besteht in ihrem Einsatz zur Rationalisierung und Automatisierung von bisher manuell durchgeführten Handhabungen und Prozessen. Diese Geräte umfassen in der Regel selbständige Handhabetechnik mit festem und programmierbarem Ablauf. Ihre Nutzung erfolgt vorwiegend in Beschickungs- und technologischen Prozessen. Zum Stand der Einsatzvorbereitung und Nutzung sowie zu den Perspektiven von Industrierobotern im System der flexiblen

Automatisierung wurden im Rahmen der Forschungsarbeiten des Instituts für Theorie, Geschichte und Organisation der Wissenschaft der Akademie der Wissenschaften der DDR in den Jahren 1982 bis 1985 in volkseigenen Betrieben Analysen durchgeführt, deren Ergebnisse anhand von Beurteilungskriterien eingeschätzt wurden (Tabelle 4.2) und die eine positive Entwicklung darstellen.

Lfd. Nr.	Faktoren	1982	1983	1984	1985
0	Anzahl untersuchter Betriebe	17	21	25	26
1	Wird das wissenschaftlich-technische, ökonomische Effektivitätspotential erkannt?	35,3	28,6	48,0	69,2
2	Erfolgt Industrierobotervorbereitung in Einheit von Prozeß- und Erzeugnisinnovation?	11,8	9,5	20,0	46,2
3	Wird der Einsatz von Industrierobotern in Verbindung mit qualitativer Hebung des technologischen Niveaus verstanden?	47,1	38,1	48,0	69,2
4	Gehen die ökonomischen Zielstellungen über die staatlichen Vorgaben hinaus?	23,5	19,0	24,0	38,5

Tab. 4.2: Faktoren zur Einschätzung der Zielstellung des Industrierobotereinsatzes in Betrieben der DDR (Angaben in %, bezogen auf bejahende Antworten)

Als für die Einsatzvorbereitung wichtige Aufgabenstellung wurde der Übergang zur eigenverantwortlichen Entwicklung und Produktion von Industrierobotern erkennbar. Liegt international die durch den Nutzer eigenverantwortliche Entwicklung und Produktion von Industrierobotern bei ca. 50 %, so weisen in der DDR führende Kombinate eine Eigenproduktion zwischen 70 und 80% aus. Die Anwendung bzw. Anwendungsvorbereitung von Industrierobotern konzentrieren sich im Ergebnis der Analysen auf die technologischen Prozesse nach Tabelle 4.3.

Die analytischen Ergebnisse zeigen auch, daß in den Kombinaten und Betrieben die sozialistische Rationalisierung sowie der Übergang zur komplexen Automatisierung zu einer immer engeren Verschmelzung führen. Ein entscheidendes Merkmal dieses Prozesses ist die wissenschaftlich-technische Erneuerung der Produktionsprozesse durch Einbeziehung der vorhandenen Grundmittel in neue komplexe Automatisierungslösungen, die der Tendenz des Übergangs zur Herausbildung automatisierter bedienarmer Produktionskomplexe gerecht werden. Die Industrieroboter entwickeln sich bei der Integration konventioneller Grundfondstechnik mit wissenschaftlich-technischen und ökonomisch effektiveren komplexen Automatisierungslösungen zum Hauptkettenglied. Mit der Analyse für das Jahr 1985 war auch eine Untersuchung und Einschätzung entsprechend den Schwerpunkten (Tab. 4.3) hinsichtlich des absoluten Industrierobotereinsatzes in den Kombinaten und Betrieben verbunden, die diese Aussagen verdeutlichen.

Mit der Analyse wurden ca. 8 % des Bestandes der in der Industrie der DDR eingesetzten Industrieroboter erfaßt.

Von diesem Gesamtbestand an Industrierobotern entfallen

88,9 % auf prozeßspezifische Industrieroboter und
11,1 % auf prozeßflexible Industrieroboter

mit den Einsatzschwerpunkten nach Tab. 4.4.

Bei der Bewertung des bisherigen Automatisierungsniveaus und der Herausarbeitung von Strategievarianten zur Automatisierung geht es im entscheidenden Maße darum, Strategien für die Entwicklung und Nutzung qualitativ neuer Verfahren und Technologien

Lfd. Nr.	Anwendungsgebiete	1982	1983	1984	1985
0	Anzahl untersuchter Betriebe (absolut)	17	21	25	26
1	Mechanische Vorfertigung	41,6	38,1	52,0	73,1
	davon:				
	Werkstückhandhabung	35,2	28,6	40,0	...
	Werkzeughandhabung	5,9	9,5	12,0	...
2	Oberflächenveredelung	...	19,0	40,0	30,8
3	Umformtechnik	...	9,5	12,0	...
4	Maschinenverkettung	35,2	19,0	20,0	30,8
5	Einsatz von Montagerobotern	11,8	19,0	28,0	42,3
6	Automatisierung von Kontroll-, Meß- und Prüfprozessen	41,2	33,3	40,0	46,2
7	Automatisierung von Transport-, Umschlag- und Lagerprozessen	17,6	23,8	28,0	34,6

Tab. 4.3: Hauptanwendungsgebiete von Industrierobotern in ausgewählten Betrieben der Industrie der DDR (Angaben in %, bezogen auf die Anzahl der Betriebe)

Lfd. Nr.	Einsatzgebiete	Anzahl
1	Mechanische Vorfertigung	51,7
2	Oberflächenveredelung	1,9
3	Maschinenverkettung	10,2
4	Montageroboter	13,6
5	Automatisierung von Kontroll,- Meß- und Prüfprozessen	17,6
6	Automatisierung von Transport-, Umschlags- und Lagerprozessen	5,0

Tab. 4.4: Einsatzgebiete der durch die Analysen erfaßten Industrieroboter (in %)

zur Schaffung eines höheren Produktivitäts- und Effektivitätsniveaus mit der Erreichung einer höheren Innovationsrate der Erzeugnisse durchzusetzen.

Die Integration von Industrierobotern in komplexe Automatisierungslösungen sowie zur Erreichung eines höheren Flexibilitätsniveaus der Produktion erfordert vom Anwender im Stadium der Einsatzvorbereitung von Industrierobotern umfangreiche Arbeiten zur Prozeßanalyse und Softwareproduktion. Nur sie ermöglichen die Integration von Industrierobotern bei voller Nutzung ihres technologischen Potentials sowie der Erzielung effektiver komplexer sozial-ökonomischer Wirkungen.

Die diesen Aussagen zugrundeliegenden Einsatzanalysen sowie die damit verbundene Effektivitätsbewertung führten zu der verallgemeinerungswürdigen Erkenntnis notwendiger Kostenanteile für die Einsatzvorbereitung von Industrierobotern (Tab. 4.5).

Die analytischen Ergebnisse lassen aber auch erkennen, daß die gegenwärtigen Bemühungen beim Einsatz von Industrierobotern vorwiegend auf die Erreichung eines höheren Automatisierungsniveaus einzweckautomatisierter Prozesse der Produktion größerer Serien gerichtet sind. Die in den Kombinaten noch teilweise

Lfd. Nr.	Bezeichnung	Gegenwärtiger Anteil	Eingeschätzte Tendenz der Entwicklung
1	Prozeßspezifische Industrieroboter		
	Hardware	70	60
	Software	20	25
	Prozeßanalyse	10	15
2	Prozeßflexible Industrieroboter		
	Hardware	65	50
	Software	25	35
	Prozeßanalyse	10	15

Tab. 4.5: Kostenanteile der Einsatzvorbereitung für Industrieroboter (in %) auf der Grundlage der analytischen Ergebnisse

isoliert verlaufenden Tendenzen der Verfahrens- und Produkterneuerung sind im Prozeß des Überganges zur flexiblen Automatisierung durch Konzentration auf die Verbesserung der Effektivitätsentwicklung des gesamtgesellschaftlichen Reproduktionsprozesses durch die produktive Nutzung von Basis- und Verbesserungsinnovationen bei Technologien, Verfahren und Erzeugnissen in ihrer Einheit zu überwinden.

Die Schaffung eines hohen Automatisierungsniveaus der Volkswirtschaft der DDR verbindet sich daher immer mehr mit der Erreichung einer volkswirtschaftlich hohen jährlichen Neuerungsrate der Endprodukte. Die daraus für die volkswirtschaftliche Entwicklung abgeleiteten Aufgaben zur Erhöhung des Anteils neuer Erzeugnisse an der Warenproduktion

1983: 17 %
1984: 24 %
künftig: 30 ... 40 %

verdeutlichen die Größe dieser Zielstellung.

Der Prozeß der Intensivierung der volkswirtschaftlichen Entwicklung der DDR und die damit verbundenen makroökonomischen Strukturveränderungen sind daher unmittelbar mit der Verwirklichung der Einheit von Prozeß- und Produktinnovation für die weitere Gestaltung der materiell-technischen Basis der entwickelten sozialistischen Gesellschaft verbunden.

Erst unter diesen Bedingungen wird der innovationsstimulierende Effekt der flexiblen Automatisierung voll wirksam. Die weitere Verwirklichung des strategischen Technologiekonzepts der flexiblen Automatisierung ist daher untrennbar mit dem weiteren Einsatz und der effektiven Nutzung ihrer Elemente - der automatisierten Produktionstechnik mit NC-Maschinen, Industrierobotern und integrierten Fertigungssystemen verschiedener Generationen sowie der automatisierten Informationstechnik mit Mikroprozessoren, Mikrorechnern, Datenverarbeitungsanlagen und Kommunikationstechniken - verbunden.

Moderne Technologien, wie die computergestützte Konstruktion und Projektierung (CAD) und die computergestützte Produktionsvorbereitung und -durchführung (CAM) entwickeln sich immer mehr zu Systembestandteilen der flexiblen Automatisierung und ermöglichen den Übergang zu einem integrierten System der automatisierten Produktionsvorbereitung und -durchführung (CAD/CAM).

Zur Erschließung der dadurch möglichen Produktivitäts- und Effektivitätspotentiale ist es erforderlich, die grundlegenden Entwicklungsrichtungen herauszuarbeiten und Strategien für die planmäßige Durchsetzung der komplexen Automatisierung in der Kombination von Einzweckautomatisierung und flexibler Automatisierung im Rahmen der Kombinate, der Industriebereiche und der Volkswirtschaft insgesamt auszuarbeiten.

4.2. Wissenschaftlich-technische Bedingungen von Entwicklung, Produktion und Einsatz von Industrierobotern

Bisherige Erfahrungen bei der Anwendung und effektiven Nutzung von Industrierobotern sind insbesondere für die weitere Entwicklung in der DDR Veranlassung, sich auf die Entwicklung wissenschaftlich-technischer Problemlösungen sowie auf die Herausarbeitung wissenschaftlich-technischer Bedingungen für die Entwicklung, Produktion und den effektiven Einsatz von prozeßflexiblen Industrierobotern der 2. und 3. Generation zu konzentrieren.

Die prozeßflexible Industrierobotertechnik der 2. und 3. Generation zeichnet sich als Element automatisierter Fertigungssysteme u.a. durch folgende Charakteristika aus:

- digitale Informationsverarbeitung mit Mikrorechnern,
- Dezentralisierung der Informationsverarbeitung mit hierarchischer Struktur des Informationssystems,
- serielle Informationsübertragung zwischen den Funktionseinheiten und den Hierarchieebenen über wenigadrige Datenbahnen,
- universeller Aufbau der Fertigungssysteme durch modular auf- und abrüstbare Struktur, Gerätetechnik und Programmbausteine,
- Flexibilität und Anpaßbarkeit der Systeme durch freie Programmierbarkeit,
- die Anpassung der Funktionseinheiten an die Automatisierungsfunktionen erfolgt über Verknüpfungen von Programmbausteinen /4.6/.

Die wissenschaftlich-technischen Anforderungen an die Roboterentwicklung und die Nutzung ihres Effektivitätspotentials setzen gleichzeitig Bedingungen für robotergerechte Neuentwicklungen von Erzeugnissen.

Aus den zu diesem Problemkreis durchgeführten Analysen in der DDR ergeben sich folgende Erkenntnisse:

1. Das wissenschaftlich-technische Niveau der Industrieroboter wird wesentlich durch das wissenschaftlich-technische Niveau der mikroelektronischen Bauelemente bestimmt. Die Erhöhung des Leistungsangebotes an verfügbaren Bauelementen und Sensoren mit international vergleichbarem wissenschaftlich-technischem Niveau sowie die beschleunigte Bereitstellung von Mikroprozessor-Baukastensystemen für die Steuerungstechnik auf der Grundlage einer einheitlichen Systemkonzeption beschleunigen ihre Weiterentwicklung und die Einsatzverbreiterung.

2. Mit dem Übergang zur Entwicklung von Industrierobotern der 3. Generation konzentrieren sich die objektiven Anforderungen an die Weiterentwicklung der mikroelektronischen Technik insbeson-

dere auf VLSI-Schaltkreise, Lichtleitübertragungstechnik und rechnergestützte Bildverarbeitung.

3. Zur Bedarfsdeckung an spezifischen mikroelektronischen Bauelementen hat sich in einigen Anwenderkombinaten der DDR der Aufbau von Entwurfs- und Applikationszentren bewährt. Der Aufbau von leistungsfähigen CAD-Systemen für Entwürfe von anwenderspezifischen VLSI-Schaltkreisen fördert gleichzeitig die Mikroelektronisierung von Produktions- und Informationsprozessen in den Kombinaten.

Im einzelnen geht es dabei im folgende Problemkreise:

I. Robotersteuerungen

Bei den bisher überwiegend eingesetzten Industrierobotern sind die Steuerungen als speziell zugeschnittene, unflexible Einheiten für den einzelnen Robotertyp entstanden. Die erkennbare Weiterentwicklung von Steuerungen zielt darauf ab, die Industrierobotersteuerung als Teil der Gesamtautomatisierung eines komplexen Systems im Zusammenhang mit speicherprogrammierbaren Steuerungen und Überwachungssystemen zu sehen. Durch die Verkettung dieses Gesamtsystems muß die Industrierobotersteuerung auch in solche Systeme integriert sein. Sie müssen sowohl für die unterschiedlichen Aufgaben dieser Geräte ausgelegt sein und sich auch für die künftigen Anwendungsschwerpunkte eignen.

Um alle diese Forderungen erfüllen zu können, ist es erforderlich, die Konzeption und Entwicklung von Robotersteuerungen unter dem Gesichtspunkt einer durchgehenden Systemtechnik für die Automatisierung der gesamten Produktion zu betreiben. Diesen Anforderungen entspricht auch die Definition von Industrierobotersteuerungen, wonach sie die Bewegung eines Industrieroboters entsprechend der Handhabungsaufgabe im technologischen Prozeß zu gewährleisten haben, die Kommunikation zwischen Industrieroboter und den bedienenden Menschen und/oder einem übergeordneten Steuersystem zu ermöglichen sowie konkrete Anforderungen an Betriebsarten, Programmierung, Bedienkomfort, Betriebs- und Gefahrensicherheit, Fehlererkennung u.a. zu realisieren haben /4.7/.

Für die Arbeitsweise gelten die allgemeingültigen Merkmale informationsverarbeitender Systeme, d.h.

- Aufnahme von Informationen aus dem Industrieroboter und dem technologischen Prozeß,
- Verarbeitung mit den Informationen aus dem Steuerungsprogramm,
- Abgabe von Steuerinformationen an den Industrieroboter und den Prozeß.

In der Robotertechnik werden für viele Funktionen unterschiedliche rechentechnische Mittel benötigt. Neue Möglichkeiten der Entwicklung der Mikroelektronik (Mikroprozessoren, Mikrorechner) haben auf die weitere Entwicklung der Robotertechnik großen Einfluß.

Sie ermöglichen nicht nur die Lösung qualitativ komplizierter Steueraufgaben, sondern gewährleisten auch eine ökonomisch effektive Entwicklung, Herstellung und Nutzung robotertechnischer Anlagen.

Zuverlässigkeit, Effektivität und Nutzungskomfort von Robotersystemen mit Mikroprozessorsteuerung werden wesentlich durch die Qualität und Spezifik der verwendeten Programme bestimmt:

> "Durch die Anwendung problemorientierter Sprachen mit hohem Niveau kann die Programmherstellung für Robotersysteme wesentlich erleichtert und in gewissem Maß sogar automatisiert werden. Für einen effektiven Einsatz von Programmiersprachen mit hohem Niveau ist jedoch die Erarbeitung einer recht komplizierten Software durch hochqualifizierte Programmierer erforderlich.
>
> Die Einführung von Robotersystemen auf Mikroprozessorbasis ... wird in ihrem Umfang in hohem Maße vom Fortschritt auf dem Gebiet der Automatisierung der Programmherstellung abhängen." /4.8/

Bisherige analytische Ergebnisse zeigen, daß in Vorbereitung des Übergangs zur Entwicklung, Produktion und Nutzung der Industrierobotertechnik der 2. und 3. Generation der Steuerungsentwicklung eine große Bedeutung zukommt.

Die Produktion von Steuerungen verlangt zur Senkung ihres Aufwandes beim Hersteller die Schaffung von Voraussetzungen zur automatisierten Serienfertigung. Auf Grund der dadurch möglichen Hebung des wissenschaftlich-technischen Niveaus der Produktion von Steuerungen, durch die Erschließung neuer Anwendungsmöglichkeiten und durch eine Erhöhung der Produktionsstückzahlen kann eine kostengünstigere Einsatzentwicklung erreicht werden.

II. Robotersensorik

Die durchgeführten Analysen des Industrierobotereinsatzes bestätigen, daß die Funktionsbreite von Industrierobotern bei der Schaffung und Erschließung des wissenschaftlich-technischen und ökonomischen Effektivitätspotentials im System der flexiblen Automatisierung in entscheidendem Maße durch die Sensorik bestimmt wird.

Sensoren sind Geräte, die für den Bewegungsablauf des Roboters relevante physikalische Größen im Arbeitsbereich des Gerätes erfassen und die Roboter zu einer im Programm festgelegten Reaktion mit dem Ziel befähigen, die ordnungsgemäße Funktion des Gerätes aufrechtzuerhalten.

Folgende Trends und Anforderungen an die Sensorentwicklung zeichnen sich aus dem Übergang zur Industrierobotergeneration 2 und 3 ab:

- Kompatibilität mit Mikroprozessoren,
- berührungslose Erfassung der Meßgrößen,
- dezentrale Signalverarbeitung und -aufbereitung an der Meßstelle,
- Multisensoren zur Erfassung und Kombination mehrerer physikalisch-chemischer Parameter,
- Unempfindlichkeit gegenüber Umgebungseinflüssen,
- Aufbau von Sensorhierarchien.

Die Lösungschancen solcher Zielstellungen werden weitestgehend durch die weitere Entwicklung der VLSI-Technik bestimmt. Künftige Roboter zeichnen sich vor allem durch gesteigerte Dialogfähigkeit mit dem Nutzer aus.

Die Hauptproblematik beim Einsatz komplexer, zur Mustererkennung fähiger Sensoren liegt im großen Informationsgehalt des handhabungsrelevanten Umfeldes. Die zur Beeinflussung des Handhabungsablaufs benötigte Informationsmenge ist dagegen relativ gering.

Folglich ist eine Datenkonzentration großen Ausmaßes notwendig. Hohen Anteil an den Kosten beim Einsatz komplexer Sensoren haben die für jeden Einzelfall neu zu erbringenden Vorleistungen. Sie bestehen im Bereich der Hardware in der Schaffung der für den Einsatz erforderlichen Randbedingungen und im Software-Bereich in der Anpassung der Informationsverarbeitungsalgorithmen an die Aufgabe und an das Handhabungsgerät. Durch die Entwicklung der Sensortechnik kann ein wesentlicher Beitrag zur Automatisierung der Montage sowie der Meß-, Kontroll- und Prüfprozesse geleistet werden.

Insgesamt ist für die strategische Arbeit die Aussage wesentlich, wonach die Entwicklung von Industrierobotern der 2. und 3. Generation in hohem Maße von der Sensibilisierung der Industrierobotertechnik und von der Intellektualisierung der Robotersteuerung bestimmt wird.

III. Montageroboter

Die Montage ist ein Bereich der Fertigungstechnik, in dem der Mensch auf Grund seiner überragenden sensorischen Fähigkeit nur unter großem technischen und ökonomischen Aufwand durch automatische Systeme ersetzt werden kann. Die Automatisierung von Handhabungsaufgaben in der Montage entwickelt sich somit immer mehr zu einem der wichtigsten Anwendungsgebiete von zu entwickelnden Industrierobotern der 2. und 3. Generation. In diesem Bereich sind international ca. 40 % aller Produktionsarbeiter beschäftigt, ca. 60 ... 70 % der gesamten Fertigungskosten entfallen auf die Montage, und die Lohnkosten für Montage- und Handhabearbeiten betragen über 40 %. Damit stellt die Montage das größte Rationalisierungsreservoir im Produktionsprozeß dar, zumal davon auszugehen ist, daß die tendenziell sich entwickelnde Verringerung der Stückzahlen mit häufig wechselnder Sortimentsfolge, Verkürzung der Durchlaufzeiten und daher mit der Forderung nach schnell umrüstbaren Maschinen und Einrichtungen verbunden ist. Die Automatisierung der Montageprozesse ist in der Industrie zu einem Schwerpunkt sozialistischer Rationalisierung geworden.

Die Entwicklung von Montagerobotern ist mit der Lösung folgender technischer Probleme verbunden:

- Bereitstellung robotergerecht entwickelter und konstruierter Teile für die automatisierte Montage,
- Einsatz von Sensoren zur Überwachung der Montageprozesse,
- Koordinierung der Fügebewegungen,
- Entwicklung von Greifer- bzw. Werkzeugwechselsystemen,
- Verwendung geeigneter Programmiersprachen.

Bei der Einsatzvorbereitung ist zu beachten, daß die Montagezeit für ein Produkt durch einen Montageroboter im allgemeinen länger ist als die Taktzeit einer Montagemaschine, der Roboterarbeitsplatz jedoch im Vergleich zu herkömmlichen automatischen Montagemaschinen eine höhere Flexibilität aufweist. Die Taktzeiten für Montagearbeitsplätze liegen zu 40 % unter 1,5 min und zu 30 % unter 30 s.

Durchgeführte Analysen haben Bedingungen erkennbar werden lassen, wie eine ökonomisch effektive Automatisierung der Montage durch den Einsatz von Industrierobotern möglich ist. Zu diesen Bedingungen zählen:

- Montagegerechte Entwicklung und Gestaltung der Erzeugnisse, wobei eine montagegerechte Erzeugnisstrukturierung durch die Untergliederung des Produkts in montage- und prüffähige Baugruppen erreicht wird. Auf diese Weise wird eine baukastenförmige Realisierung von Produktvarianten und eine Vereinfachung der Endmontage möglich. Die damit verbundene Standardisierung der Bauteile führt zu einer Verringerung der Teilevielfalt und zur Vereinfachung der Fertigungssteuerung.

- Die optimale Gestaltung des Material- und Informationsflusses ist mit dem Aufbau eines effektiveren Systems der Informations- und Materialbereitstellung im Rahmen der Montagesteuerung mit dem Ziel der termin- und mengengerechten Bereitstellung des Materials zu verknüpfen. Das setzt eine Anpassung der vorhandenen Systeme der Produktionsplanung und Produktionssteuerung an die montagespezifischen Bedingungen voraus.

- Die Integration der Maßnahmen zur Qualifizierung in ein montageorientiertes System der Produktionsplanung und Produktionssteuerung **ist** dem Ziel unterzuordnen, die Maßnahmen zur Qualitätssicherung in der Montage auf die Erzeugnisqualität, insbesondere auf die Funktionssicherheit des Produktes, zu orientieren. Die damit verbundene Verarbeitung von Daten in großer Menge und Vielfalt macht die Anwendung der Computertechnik im Rahmen eines computergestützten Qualitätssicherungs- und Montagesystems auch ökonomisch effektiv.
- Die ökonomische Effektivität ist ein wesentliches Kriterium für die Automatisierung von Montageprozessen. Beim Einsatz von Montagerobotern zeigt sich, daß es gegenwärtig effektiver ist, einem Montageroboter geordnete und positionierte Bauteile zuzuführen und im gesamten Prozeß der Bearbeitung die Ordnung von Werkstücken und Bauteilen beim Durchlauf durch die verschiedenen Fertigungsstationen beizubehalten.
- Anzustreben ist eine hohe Umbauflexibilität des Montagesystems. Sie charakterisiert den Grad der Wiederverwendung der einzelnen Systemkomponenten beim Produktwechsel und ist vor allem durch den modularen Aufbau der Montageeinrichtungen und durch definierte Schnittstellen zwischen den Komponenten gekennzeichnet.

Die Einsatzvorbereitung von Montagerobotern in der Industrie der DDR weist gegenwärtig 2 Tendenzen auf:

- Konzentration auf die Flexibilisierung herkömmlicher Montagemittel, d.h. die Verwendung von Montagekomponenten mit festgelegtem Bewegungsablauf, die sich bei einem Erzeugniswechsel umrüsten und neu zuordnen lassen. Durch den Einbau programmierbarer Bausteine und die gleichzeitige Standardisierung der Systemelemente bis zum Gesamtaufbau mit Montagezellen können ökonomisch effektive Automatisierungslösungen, insbesondere für die Massenproduktion, bei zumeist hinreichender Systemflexibilität gestaltet werden.
- Vorbereitung des Einsatzes frei programmierbarer Montagemittel, insbesondere für die Produktion von Erzeugnissen in Mittel- und Kleinserien.

Die Automatisierung von Montageprozessen ist im Gesamtkonzept der Innovationsstrategien für das nächste Jahrzehnt ein technologischer Schwerpunkt.

4.3. Effektivität des Industrierobotereinsatzes

Mit dem Einsatz von Industrierobotern im System der flexiblen Automatisierung verbindet sich immer mehr die Notwendigkeit, den Nutzeffekt des wissenschaftlich-technischen Fortschritts in seiner Komplexität von technischen, ökonomischen, sozialen und innovativen Wirkungen zu ermitteln. Die exakte Ermittlung des ökonomischen Nutzeffektes der Ergebnis-Aufwand-Relation liefert dazu objektive Bewertungskriterien, um eine Minimierung des gesellschaftlichen Aufwandes zu ermöglichen.

Die geltende Methodik der Rahmenrichtlinie für die ökonomische Bewertung des Industrierobotereinsatzes geht in ihren Grundsätzen davon aus, daß für die Ermittlung und Beurteilung der Einsatzeffektivität der Industrierobotertechnik folgende, aus nationalen und internationalen Bestwerten abgeleitete volkswirtschaftliche Zielstellungen zugrunde zu legen sind:

- Freisetzung von mindestens durchschnittlich 2,5 Arbeitskräften je Industrieroboter für andere Aufgaben,
- dreischichtige Auslastung der Industrieroboter und der in der jeweiligen technologischen Linie in Veränderung mit den Industrierobotern eingesetzten Produktionsausrüstungen,
- Rückflußdauer der Aufwendungen für den Industrierobotereinsatz von maximal 3 Jahren /4.9/.

Sie orientiert darauf, daß

. die Ermittlung der Effektivität des Einsatzes der Industrierobotertechnik auf der Grundlage ausgewählter Kennziffern für Vorhaben und Maßnahmen durchzuführen ist,

. Effekte und Aufwendungen, die durch Industrierobotertechnik verursacht werden, als Bestandteil der Effekte und Aufwendungen der Maßnahmen des wissenschaftlich-technischen Fortschritts zu berechnen sind,

. leistungserhöhende und aufwandssparende Wirkungen aus der Verbesserung der Arbeitsbedingungen der Werktätigen einzubeziehen sind /4.10/.

Die der Bewertung des Einsatzes von Industrierobotern auf der Grundlage der Methodik vorgegebene Orientierung für die Aufwands-Nutzen-Analyse hat die Bewertung folgender Aufwands- und Nutzensbestandteile zum Inhalt:

Aufwendungen	Nutzen
- einmaliger Aufwand	- einmaliger ökonomischer Nutzen aus
. für den Industrieroboter-Arbeitsplatz	. Verkauf von freigesetzten Grundmitteln
. Restbuchwerte auszusondernder Anlagen minus Verkaufserlös	. Einsparung an laufendem Aufwand
. Qualifizierungsaufwand für den Industrierobotereinsatz und für den Wiedereinsatz von freigesetzten Arbeitskräften	. Einsparung von Investitionen und Produktionsflächen
. sonstiger einmaliger Aufwand in Vor- und Folgestufen zur Erschließung der Effekte des Industrierobotereinsatzes	- Gewinnzuwachs
- laufender Aufwand	. durch Mehrproduktion, Sortiments- und Qualitätsverbesserung
. maschinenabhängige Kosten	. durch Selbstkostensenkung
Abschreibungen, Elektroenergie, Hilfsmaterial, Instandhaltung, anteilige Produktionsfläche, Normalwerkzeuge	. aus Wiedereinsatz freigesetzter Arbeitskräfte
	. aus Wiedereinsatz freigesetzter Grundmittel

- arbeitskräfteabhängige Kosten
  Lohnkosten,
  lohnabhängige Kosten
- werkstückabhängige Kosten
  Grundmaterial (bei technologischem Roboter-Einsatz),
  Transport,
  Gütekontrolle,
  technologische Vorbereitung und Programmierung,
  Ausschuß, Nacharbeit und Garantieleistungen

Die bisherigen Ergebnisse der Einsatzentwicklung von Industrierobotern zeigen, daß - obwohl in vielen Bereichen der Industrie der DDR umfangreiche Anstrengungen unternommen wurden, Industrieroboter für verschiedenste Anwendungsfälle zu entwickeln und zu produzieren - die erzielten ökonomischen Effekte als nicht immer ausreichend eingeschätzt werden müssen. Die durchgeführten Analysen ermöglichen einen noch konkreteren Zugang zu den wissenschaftlich-technischen und ökonomischen Einsatzbedingungen von Industrierobotern sowie ihrer sozialökonomischen Wirkungen.
Es ist zunächst davon auszugehen, daß das Industrieroboterprogramm der DDR hohe Anforderungen an die mikroelektronische Industrie sowie an den Maschinenbau als Entwickler und Produzenten von Industrierobotern sowie an jeden Nutzer in der Industrie stellt. Der Aufbau zentraler Fertigungen für Industrieroboter ist ein ebenso notwendiger Weg wie die Orientierung der Kombinate auf die Entwicklung und Produktion von Industrierobotern im eigenen Sondermaschinenbau.
In den analysierten Betrieben liegt der Anteil der Eigenentwicklung und Eigenfertigung zwischen 60 und 80 %. Dabei hat sich als eine Grunderkenntnis in einem Teil dieser Betriebe ergeben, daß es nicht effektiv ist, einen Industrieroboter in Eigenfertigung zu produzieren, der leistungsfähiger ist, als seine Aufgabe unter Beachtung der arbeitsplatzbezogenen Flexibilität verlangt. Dabei muß die Peripherie des Industrieroboters jedoch so flexibel sein, daß er durch sie nicht in seiner Flexibilität beeinträchtigt wird. Dieses Konzept beeinflußt auch die Kostenentwicklung eines Industrieroboters, weil es stets von der Maximierung des

zu erzielenden Produktivitätsniveaus und der Minimierung der Kosten ausgeht.
Die mit den Analysen gesammelten Erfahrungen zeigen die Notwendigkeit einer Konzentration und Zentralisierung von Potentialen, Aufgaben und Verantwortung für die Entwicklung, Produktion und Einsatzvorbereitung von Industrierobotern in den Kombinaten.
Die sich immer mehr durchsetzende Organisationsform ist der kombinatsgebundene Ingenieurbetrieb für Rationalisierung mit der Verantwortung für

- Analyse und Vorbereitung,
- Projektierung, Forschung und Entwicklung,
- Konstruktion und Fertigung,
- Applikation und Anwenderschulung,
- Aufbau von Software-Datenbanken.

Die analytischen Ergebnisse lassen zwar die vielfältigen Aktivitäten der Betriebe in der DDR beim Einsatz von Industrierobotern in den verschiedensten Anwendungsbereichen deutlich werden, beinhalten aber auch die Erkenntnis, daß die Einsatzvorbereitung von Industrierobotern nicht genügend mit der notwendigen, produktiven Nutzung von Basis- und Verbesserungsinnovationen bei Technologien, Verfahren und Erzeugnissen verbunden ist.

Der Prozeß der Intensivierung der volkswirtschaftlichen Entwicklung der DDR und die Schaffung eines neuen Produktivitäts- und Effektivitätsniveaus verlangen die Realisierung der Einheit von Prozeß- und Produktinnovationen für die weitere Gestaltung der materiell-technischen Basis der entwickelten sozialistischen Gesellschaft. Mit dem Einsatz von Industrierobotern in flexiblen Fertigungssystemen, mit dem Übergang zur komplexen Automatisierung der Produktions- und Informationsprozesse entwickeln sich immer mehr die technologischen Potentiale, die zu den Hauptquellen ihrer ökonomischen Effektivität und zur Grundlage ihrer Bewertung werden.

Komplexe Effektivitätsbetrachtung verlangt, die Einheit ökonomischer Effekte durch Steigerung der Arbeitsproduktivität, durch Gewinnung von Arbeitskräften, durch Erhöhung des technologischen Niveaus sowie durch die Erneuerung der Produktionssortimente erkennbar und bewertbar zu machen.

Die gegenwärtig in der Praxis angewandten Kennziffern zur Effektivitätsbewertung von Industrierobotern orientieren stark auf die Realisierung der Arbeitskräftefreisetzungseffekte sowie auf die Erschließung der ökonomischen Effekte, die sich aus der Integration von prozeßspezifischen Industrierobotern im System der Einzweckautomatisierung ergeben. Mit dieser Bewertung wird in der Praxis in nicht genügendem Maße auf die strategische Dimension dynamischer Effektivitätsentwicklung durch realisierte Innovationsprozesse in Verbindung mit dem Einsatz von Industrierobotern der 2. und 3. Generation in Systemen der flexiblen Automatisierung orientiert. Die Leistungsbewertung von Industrierobotern im System der flexiblen Automatisierung verbindet sich daher immer mehr mit der Fragestellung, welche Kennziffern und Kriterien am besten geeignet sind, eine Stimulierung zur Schaffung und Nutzung qualitativ neuen wissenschaftlich-technischen und ökonomischen Effektivitätspotentials zu bewirken.

Bei der Erarbeitung von Einsatzprojekten für Industrieroboter im System der flexiblen Automatisierung ist die Leistungsbewertung mit der Analyse der Hauptquellen ihrer ökonomischen Effektivität zu verbinden. Dazu zählen

- Steigerung der Arbeitsproduktivität durch Ersatz der manuellen Arbeit für technologische Grundarbeitsgänge (Schweißen, Montieren, Farbspritzen) und von Hilfsarbeitsgängen (Beschicken und Entnehmen von Teilen, Werkzeugen, Teiletransporte),
- Steigerung der Produktivität der Einzelmaschine oder des Ausrüstungskomplexes,
- Verbesserung des Produktionsrhythmus und Sicherung der kontinuierlichen Nutzung technologischer Verfügbarkeit,
- Erhöhung des Schichtkoeffizienten des Ausrüstungskomplexes ohne Vergrößerung der Zahl der Arbeitskräfte bzw. bei Reduzierung der Zahl der Arbeitskräfte,

- Reduzierung der Verluste, die mit dem Übergang zum ununterbrochenen Betriebsregime in der ganzen Schicht durch Minderung des Einflusses menschlicher Unzulänglichkeiten verbunden sind,
- Senkung des Ausschusses durch Erreichung einer stabilen Erzeugnisqualität,
- Reduzierung der Umlaufmittel für unvollendete Produktion,
- Erschließung der mit der Herausbildung der "ausnahmsweisen Produktivkraft" verbundenen dynamischen Effektivitätspotentiale durch Realisierung von Extragewinnen und höhere Devisenrentabilität infolge der Erhöhung der Produktion neu entwickelter Erzeugnisse, durch die Senkung des Produktionsverbrauchs und der Selbstkosten.

Bei der Auswahl und Anwendung von Kenngrößen für die ökonomische Beurteilung von Industrierobotern im System der flexiblen Automatisierung ist zu erkennen, daß sie allein eine wissenschaftlich-technische und ökonomische Potentialbewertung nicht ermöglichen. So müssen beim Aufwand neben den laufenden und den einmaligen Aufwendungen auch Aufwendungen zur Integration in die bereits vorhandene materiell-technische Basis erfaßt werden.
Der Nutzen, der durch höhere Flexibilität der Produktion, Zeitgewinn und Aufwandssenkung bei der Einführung neuer Erzeugnisse und durch die Verbesserung der Arbeitsbedingungen entsteht, ist meß- und bewertbar zu machen.

Aus diesem Grunde wird vorgeschlagen, folgende Maßstäbe und Kriterien bei der Projektierung von Konzepten der flexiblen Automatisierung zu berücksichtigen:

- Wachstum des volkswirtschaftlichen Endproduktes auf der Grundlage eines absolut sinkenden Energie- und Materialverbrauchs,
- schnelleres Wachstum der Arbeitsproduktivität im Vergleich zum Wachstum des Wertes der Grundfonds pro Arbeitsplatz durch höhere Schichtauslastung,

. schnelleres Wachstum des Exporterlöses aus neuen und qualitativ weiterentwickelten Erzeugnissen im Vergleich zum Wachstum der Aufwendungen für Wissenschaft und Technik.

Der ökonomische Nachweis dieser Kriterien sollte über eine Zeit von zwei Jahren und bei Erst-Realisierung von Innovationen unter Anwendung flexibler Automatisierungssysteme von maximal drei Jahren erfolgen.

Mit der Orientierung, die komplexe ökonomische Wirksamkeit des Industrierobotereinsatzes zu stimulieren und zu bewerten, sollen solche Wirkungen wie

- Wirkung auf die Bildung des Neuwertes,
- Exportwirksamkeit,
- Produktivitätswirksamkeit,
- Grundmaterialkosten-Wirksamkeit,
- Entwicklung der Investquote,
- Selbstkostenwirksamkeit

durch die Einbeziehung folgender ergänzender qualitativer Kennziffern meßbar und bewertbar gestaltet werden:

1. Nettoproduktion (Mio M),
2. Anteil neuer Erzeugnisse an der Warenproduktion (%),
3. Anteil neuer Erzeugnisse mit dem Gütezeichen "Q" (%),
4. Gewinn (Mio M),
   darunter:
   - Nettogewinn,
   - Extragewinn,
5. Senkung der Lohnkosten (% und Mio M),
6. Senkung der Umlaufmittel (% und Mio M),
7. Senkung des spezifischen Material- und Energieverbrauchs (% und Mio M),
8. Entwicklung der Grundfondsrentabilität,
9. Industrierobotereinsatz pro 100 Beschäftigte in Forschung und Entwicklung,
10. Exportrentabilität (%),

11. Kostenentwicklung für Serviceleistungen (Mio M).

Bei der Ermittlung und Bewertung der Wirtschaftlichkeit von Industrierobotern in flexiblen Fertigungssystemen ist zu berücksichtigen, daß damit eine Reihe von gesellschaftlichen Prozessen und Konsequenzen verbunden sind, deren Beherrschung die Mobilisierung der dem Sozialismus eigenen Vorzüge und Möglichkeiten fördert. Dies gilt insbesondere für

- die Verbindung der zu erreichenden Produktivitäts- und Effektivitätssteigerung in der materiellen Produktion mit einer tiefgreifenden Umgestaltung der Arbeitsprozesse in den nichtproduktiven Reproduktionsbereichen durch Automatisierung der Informationsprozesse,
- die Erneuerungsprozesse als einheitliche Prozesse der Verbindung von Rekonstruktion und Erweiterung,
- die Erneuerung von Technologien, Verfahren und Erzeugnissen in ihrer Einheit in Übereinstimmung mit den höheren Anforderungen an die Qualifikation der Werktätigen,
- die Konzentration der flexiblen Automatisierung insbesondere auf Erzeugnisse mit hohem wissenschaftlich-technischen Neuheitsgrad.

4.4. Computergestütztes Konzept zur Effektivitätsbewertung von Industrierobotern

Die richtige Erfassung, Berechnung und Bewertung der Effektivität ist eine wesentliche Voraussetzung, um in den Kombinaten und Betrieben hohe Effektivitätsziele mit dem Einsatz der Industrierobotertechnik anzustreben und zu sichern. Dazu ist es erforderlich, daß die Effektivitätsberechnung frühzeitig in der Vorbereitungsphase bei der Auswahl eines Einsatzfalls mittels Prozeßanalyse beginnt, die gesamte Phase der unmittelbaren Einsatzvorbereitung begleitet und in der Nutzungsphase durch Kon-

troll- und analytische Berechnungen fortgeführt wird. /4.11/
Die Ergebnisse von Roboter-Effektivitätsberechnungen werden zu unterschiedlichen Leitungs- und Entscheidungsaufgaben benötigt. Sie reichen von der Bereitstellung von Informationen zur Berichterstattung, über das breite Entscheidungsfeld der Einsatzvorbereitung, bis zu analytischen Untersuchungen.
Letztlich kommt es darauf an, die Effektivitätsberechnung als ein Aufgabengebiet im Leitungsprozeß zu organisieren, das die Einheit von Planung, Lenkung/Steuerung, Kontrolle, Abrechnung und Analysen jederzeit sichert. Diese Aufgabe ist nur unter Anwendung moderner Rechentechnik zu lösen.
Dabei bieten sich gegenwärtig drei Versionen an:

1. Stapelverarbeitung mit Drucklistenausgabe der Berechnungsergebnisse,

2. Dialogfähige Abarbeitung am Terminal mit mehreren Ausgabemedien,

3. Dialogfähige Abarbeitung am Bürocomputer mit mehreren Ausgabemedien.

Aufgrund ihrer anwenderfreundlichen Bedingungen ist die arbeitsplatzbezogene Mikrorechentechnik besonders geeignet. Sie bietet das erste Mal überhaupt die Chance, die seit Jahren geforderte Einheit der Leitungsfunktionen Planung, Lenkung/Steuerung, Kontrolle, Abrechnung und Analyse rationell zu realisieren: auf einem einzigen Datenträger (z. B. Diskette) lassen sich alle Eingabe- und Berechnungsdaten für ungefähr 300 Einsatzfälle eines Kombinates oder Betriebes abspeichern, es bestehen schnelle Zugriffsmöglichkeiten zu den Daten, die Berechnung der Kennziffern wird auf Sekunden und Minuten im Vergleich zu Stunden und Tagen reduziert, Variantenberechnungen sind operativ und schnell durchführbar, die begleitende ökonomische Berechnung für die einzelnen Etappen der Einsatzvorbereitung ist möglich, differenzierte Berechnungen und Aussagen für Planungszwecke sowie operative Steuerungen und Aufgaben der Berichterstattung sind schnell ausführbar, und für die Analyse stehen statistisch gesicherte Datengesamtheiten zur Verfügung.

Die Durchführung von Effektivitätsberechnungen für Industrierobotertechnik mit Rechnerunterstützung ist an zwei Gruppen von Voraussetzungen gebunden:

1. Es müssen praktikable, algorithmierte Berechnungsvorschriften für die Effektivitätsermittlung und -beurteilung vorliegen.
2. Die Berechnung muß software- und hardwareseitig abgesichert sein.

Die erste Voraussetzung wird von der Berechnungsanleitung "Effektivitätsberechnung für den Einsatz der Industrierobotertechnik" /4.12/ erfüllt, für die zweite Voraussetzung werden zwei Lösungsvorschläge vorgestellt.
Die Berechnungsanleitung enthält systematisierte Darstellungen über 19 wesentliche Kennziffern der Roboter-Effektivität auf Kennziffernblättern (Bild 4.1). Bei den Berechnungsformeln wurden Kurzzeichen benutzt, die einen nahtlosen Übergang zur Syntax der Datenverarbeitung ermöglichen.

Die Kopfzeile jedes Kennziffernblattes enthält 4 Angaben:

. Kennzifferngruppe (Basiskennziffer, Niveaukennziffer usw.),
. Kennziffer (Selbstkostensenkung, Rückflußdauer),
. Kennzifferschlüssel (die 1. Ziffer verschlüsselt die Kennzifferngruppe, die 2. Ziffer die Kennziffer),
. Blatt (zur Numerierung der laufenden Kennziffernblätter je Kennziffer).

Jede Kennziffer umfaßt 4 Aussagekomplexe:

. Inhalt der Kennziffer,
. Berechnungsformeln,
. Erfassungs- und Berechnungshinweise,
. Beispielrechnung.

Innerhalb des Aussagekomplexes "Inhalt der Kennziffern" erfolgen Interpretationen zur Aussage der Kennziffern, Hinweise zu den Bestandteilen, Angaben über Kurzzeichen und Einheiten und Hinweise zu Berechnungsvarianten.

Kennziffern des Industrieroboter-Effektivitätsnachweises			
Kennziffern-gruppe	Kennziffer	Kennziffer-schlüssel	Blatt ...

Inhalt der Kennziffer

Berechnungsformeln

Erfassungs- und Berechnungshinweise

Beispielrechnung

Bild 4.1 : Muster des Kennziffernblattes

Innerhalb des Aussagekomplexes "Berechnungsformeln" wird neben den Formeln auch die Legende dargestellt, soweit dies nicht schon im vorausgegangenen Aussagekomplex geschah.
Im Aussagekomplex "Erfassungs- und Berechnungshinweise" sind grundsätzliche Hinweise zu finden und Platz für die betriebsspezifischen Erfassungs- und Berechnungshinweise der Anwender frei gelassen.
Der Aussagekomplex "Beispielrechnung" soll das Verständnis des Kennziffernblattes unterstützen.

Von entscheidender Bedeutung für die Aussagekraft der Effektivitätsberechnung ist die begründete Auswahl der zu berechnenden Kennziffern. Es wurde bereits darauf hingewiesen, daß die Auswahl und Benutzung der Effektivitätskriterien und -kennziffern stets zweckorientiert für bestimmte eingegrenzte Entscheidungssituationen zu erfolgen hat. Deshalb soll eine solche Eingrenzung auch für die Kennziffern des Roboter-Effektivitätsnachweises vorgenommen werden.

Die Effektivitätsaussagen mit den Kennziffern dieser Berechnungsanleitung gelten hauptsächlich für maßnahmebezogene Betrachtungen, Berechnungen während der unmittelbaren Einsatzvorbereitung, Aussagen zum Effektivitätsniveau und zusammenfassende Effektivitätsaussagen.

Der Grad der Prozeßintegration des Roboter-Einsatzfalles ist kein begrenzendes Merkmal für die Anwendung der Berechnungsanleitung. In jedem Fall erfolgt aber eine anteilige Betrachtung für den Roboter-Arbeitsplatz. Darüber hinaus werden als erweitertes Anwendungsfeld der Berechnungsanleitung folgende Entscheidungssituationen angesehen:

- verantwortungsbereichsbezogene Betrachtungen,
- Berechnungen während der Vorbereitungs- und Nutzungsphase,
- zusammenfassende Effektivitätsbeurteilungen und erste Einflußfaktoren-Untersuchungen,
- Effektivitätsaussagen zu ausgewählten Kennziffern.

Mit dem Einsatz der Industrierobotertechnik werden neue, hauptsächlich höhere Leistungs- und Bewertungsmaßstäbe und

-ziele verbunden. In diesem Sinne sind bei der Auswahl der Kennziffern folgende Gesichtspunkte zu beachten:

1. Der Industrieroboter-Einsatz erfordert die Berücksichtigung typischer Nutzenswirkungen wie die Gewinnung von Arbeitskräften für produktivere Tätigkeiten und die Einsparung von Arbeitsplätzen, die Erreichung eines spürbaren Leistungszuwachses zur Überdeckung der erhöhten konstanten Kosten aufgrund des gestiegenen einmaligen Aufwandes; die Beachtung der Folgenutzenswirkungen auf den Gebieten der Fondsökonomie, Fertigungsorganisation und Sozialökonomie.

2. Der breite Komplex der Nutzenswirkungen läßt die konventionelle Vorgehensweise - hauptsächlich nur für vorher bekannte Nutzenswirkungen Berechnungen durchzuführen - nicht mehr als ausreichend erscheinen. Das Kennziffernsystem der Roboter-Effektivitätsberechnung muß in seiner Gestaltung offen sein für die Aufspürung weiterer Nutzenswirkungen über die allgemein bekannten Wirkungen hinaus.

3. Der Roboter-Einsatz erfolgt vorwiegend in enger Kopplung zu bestehenden Produktionsprozessen. Diese Bindung muß sich auch im Kennziffernsystem durch die Berücksichtigung der Reproduktionsbedingungen des Bezugsbereiches (Kombinat, Betrieb, Abteilung/Fertigungslinie) ausdrücken.

Letztlich ist jedes Kennziffernsystem nur dann praktikabel, wenn es sich selbst Regeln für seine Quantifizierungsmaßstäbe vorgibt. Für die Roboter-Effektivitätsberechnung bedeutet das, daß nicht alle möglichen Aufwands- und Nutzensbestandteile gleichermaßen zum Ausweis der Effektivität geeignet sind. Im Vordergrund stehen die quantifizierbaren, ergebniswirksamen, ökonomisch zu bewertenden Aufwands- und Nutzensbestandteile. Weiterhin sind grundsätzlich ökonomisch nicht bewertete Erscheinungen im Zusammenhang mit der Anwendung der Mikroelektronik zu beachten. Dies sind besonders Einflüsse auf die Arbeits- und Lebensbedingungen und das wissenschaftlich-technische Produktionspotential, die vorwiegend verbal beschrieben werden.

Der Industrieroboter-Effektivitätsnachweis bezieht vier Gruppen von Kennziffern ein:

. Basiskennziffern,
. Niveaukennziffern,
. betriebliche Planwerte,
. Beurteilungskennziffern.

Basiskennziffern sind wesentliche primäre ökonomische Berechnungsgrößen der Roboter-Effektivität. Sie haben eine eigenständige Aussage, indem sie bestimmte Seiten der Effektivität ausdrücken; sie sind darüber hinaus insgesamt oder als Bestandteil des Zählers oder Nenners in Quotienten-Kennziffern der Effektivität zu finden. Im Roboter-Effektivitätsnachweis finden 4 Basiskennziffern Berücksichtigung:

- einmaliger Aufwand,
- Selbstkostensenkung,
- Produktionszuwachs,
- Gewinnzuwachs.

Für alle Basiskennziffern erfolgt der Nachweis ihrer Bestandteile durch Untersetzungen der Kennziffern, wobei auch Berechnungsvarianten angeboten werden.
Niveaukennziffern drücken ökonomische Wirkungen des Roboter-Einsatzes aus. Dazu könnte auf eine große Anzahl von Kennziffern zurückgegriffen werden. Doch steigt nicht unbedingt mit der Anzahl der Kennziffern die Entscheidungssicherheit. Vielmehr gelten 5 bis 8 Kennziffern allgemein als überschaubare Anzahl im Entscheidungsprozeß. Daraus leitet sich die vorgenommene Eingrenzung folgender Kennziffern ab:

- durchschnittliche Rückflußdauer,
- zeitliche Auslastung,
- gewonnene Arbeitskräfte zum Wiedereinsatz,
- Gewinnung von Arbeitskräften je Industrieroboter zum Wiedereinsatz,
- Arbeitszeiteinsparung,
- einmalige Aufwendung pro durch Roboter-eingesparte Arbeitszeit,
- einmalige Aufwendungen pro durch Roboter gewonnene Arbeitskräfte zum Wiedereinsatz,

- Produktionswirksamkeit.

Diese Kennziffern sind auch in der Methodik für die ökonomische Bewertung des Industrieroboter-Einsatzes zu finden.
Mit den Kennziffern des Effektivitätsnachweises müssen auch Effektivitätsbeurteilungen möglich sein. Die Basis- und Niveaukennziffern sind besonders auf die Effektivitätsermittlung zum Zwecke der Niveaueinschätzung gerichtet. Es sind jedoch auch bestimmte Beurteilungen durch den Vergleich mit volkswirtschaftlich bestimmten Durchschnittsgrößen möglich. Das geschieht z. B. für die Rückflußdauer und die Gewinnung von Arbeitskräften je Roboter. Eine weitergehende Effektivitätsbeurteilung muß die betriebs- und kombinatsspezifischen Reproduktionsbedingungen berücksichtigen.

Mit folgenden betrieblichen Planwerten kann die anschließend vorzunehmende Beurteilung der Roboter-Effektivität durchgeführt werden:

- Nettoproduktion (Produktionspersonal),
- Plangewinnrate der Nettoproduktion,
- maximaler Freisetzungsaufwand,
- Plankostensatz.

Zu einer Effektivitätsbeurteilung, die volkswirtschaftliche Zielstellungen und betriebs- sowie kombinatsspezifische Reproduktionsbedingungen berücksichtigt, werden 3 Beurteilungskennziffern benutzt:

. einmaliger Aufwand pro Roboter im Vergleich zur modifizierten Rückflußdauer,
. Freisetzungsaufwand pro Roboter im Vergleich zum maximalen Freisetzungsaufwand,
. Freisetzungsaufwand pro Roboter im Vergleich zur modifizierten Rückflußdauer.

Mit dem Programm IRTEFF (Industrie-Roboter-Technik-Effektivität) wurde eine Großrechner-Version für die Effektivitätsberechnung erarbeitet. Das Programm ist in der Programmiersprache PL/1 geschrieben, seine Nutzung erfolgt für die Stapelverarbeitung in der in Bild 4.2 dargestellten Organisationsform.

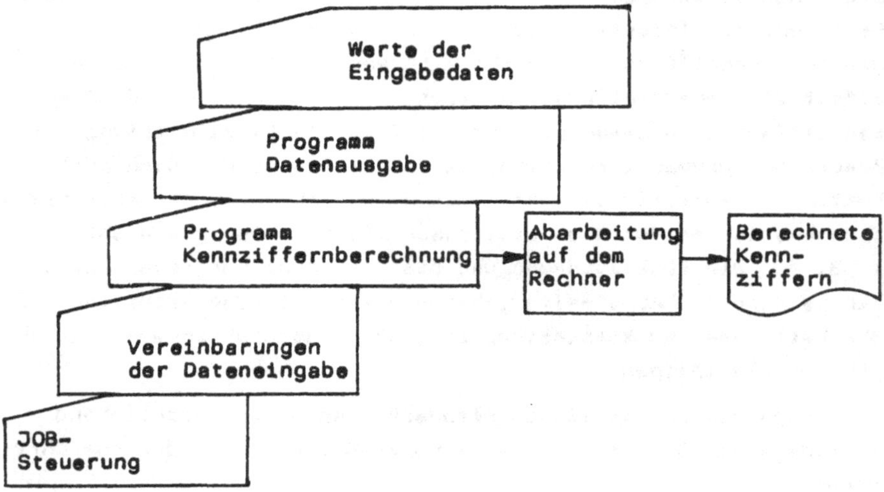

Bild 4.2: Organisationsform der Datenverarbeitung für die Roboter-Effektivitätsberechnung (Ausgangssituation)

Eine weitere Vereinfachung der Berechnung wird erreicht, wenn die Dateneingabe über Terminal - bei Aufruf des Quellprogramms aus der Programmbibliothek - vorgenommen wird. Dann sollte auch die Datenausgabe der berechneten Kennziffern des Roboter-Effektivitätsnachweises in ihrer Gesamtheit über Bildschirm erfolgen.

Nachfolgend sind die Ergebnisse der Beispielrechnung eines realen Einsatzfalles dargestellt. Sie führen zu folgenden Daten:

1. Einmaliger Aufwand

Roboter-Ausrüstung	380 000 M
Roboter-Arbeitsplatz	30 000 M
Sonstiger Aufwand	55 000 M
Insgesamt	465 000 M

2. Selbstkostensenkung

Selbstkostensenkung insgesamt	84 000,00 M
Einheitskosten der Basisvariante	0,45 M/St
Einheitskosten der Roboter-Variante	0,25 M/St
Selbstkostensenkung absolut	50 999,54 M
Selbstkostensenkung relativ	32 999,98 M
Selbstkostensenkung insgesamt	83 999,88 M

3. Produktionszuwachs

Insgesamt zu Industrieabgabepreisen	1 163 999,00 M
Am Einsatzort der Roboter	660 000,00 M
Durch Wiedereinsatz freigesetzter Arbeitskräfte	504 000,00 M
Nettoproduktion insgesamt	465 600,00 M

4. Gewinnzuwachs

Insgesamt	294 600,00 M
Aus Selbstkostensenkung	84 000,00 M
Aus Mehrproduktion am Roboter-Arbeitsplatz	105 600,00 M
Aus Wiedereinsatz der Arbeitskräfte im Betrieb	105 000,00 M
Aus Einsatz der Arbeitskräfte im Fremdbetrieb	0,00 M

5. Rückflußdauer

Rückflußdauer	1,53 Jahre
Einmaliger Nutzen durch Roboter-Einsatz	15 000,00 M

6. Zeitliche Auslastung

Auslastung in Stunden und Kalendertag	13,41 h/KT

7. Freigesetzte Arbeitskräfte

Freigesetzte Arbeitskräfte insgesamt absolut	2,10 VbE
Anzahl der Arbeitskräfte der Basisvariante	2,60 VbE
Anzahl der Arbeitskräfte der Roboter-Variante	0,50 VbE
Freigesetzte Arbeitskräfte Relative Freisetzung	4,96 VbE

8. Freisetzung von Arbeitskräften/Roboter

	2,10 VbE

9. Arbeitszeiteinsparung

Basis freigesetzte Arbeitskräfte	3 664,00 h
Basis eingesparte Normzeit	0,00

10. Einmaliger Aufwand pro durch Roboter eingesparte Arbeitszeit

Aufwand Brutto/Arbeitszeit Arbeitskraft-bezogen	129,86 M/h
Aufwand saldiert, Arbeitszeit Arbeitskraft-bezogen	122,80 M/h

11. Einmaliger Aufwand pro durch Roboter freigesetzte Arbeitskräfte

Aufwand Brutto, Freigesetzte Arbeitkräfte absolut	221 428,63 M/VbE
Aufwand Brutto, Freigesetzte Arbeitskräfte relativ	93 750,00 M/VbE
Aufwand saldiert, Freigesetzte Arbeitskräfte absolut	214 285,75 M/VbE
Aufwand saldiert, Freigesetzte Arbeitskräfte relativ	90 725,81 M/VbE

12. Produktionswirksamkeit

Auf Basis Industrielle Warenproduktion	2,50
Auf Basis Nettoproduktion	1,00
Auf Basis Industrielle Warenproduktion für saldierte einmalige Aufwendungen	2,59
Auf Basis Nettoproduktion für saldierte einmalige Aufwendungen	1,03

13. Nettoproduktion pro VbE Produktions-Personal	96 000,00 M
14. Anteil des Plangewinns an der Nettoproduktion	0,40
15. Maximaler Freisetzungsaufwand	115 200,00 M
16. Plankostensatz für das Erzeugnis-Programm der Bezugsbasis	84,00

17. Einmaliger Aufwand pro Roboter im Vergleich zur Modifizierten Rückflußdauer

Mod. Rückflußdauer minus Aufwand Brutto	93 719,00 M
Mod. Rückflußdauer minus Aufwand Sald	108 719,00 M

18. Freisetzungsaufwand im Vergleich zum maximalen Freisetzungsaufwand

Max. Freisetzungsaufwand minus Freisetzungsaufwand Brutto absolut	106 229,00 M
Max. Freisetzungsaufwand minus Freisetzungsaufwand Brutto relativ	21 450,00 M
Max. Freisetzungsaufwand minus Freisetzungsaufwand sald. absolut	99 086,00 M
Max. Freisetzungsaufwand minus Freisetzungsaufwand sald. relativ	24 474,00 M

19. Freisetzungsaufwand im Vergleich zur modifizierten Rückflußdauer (Mod. RD)

Mod. RD Minus Freisetzungsaufwand Brutto absolut	2 059,00 M/VbE
Mod. RD Minus Freisetzungsaufwand Brutto relativ	129 788,00 M/VbE
Mod. RD Minus Freisetzungsaufwand saldiert absolut	9 202,00 M/VbE
Mod. RD Minus Freisetzungsaufwand saldiert relativ	132 762.00 M/VbE

Für die breite Anwendung der rechnergestützten Roboter-Effektivitätsberechnung sind sachbearbeitergerechte und bedienerfreundliche Lösungen notwendig, Das erarbeitete Programm REBCA (Roboter-Effektivität für Büro-Computer A 5110) erfüllt diese Anforderungen.

Der Zeitaufwand für die Eingabe, Berechnung und Darstellung der Berechnungsergebnisse beträgt je Einsatzfall 15 bis 20 Minuten. Die Organisation der Datenverarbeitung für die Effektivitätsberechnung mit dem Programm REBCA auf dem BC A 51120 ist in Bild 4.3 dargestellt.
Es kann ohne Anpassungsaufwand auf dem Personalcomputer PC 1715 benutzt werden.

Die beschriebenen Programm-Versionen von IRTEFF und REBCA sind seit 1984/1985 im praktischen Einsatz. Um das Anwendungsfeld der rechnergestützten Effektivitätsberechnung noch breiter zu gestalten, wurden BASIC-Versionen IRTEFFBASIC für die Programme

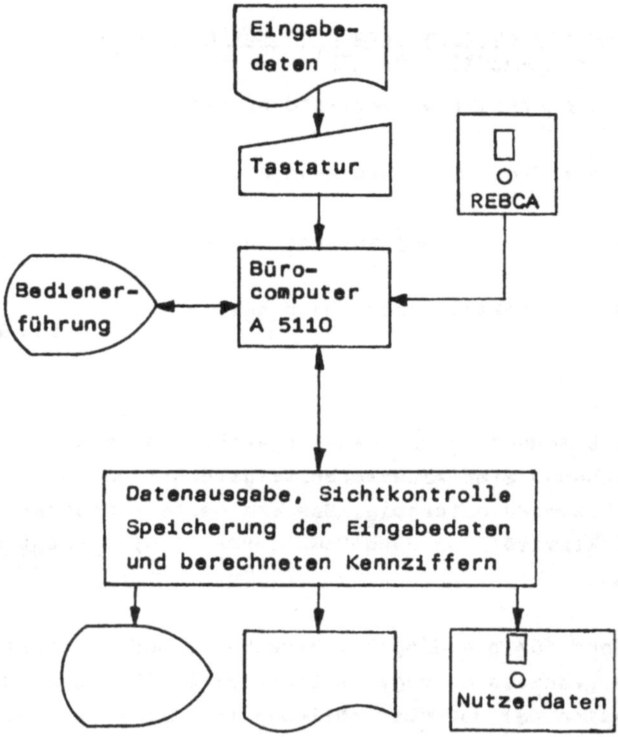

Bild 4.3: Organisation der Datenverarbeitung für die Roboter-Effektivitätsberechnung

der Roboter-Effektivitätsberechnung ausgearbeitet.

Die einzelnen Programm-Versionen von IRTEFFBASIC sind auf die unterschiedlichen Entscheidungssituationen und Leitungsaufgaben zugeschnitten. IRTEFFBASIC 1 drückt den maßnahmebezogenen Effektivitätsnachweis für unterschiedliche Variantenberechnungen aus. Dazu werden in der Ausgabedruckliste die Berechnungsergebnisse von

7 Kenngrößen zur Kennzeichnung der Berechnungsvariante,
4 volkswirtschaftlichen Normativen,
5 Basiskennziffern,
5 Niveaukennziffern,
3 Beurteilungskennziffern

ausgewiesen.
In der Programm-Version IRTEFFBASIC 3 finden die Kennziffern der dynamischen Effektivitätsentwicklung Berücksichtigung. Von den ausgewiesenen 11 Kennziffern können 4 direkt aus der beschriebenen maßnahmebezogenen Berechnung übernommen werden. Die übrigen Kennziffern lassen sich bei einer Erweiterung der Kennzifferngruppe "Betriebliche Planwerte" ermitteln.
Mit Programm-Versionen für weitere Entscheidungs- und Leitungsaufgaben, durch die stärkere Einbeziehung von technischen und sozialökonomischen Nutzensbestandteilen sowie mit einer tieferen analytischen Aufspaltung der Aufwands- und Nutzenskomponenten wird schrittweise der Übergang zur Nutzung von Experten- und Beratungssystemen zur ökonomischen Bewertung für Industrierobotertechnik und darüber hinaus für weitere flexible Automatisierungslösungen vollzogen.

Zusammenfassend ergeben sich für die rechnergestützte IRT-Effektivitätsberechnung im Vergleich zur herkömmlichen manuellen Berechnung drei Vorteile:

1. Der Zeitaufwand für die rechnergestützte Effektivitätsermittlung beträgt nur durchschnittlich 20 % des Zeitaufwandes der manuellen Berechnung.

2. Die rationelle und überschaubare Durchführung der Effektivitätsberechnungen erlaubt im Durchschnitt eine Verdopplung

der Bearbeitungskapazität für den Aufgabenkomplex "Ökonomische Bewertungen" in den Kollektiven der Roboter-Einsatzvorbereitung.

3. Bei Anwendung der Rechentechnik können für einige Kennziffern mehrere Berechnungsvarianten ermittelt werden. Damit erhöht sich die Entscheidungssicherheit.

4.5. Einsatzstrategien für Industrieroboter

Bei der Erarbeitung von Einsatzstrategien für Industrieroboter ist auf Grund der Bewertung vorliegender analytischer Ergebnisse zur Erreichung eines höheren Effektivitätsniveaus davon auszugehen, die Entwicklung, Projektierung und Produktion der neuen Produktionssysteme, Technologien und Verfahren so flexibel und kontinuierlich in ihrer Auslastung zu gestalten, daß alle wissenschaftlich-technischen Potenzen dieser auf Erzeugniserneuerung orientierten qualitativ neuen Technologien mit den ökonomisch effektivsten Wirkungen erschlossen werden.

Auf der Basis der durchgeführten Analysen in Betrieben und Kombinaten der DDR werden 3 Tendenzen erkennbar, die zwar der Erfüllung der generellen Forderung nach verstärktem Einsatz von Industrierobotern in der DDR dienen, aber noch nicht genügend dem Konzept einer offensiven Strategie des Übergangs zur flexiven Automatisierung und einer innovationsorientierten Erzeugnis- und Technologiepolitik entsprechen. Eine schwerpunktbezogene Darstellung und Gegenüberstellung der Vorteile und der Nachteile dieser Varianten soll diese Erkenntnisse sowohl belegen, als auch Schlußfolgerungen zur Schaffung wissenschaftlich-technischer und sozialökonomischer Bedingungen für die Erarbeitung von Industrieroboterstrategien anbieten, die den Systemerfordernissen der flexiblen Automatisierung und somit der Schaffung und Erschließung ihres Effektivitätspotentials gerecht werden.

Die erste Tendenz ist mit der Erreichung eines hohen Automatisierungsniveaus der Grundfonds der mechanischen Vorfertigung verbunden, sichert die Objektivierung der Kontroll-, Meß- und Prüfergebnisse und trägt zur Stabilisierung der Qualität der

Teilebearbeitung bei. Damit wird auch der Übergang zur CNC-Maschinensteuerung mehrfach vorhandener und angeschlossener Werkzeugmaschinen durch einen gemeinsamen Prozeßrechner ermöglicht (Tab. 4.6).

Infolge der Realisierung dieser Tendenz als Insellösung kommt es zwar zu partiellen technologischen Kapazitätserweiterungen, vielfach aber auch zur Vergrößerung technologischer Disproportionen zu den übrigen Haupt-, Hilfs- und Nebenprozessen, zu ungenügender Auslastung der neu geschaffenen technologischen Potentiale und der Grundfonds sowie zu ungenügenden Freisetzungseffekten von Arbeitskräften.

Die zweite Tendenz begründet die Konzentration auf den Einsatz prozeßflexibler Industrieroboter als Bestandteil eines Konzeptes zur Erreichung eines hohen Automatisierungsniveaus technologischer Teilprozesse zur Sicherung einer hohen Stabilität und Qualität der Teilebearbeitung und der Erleichterung der Arbeitsbedingungen durch Beseitigung körperlich schwerer und gesundheitsschädigender Arbeiten. Sie konzentriert sich auf die Kontinuität in der Werkstückbearbeitung, die Einsparung von Material, Energie und Umlaufmitteln, die Verkürzung der technologischen Durchlaufzeiten sowie die Freisetzung von Arbeitskräften und Arbeitsplätzen (Tab. 4.7).

Die dritte Tendenz ist durch den Einsatz von Industrierobotern für die Automatisierung von Montageprozessen im Rahmen der Einzweckautomatisierung charakterisiert. Die Vorteile dieser Tendenz bestehen darin, daß sie latent auf den Übergang zum Einsatz von Industrierobotern der 2. und 3. Generation orientiert, robotergerecht entwickelte und konstruierte Teile für die automatisierte Montage erzwingt, zur Stabilisierung der Teileverarbeitung beiträgt und durch die Verkürzung der technologischen Durchlaufzeiten mit der Einsparung von Material, Energie und Umlaufmitteln verbunden ist, Mit dieser Tendenz wird in der Praxis auf die Automatisierung der Massenproduktion orientiert. Damit ist die Erschließung des Flexibilitätspotentials nur begrenzt möglich (Tab. 4.8).

Ausgehend von den bereits im 2. Kapitel formulierten Grundstra-

Tendenz 1	Vorteile	Nachteile
Konzentration des Einsatzes von Robotern in der mechanischen Vorfertigung - vorwiegender Einsatz prozeßspezifischer Robotertechnik (maschinen- und prozeßgebundene Handhabetechnik als Bestandteil technologischer Ausrüstungen) - Einsatz für folgende Operationen: . Einlegearbeiten . Entnahmearbeiten für Werkstücke und Werkzeuge, . Magazinieren . Positionieren . automatische Störungsbehebung	- Erreichung eines hohen Automatisierungsniveaus der Grundfonds der mechanischen Vorfertigung - hohes Niveau technologischer Potentialentwicklung und -verfügbarkeit - hohe Kontinuität in der Werkstückbearbeitung - Objektivierung der Kontroll-, Meß- und Prüfergebnisse - Stabilisierung der Qualität der Teilbearbeitung - Erhöhung der Flexibilität und Kontinuität der Produktion - Verkürzung der Produktionsdurchlaufzeiten um ca. 60 % - Ermöglicht den Übergang zur CNC-Maschinensteuerung - Freisetzung von Arbeitskräften und Arbeitsplätzen	- Vergrößerung technologischer Disproportionen zu den übrigen Produktionshaupt-, Hilfs- und Nebenprozessen - ungenügende Auslastung der neu geschaffenen technologischen Potentiale und der Grundfonds - nicht zwingend auf Produkterneuerung, sondern auf partielle Kapazitätserweiterung orientiert - begrenzte Nutzungsmöglichkeiten des neu geschaffenen Effektivitätspotentials - ungenügender Freisetzungseffekt von Arbeitskräften und Arbeitsplätzen, bezogen auf die Gesamtzahl der Produktionsarbeiter

Tab. 4.6: Tendenz 1 für Roboter-Einsatzstrategien

Tendenz 2:	Vorteile	Nachteile
Konzentration auf den Einsatz von technologischen Industrierobotern (prozeßflexible Roboter) für folgende Prozesse: - Schweißen, - Pressen, - Gießen, - Lackieren	- Erreichen eines hohen Automatisierungsniveaus technologischer Teilprozesse - hohe Kontinuität in der Werkstückbearbeitung - Stabilisierung der Qualität der Teilebearbeitung - Einsparung von Material und Energie - Verkürzung der technologischen Durchlaufzeiten - Einsparung von Umlaufmitteln - Erleichterung der Arbeitsbedingungen durch Beseitigung körperlich schwerer und gesundheitsschädigender Arbeitsprozesse - Freisetzen von Arbeitskräften/Arbeitsplätzen	- nicht zwingend auf Produkterneuerung, sondern auf partielle technologische Kapazitätserweiterung orientiert - ermöglicht nicht die Erschließung des arbeitskräfteseitigen Haupteinsparungspotentials der materiellen Produktion - macht den Übergang zur Automatisierung der betrieblichen Informationsprozesse durch CAD/CAP/CAM nicht zwingend erforderlich

Tab. 4.7: Tendenz 2 für Roboter-Einsatzstrategien

Tendenz 3:	Vorteile	Nachteile
Konzentration auf den Einsatz von technologischen Robotern für die Automatisierung von Montageprozessen im Rahmen der Einzweckautomatisierung - Einsatz für folgende Operationen: - Zuführen - Vereinzeln - Positionieren - Fügen mit den Vorrichtungen - Auf- und Einlegen - Auf- und Einstecken - Schrauben	- Übergang zum Einsatz von Robotern der 2. und 3. Generation - Zwang zu robotergerecht konstruierten Teilen für die automatisierte Montage - automatische Steuerung der Fügekräfte und zum Einsatz von Sensoren zur Überwachung des Montagevorganges - Reduzierung der Montagekosten, die 60 - 70 % der Gesamtfertigungskosten betragen - Erschließung des Hauptfreisetzungspotentials der Arbeitskräfte (ca. 45 % aller Produktionsarbeiter) - fördert den Übergang zur Anwendung von CAD/CAP/CAM-Systemen	- starke Orientierung auf Massenproduktion - zu geringe Erschließung des Flexibilitätspotentials - zu enge ökonomische Effektivitätsbetrachtung, (Montagezeit für ein Erzeugnis durch einen Montageroboter ist im allgemeinen länger als die Taktzeit einer Montagemaschine)

Tab. 4.8: Tendenz 3 für Roboter-Einsatzstrategien

tegien der flexiblen Automatisierung ordnen sich die Forschungs-, Produktions- und Einsatzstrategien für Industrieroboter prinzipiell in diese Hauptrichtungen ein. Der spezifischen Stellung der Roboter in diesem Prozeß Rechnung tragend und in Auswertung der Analysen des bisherigen Robotereinsatzes in der Industrie der DDR wurden insbesondere für Roboter-Einsatzstrategien eine Reihe volkswirtschaftlicher Prioritäten sichtbar. Dazu gehören:

1. Die Einsatzvorbereitung von Industrierobotern muß auf die Durchsetzung der Hauptrichtungen des wissenschaftlich-technischen Fortschritts durch Verbindung des Robotereinsatzes mit der Entwicklung und Einführung neuer Technologien, Verfahren und Erzeugnisse konzentriert werden, insbesondere mit der Erneuerung solcher Zwischenprodukte und Finalerzeugnisse, die von außerordentlicher Bedeutung für eine effektive volkswirtschaftliche Strukturentwicklung sind.

2. Die Verschmelzung der sozialistischen Rationalisierung und Automatisierung erfordert die zunehmende Einbeziehung der vorhandenen Grundmittel in die Schaffung von komplexen Automatisierungslösungen sowie die Durchführung von Grundfondsinvestitionen im Rahmen eines komplexen Automatisierungskonzeptes der Kombinate.

3. Die Einsatzvorbereitung von Industrierobotern ist auf die qualitativen Veränderungen des komplexen technologischen Umfeldes einschließlich der Hilfs- und Nebenprozesse auszurichten, um der Tendenz des Überganges zur durchgängigen Herausbildung automatisierter bedienarmer Produktionsstätten zu entsprechen.

4. Mit der Einsatzvorbereitung von Industrierobotern ist die Schaffung eines Systems der integrierten automatisierten technischen Produktionsvorbereitung (CAD) und die automatisierte Informationsverarbeitung für die Steuerung der Produktionsdurchführung (CAM) zu verbinden.

5. Die Entwicklung und Produktion von Industrierobotern muß für die Kombinate der Volkswirtschaft vorrangig abgesichert werden, die die größte Bedeutung für die Hebung des Niveaus

der materiell-technischen Basis der Volkswirtschaft der DDR und einen entscheidenden Einfluß auf die Entwicklung der Außenhandelseffektivität haben.

6. Die Anforderungen an die weitere Entwicklung des wissenschaftlich-technischen Potentials für den künftigen Industrieroboter-Einsatz bedingen eine weitere Konzentration auf die Entwicklung einer leistungsfähigen Sensortechnik und einer neuen Generation von Steuerungen für mit Sensortechnik ausgerüstete Industrieroboter.

In dem Szenario-System zur Simulation, Variation und Bewertung von Einsatzstrategien der flexiblen Automatisierung nach Bild 2.10. sind wesentliche Kenngrößen für Industrieroboterstrategien enthalten. Dies bezieht sich insbesondere /4.12/

- hinsichtlich des Szenarios DYN auf die Abschätzung des Sättigungswertes für die Ausbreitung von Industrierobotern bestimmter Typen und Generationen, die Ermittlung der logistischen Ausbreitungsfunktion für Industrieroboter nach Tab. 3.13 und Bild 3.7, die Prognose der Ausbreitung von Industrierobotern in wählbaren strategischen Zeiträumen sowie die Berechnung der Auswirkungen auf die Anzahl der Arbeitskräfte zur Produktion und Nutzung von Industrierobotern in Systemen der flexiblen Automatisierung;
- hinsichtlich des Szenarios FMS auf die Ermittlung des automatisierwürdigen Potentials, des erforderlichen Investitionsaufwandes und der erreichbaren sozialökonomischen Effekte durch den Einsatz von flexiblen Fertigungssystemen und Industrierobotern;
- hinsichtlich des Szenarios CAS auf die im Rahmen des CIM-Konzeptes erforderliche Integration der Automatisierung von Informationsprozessen und der Automatisierung von Produktionsprozessen durch die Ermittlung der erforderlichen CAM-Stationen, der zentralisiert und dezentralisiert einzusetzenden Computer, der Berechnung des Aufwandes an Hardware und Software zur automatisierten Steuerung von flexiblen Fertigungssystemen und Industrierobotern sowie der dadurch erreichbaren sozialökonomischen Effekte;

hinsichtlich des Szenarios SOW auf den Umfang und die Bilanzierung der für einen effektiven Robotereinsatz erforderlichen Softwarepotentiale unter besonderer Berücksichtigung des künftigen Übergangs zu Industrierobotern der 2. und 3. Generation.

Das Szenario FMS mit dem im Abschnitt 3.4 erläuterten Modell und dem BASIC-Programm FMSTRE geht dabei von den unter 2.4. entwickelten Grundsätzen und Voraussetzungen aus. Es umfaßt die Bausteine

- Ermittlung des automatisierwürdigen Potentials an Arbeitsplätzen mit Ausweis der Anzahl erforderlicher flexibler Fertigungsprozesse und Industrieroboter.
- Berechnung des Investitionsaufwandes für flexible Fertigungssysteme und Industrieroboter mit Ausweis des Anteils dieser Investitionen an den Gesamtinvestitionen im untersuchten Bereich (Betrieb, Kombinat, Industriezweig, Volkswirtschaft).
- Nachweis der durch flexible Automatisierung der Fertigungsprozesse erreichbaren Kostensenkung und des durch höhere Flexibilität und verkürzte Überleitungszeiten innovativer Erzeugnisse möglichen Gewinnzuwachses, des Umfangs zu gewinnender Arbeitskräfte, der Erfüllung der Vorgaben für die Gestaltung von Arbeitsinhalten und Arbeitsbedingungen und der Rückflußdauer der einzusetzenden Investitionen und enthält in seiner Grundversion die in Tab. 4.9 und Tab. 4.10 zusammengefaßten Datenmassive, Bedingungen und Berechnungswege /4.12/; die verwendeten numerischen Werte sind Testwerte einer Variante für Berechnungen im Maßstab eines Kombinats bis zum Jahre 2000.

Ausgangspunkte bilden die Einschätzung der künftigen Bedarfsentwicklung an Erzeugnissen, die verfügbaren Arbeitskräfteressourcen sowie die erforderliche Produktivitätssteigerung. Daraus können Varianten des potentiellen, fertigungszeitbezogenen Automatisierungsgrades abgeleitet werden; die gesetzmäßigen Zusammenhänge zwischen diesen Faktoren sind dabei bisher wenig erforscht. Aus diesem Grunde gewinnt die Bestimmung der jeweiligen numerischen Größen für diese Eingabewerte durch Experteneinschätzungen

im kombinierten Mensch-Mensch- und Mensch-Maschine-Dialog sowie durch Expertensysteme nach Abschnitt 2.3 immer mehr an Bedeutung.
Als Basis für die Bewertung sozialer Faktoren wurden in das Modell Vorgabekoeffizienten für Arbeitsinhalte und Arbeitsbedingungen F 6 mit der Forderung

$$0{,}4 < F\,6 \leq 1 \qquad (4.1)$$

aufgenommen, die demzufolge skalierbare Mindestforderungen enthalten. Durch den Koeffizienten der Roboterintensität, der durch die Beziehung

$$F\,8 = \frac{IR}{FMS} \qquad (4.2)$$

die gewichtet durchschnittliche Anzahl des Einsatzes von Industrierobotern (IR) je flexibles Fertigungssystem FMS ausweist, wird eine quantiativ und qualitativ bewertbare Einschätzung der Entwicklung der Roboternutzung ermöglicht. Diese Kenngröße kann dabei sowohl im engeren Sinne nach (4.2) als auch in einem weiteren Sinne in der Form verwendet werden, daß darin auch die in anderen Prozessen eingesetzten Roboter einbezogen werden.
Dies gilt unter anderem für Prüfroboter sowie für Transportroboter.
Die Ausgabedaten der Testvariante für Einsatzstrategien von flexiblen Fertigungssystemen und Industrierobotern nach Tab. 4.9 lassen bemerkenswerte Schlüsse für Produktions-, Forschungs-, Markt-, Investitions- und Arbeitskräftepotential-Strategien zu - beispielsweise für

- die Entwicklung des Rationalisierungsmittelbaus zur Entwicklung und Fertigung von Industrierobotern,
- das Tempo und die Intensität der Automatisierung, gemessen am Anteil der Automatisierungsinventitionen an den gesamten Ausrüstungsinvestitionen,
- die künftige Entwicklung sozialer Faktoren, wie Arbeitsinhalte und Arbeitsbedingungen,
- die Qualifizierungsmaßnahmen für die Arbeitskräfte zur Vorbereitung, Bedienung, Wartung und Instandhaltung der Fertigungs-

systeme und Industrieroboter,

- die langfristige Steuerung des Einsatzes der durch Automatisierungsmaßnahmen zu gewinnenden Arbeitskräfte für die Entwicklung und Produktion neuer Erzeugnisse.

Die in Tab. 4.8 und 4.9 dargestellte Grundversion des Szenarios für FMS- und Industrieroboterstrategien kann durch Einbeziehung weiterer Faktoren ausgebaut werden. Dazu liegen spezielle Versionen vor. Dies bezieht sich unter anderem

- auf die Einbeziehung der Flexibilität als quantifizierte Größe, wie dies in Abschnitt 3.4 entwickelt wurde,
- auf die Differenzierung von Koeffizienten für Arbeitsinhalte und Arbeitsbedingungen,
- auf die Spezifizierung des Arbeitskräftebedarfs nach Qualifikationsstrukturen, wie Projektanten, Programmierer, Bedienungs-, Wartungs- und Instandhaltungspersonal sowie nach der Größe der flexiblen Fertigungssysteme, wobei sich die in der Beziehung (4.3)

$$F\,24 = F\,17 \cdot F\,7 \qquad (4.3)$$

in der Testvariante zugrundegelegte Bedingung verändern kann, daß für ein elementares Fertigungssystem durchschnittlich eine Arbeitskraft für die oben genannten Funktionen eingesetzt ist.

Erfahrungsgemäß geht es jedoch bei der Vorbereitung strategischer Entscheidungen weniger darum, eine Fülle möglicher, detaillierter Informationen zugrundezulegen, als vielmehr um die Konzentration auf strategierelevante Aussagen und ihre logische Verknüpfung. Diese Überlegung bildete die Basis für die Entwicklung der Szenarien, die naturgemäß als ein erster Schritt zur wissenschaftlichen Fundierung von Innovationsstrategien anzuheben sind. Bisherige Erfahrungen mit den Szenarien haben gezeigt, daß die Ausgabedaten bereits in der vorliegenden Form eine nutzbare Grundlage für strategische Entscheidungen über Umfang, Tempo, Intensität, Aufwand und Wirkungen der Einführung und Nutzung von flexiblen Fertigungssystemen und Industrierobotern bieten.

Eingabedaten (Auswahl)				
Lfd. Nr.	Bezeichnung	Symbol	Bedingung	Testvariante
1	Künftige Entwicklung des Erzeugnisbedarfs	F 1	$F 1 > 0$	1,8
2	Erforderliche Produktivitätssteigerung in der Produktion	F 2	$F 2 > 1$	4,5
3	Anzahl verfügbarer Arbeitskräfte für die Produktion	F 3	$F 3 > 1$	30.000 [VbE]
4	Gegenwärtiger Schichtfaktor in den Fertigungsbereichen	F 4	$0 < F 4 \leqq 3$	1,7
5	Potentieller Automatisierungsgrad durch FMS- und IR-Einsatz	F 5	$0 < F 5 \leqq 1$	0,3
6	Vorgabe-Koeffizienten der Arbeitsinhalte und der Arbeitsbedingungen	F 6	$0{,}4 < F 6 \leqq 1$	0,7
7	Künftiger FMS-Schichtfaktor	F 7	$0 < F 7 \leqq 3$	2,6
8	Industrieroboter/FMS	F 8	$F 8 \geqq 1$	1,6
9	Projektierte Koeffizienten der Arbeitsinhalte und der Arbeitsbedingungen	F 9	$F 9 \geqq F 6$	0,8
10	Hardware- und Software-Investitionsaufwand/FMS	F 10	$F 10 > 0$	$2{,}5 \cdot 10^6$ [M]
11	Hardware- und Software-Investitionsaufwand/Industrieroboter	F 11	$F 11 > 0$	$0{,}3 \cdot 10^6$ [M]
12	Ausrüstungsinvestitionen gesamt	F 12	$F 12 > 0$	$4{,}5 \cdot 10^9$ [M]
13	Kostensenkung/FMS und Industrieroboter	F 13	$F 13 > 0$	$0{,}45 \cdot 10^6$ [M]
14	Gewinnzuwachs/FMS und Industrieroboter	F 14	$F 14 > 0$	$0{,}85 \cdot 10^6$ [M]

Tab. 4.9: Eingabedaten des Szenarios FMS (FMS: Flexibles Fertigungssystem, VbE: Vollbeschäftigten-Einheit, IR: Industrieroboter, M: Mark)

	Ausgabedaten (Auswahl)			
Lfd. Nr.	Bezeichnung	Symbol	Berechnung	Testvariante
1	Anzahl der Arbeitsplätze in den Fertigungsbereichen	F 15	$F\ 15 = \frac{F3}{F4}$	17.647
2	Anzahl automatisierwürdiger Arbeitsplätze	F 16	$F\ 16 = F15 \cdot F5$	5.294
3	Anzahl erforderlicher FMS	F 17	$F\ 17 = \frac{F16 \cdot F1}{F\ 2 \cdot F7}$	814
4	Anzahl erforderlicher Industrieroboter	F 18	$F\ 18 = F17 \cdot F8$	1.303
5	Realisierungsgrad der Arbeitsinhalte	F 19	$F\ 19 = \frac{F9}{F6}$	1,14
6	Investitionsaufwand für FMS	F 20	$F\ 20 = F17 \cdot F10$	$2.035 \cdot 10^{6}$ [M]
7	Investitionsaufwand für Industrieroboter	F 21	$F\ 21 = F18 \cdot F11$	$0.391 \cdot 10^{6}$ [M]
8	Investitionsaufwand gesamt	F 22	$F\ 22 = F20 + F21$	$2.426 \cdot 10^{6}$
9	Anteil der Automatisierungsinvestitionen für FMS und Industrieroboter an den Ausrüstungsinvestitionen	F 23	$F\ 23 = \frac{F22}{F12}$	0,54
10	Erforderliche Anzahl der Arbeitskräfte an FMS & Industrierobotern	F 24	$F\ 24 = F17 \cdot F7$	2.116 [VbE]
11	Arbeitskräftegewinnung durch FMS und Industrieroboter	F 25	$F\ 25 = (F16 \cdot F4) - F24$	6.884 [VbE]
12	Rückflußdauer der Investitionen für FMS und Industrieroboter	F 26	$F\ 26 = \frac{F10 + (F11 \cdot F8)}{F13 + F14}$	2,3 [Jahre]

Tab. 4.10: Ausgabedaten des Szenarios FMS

5. Einsatz, Effektivität und Innovationsstrategien computergestützter Arbeitsplätze (CAD/CAM-Systeme)

5.1. Automatisierung von Informationsprozessen und Einsatz computergestützter Arbeitsplätze

Die durch die Mikroelektronik geschaffenen neuen und umfassenderen Möglichkeiten der dezentralen Automatisierung von Informationsverarbeitungsprozessen eröffnen der Strategie der umfassenden Intensivierung neue Dimensionen.
Nunmehr kann der Computer sowohl an das Arbeitsmittel - die Maschine, den Roboter, das Transportmittel - als auch an den Arbeitsplatz direkt gekoppelt werden. Es entsteht der computergestützte Arbeitsplatz, an dem Mensch und Roboter in einen interaktiven Dialog treten. Die Möglichkeit, solche rechnergestützten Arbeitsplätze kommunikativ untereinander sowie mit zentralen Großrechnern und Datenbanken zu verbinden, läßt die sich eröffnenden Effektivitätspotentiale komplexer informationsverarbeitender Systeme deutlich werden.

Dieses Potential wird durch folgende Merkmale charakterisiert:

1. Die Möglichkeit der dezentralen Informationsverarbeitung stellt eine qualitativ neue Stufe in der Entwicklung der Produktivkräfte und in der Vergesellschaftung der Produktion dar. Bislang waren der Konstrukteur, der Technologe, der Produktionsarbeiter, der Leiter, der Ökonom, der Wissenschaftler oder der Mediziner auf ihr individuell in Ausbildung und Erfahrung erworbenes Wissen angewiesen: Im Rechnerdialog steht ihnen im direkten Zugriff nicht nur dieses Wissen zur Verfügung, es wird ihnen umfangreiches geprüftes und systematisiertes Wissen angeboten und kombiniert.

2. Kommunikation ist notwendiges Element jedes gemeinschaftlichen Arbeitsprozesses. Je umfangreicher, arbeitsteilig strukturierter und komplexer gesellschaftliche Prozesse und Strukturen werden, umso wichtiger werden effektive Kommunikationsmittel für ihr rationelles Funktionieren. Über die ökonomische Bedeutung einer leistungsfähigen informationellen und kommunikativen Infrastruktur schrieb Marx u. a.:

- "Ein relativ spärlich bevölkertes Land mit entwickelten Kommunikationsmitteln besitzt eine dichtere Bevölkerung als ein sehr bevölkertes Land mit unentwickelten Kommunikationsmitteln ..." /5.1./

- "Das Hauptmittel zur Verkürzung der Zirkulationszeit sind verbesserte Kommunikationen " /5.2./.

Dabei ist es einleuchtend, daß eine zentral geleitete und geplante sozialistische Wirtschaft noch dringlicher einer hocheffektiven informationellen Infrastruktur bedarf als eine kapitalistische Wirtschaft, die sich letztlich zu ihrer Steuerung auf spontane Marktmechanismen verläßt. Die technische Möglichkeit, hierarchisch strukturierte automatisierte Informationsverarbeitungsprozesse mit dezentralen computergestützten Arbeitsplätzen und zentralen Leitungsorganen im volkswirtschaftlichen Maßstab stufenweise zu kombinieren, stellt faktisch ein technisches Analogon des demokratischen Zentralismus dar.

3. Aus dem Gesagten wird deutlich, daß mit der Automatisierung von Informationsverarbeitungsprozessen ein Intensivierungseffekt nicht nur in der materiellen Produktion, sondern in allen Phasen des gesellschaftlichen Reproduktionsprozesses erzielbar ist. Die Automatisierung stofflich-energetischer Prozesse ist ihrem Wesen nach hauptsächlich an produktive Vorgänge gebunden, informationelle Prozesse spielen sich überall im gesellschaftlichen Leben ab. Damit entspricht diese Technik den Erfordernissen umfassender Intensivierung.

4. In der materiellen Produktion gewinnt mit wachsender Produktion und zunehmender Arbeitsteilung der Prozeß der Leitung, Planung, Organisation und Steuerung eine von der Durchführung arbeitsteilig getrennte Eigenständigkeit im einem Organ des Gesamtarbeiters, das rein informationelle Funktionen ausübt, In ähnlicher Weise haben sich mit der Entwicklung der Wissenschaft zur unmittelbaren Produktivkraft die Bereiche der planenden, wissenschaftlich-technischen und organisatorischen Vorbereitung der Produktion - Forschung,Entwicklung, Konstruktion, Projektierung - zu einer relativ selbständigen Reproduktionsphase herausgebildet. Auch im Absatz überwiegen in der Regel informationsverarbeitende Prozesse.

Die Produktivität geistiger Arbeitsprozesse ist bis in die jüngste Zeit wesentlich langsamer gewachsen als die Produktivität der immer stärker technisierten körperlichen Arbeitsprozesse. Quantitative Werte hierfür werden für die Steigerung der Produktivität in den Produktionsbereichen seit dem Jahre 1900 mit ca. 1 000 %, in den Konstruktionsbereichen mit ca. 20 % angegeben.
Offenkundig blieb die Technisierung als grundlegendes Mittel zur Produktivitätssteigerung bei geistig-informationellen Arbeitsprozessen weit hinter der bei stofflich-energetischen zurück. Allein dieser angelaufene Produktivitätsrückstand in den Bereichen der Leitung, Planung, Organisation und Produktionsvorbereitung läßt auf ein enormes Innovationspotential schließen, das mit dem Einsatz moderner Informationstechnik mobilisiert werden kann.

Es liegt auf der Hand, daß die Effektivitätswirkung einer informationsverarbeitenden Technik sich am unmittelbarsten und am stärksten dort durchsetzt, wo es ausschließlich oder überwiegend um informationsverarbeitende Prozesse geht. Mit der zunehmenden Komplexität und arbeitsteiligen Verflechtung des gesellschaftlichen Reproduktionsprozesses nehmen die notwendigen informationellen Kopplungen zu. So hatte die sowjetische Wirtschaft bereits in den sechziger Jahren einen solchen Grad der Komplexität erreicht, daß für eine effektive Leitung jährlich 10^{16} arithmetische Operationen auszuführen wären. Legt man eine Arbeit von Menschen selbst mit Hilfe einer Tischrechenmaschine zugrunde, würden dafür 10^{10} Menschen mit ununterbrochener Arbeitszeit benötigt /5.3./. Diese Barriere kann nur durch automatisierte Informations- und Leitungssysteme durchbrochen werden. Mit elektronischer Rechentechnik können der Arbeitsaufwand um mehr als 90 % und die Kosten um 80 ... 85 % gesenkt werden.

International entwickelt sich daher eine Informatikindustrie, deren spezifisches Gewicht im Rahmen der Volkswirtschaft rasch anwächst.

Die Strategie der umfassenden Intensivierung ist darauf orientiert, nicht nur alle ökonomischen Ressourcen - darunter auch die Information - mit höchstmöglichem Nutzeffekt einzusetzen, sondern dies auch in allen Reproduktionsphasen zu tun. Der erforderliche Leistungsanstieg ist nur zu erreichen, wenn Effektivitätsgewinne in einer Reproduktionsphase, z. B. der Produktion, in anderen Phasen nicht wieder zunichte gemacht, sondern verstärkt werden. Das Gesetz der Ökonomie der Zeit erfordert die Verkürzung des gesamten Reproduktionszyklus von der wissenschaftlich-technischen und investitionsmäßigen Vorbereitung der Produktion bis zum Absatz. Auf die große Rolle des Zeitfaktors verwies E. Honecker mit großem Nachdruck:

> "Die Beschleunigung des Gesamtprozesses der Produktion gehört mehr in den Mittelpunkt der Aufmerksamkeit. Wie lange die Entwicklung eines Erzeugnisses dauert, wie rasch sie in die Serie übergeleitet wird, wie schnell die Umstellung der Technologie erfolgt, wie lange die Produktion dauert, wenn ein neues Erzeugnis auf den Markt kommt - alle entscheiden über Wirtschaftlichkeit. Hier verändern sich die Maßstäbe erheblich. Nicht um wenige Prozente, sondern um ein Vielfaches geht es beim Zeitgewinn " /5.4./.

Dabei verdient zweierlei Beachtung. Wie im gleichen Zusammenhang hervorgehoben wurde, besteht häufig eine erhebliche Diskrepanz zwischen vergleichsweise kurzen Produktions- und langen Zirkulationszeiten. So sehr auch die Erhöhung der Effektivität im produktionsvorbereitenden Bereich eine Schlüsselstellung einnimmt, so doch weniger, um das gleiche Ergebnis mit geringerem Aufwand zu erzielen, sondern insbesondere zur Erhöhung der Effektivität in den folgenden Phasen der Produktion und des Absatzes. Diese Effektivität wird zu etwa 80 % in der Produktionsvorbereitung bestimmt. Aus dieser Sicht wird auch die Einordnung und Integration automatsierter Informationsverarbeitung in Leitungs- und Produktionsvorbereitungsprozessen in eine Gesamtstrategie flexibler Automatisierung deutlich. Der Übergang von CAD-Systemen zu CAD/CAM-Systemen bringt diese Integrationstendenz und den Übergang zu komplexen computerintegrierten Produktionssystemen nach dem CIM-Konzept zum Ausdruck. Auf der Grundlage von gekoppelten Rechnernetzen und einer einheitlichen Datenbasis entsteht damit die Möglichkeit, die rationelle Leitung und Planung aller Phasen des Reproduktionsprozesses eines Kombinates auch mit höchstentwickelter Technik und mit höchstem Wirkungsgrad zur Wirkung zu bringen.

Der breite Einsatz der Informationstechnik zur Automatisierung von Informationsverarbeitungsprozessen in den Bereichen Leitung und Produktionsvorbereitung führt nicht nur zu Einsparung von menschlicher Arbeit, sondern ermöglicht vor allem die Entlastung des Menschen von schematischer, d. h. algorithmisch formalisierter geistiger Arbeit.

Ein Maximum an Effektivität wird insbesondere an einem interaktiven Dialogarbeitsplatz Mensch - Computer ausgeschöpft werden können, da er es ermöglicht, die schöpferischen Fähigkeiten des Menschen mit der Leistungsfähigkeit der Technik zu verbinden.
Die Entlastung des Menschen von schematischer geistiger Arbeit führt naturgemäß nicht von selbst zur Anreicherung der Arbeit mit schöpferischen Elementen. Dies ist eine Frage der bewußten, sozialistischen Produktionsverhältnissen angemessenen Gestaltung der Arbeitsorganisation.

Zunächst kann diese Übertragung schematischer geistiger Funktionen auf die Technik zur Einsparung von Arbeitskräften bzw. zur Erweiterung der Kapazität mit den vorhandenen Arbeitskräften genutzt werden. Das stellt einen Effekt dar, der bei den bestehenden Engpässen in Konstruktion, Projektierung und Technologie von großer volkswirtschaftlicher Bedeutung sein kann.

Eine rationelle Funktionsverteilung zwischen Mensch und Technik sowie die Arbeitsteilung unter den beteiligten Menschen muß die Spezifik schöpferischer Leistung beachten - schöpferisch im Sinne solcher Lösungsprozesse, für die kein oder kein vollständiger Algorithmus bekannt ist. Im allgemeinen bezeichnet man in der Literatur Lösungen, für die ein vollständiger Algorithmus bekannt ist, als Aufgaben; ist das nicht der Fall, wird von Problemsituationen oder von Problemlösungen gesprochen. Probleme sind also dadurch gekennzeichnet, daß das Lösungsergebnis nicht eindeutig bestimmt bzw. bestimmbar ist. Liegt ein vollständiger Algorithmus vor, ist das Resultat möglicherweise vorher unbekannt, aber doch eindeutig bestimmt. Auf dieser Grundlage können schöpferische Tätigkeiten in globaler Weise unter zwei zwar analogen, aber deutlich unterscheidbaren Tätigkeitsarten eingeordnet werden: wissenschaftlich-technische Problemlösungen und Entscheidungen unter Bedingungen unvollständiger Information. Sie charakterisieren im wesentlichen die Art der Hauptprozesse in Forschung und Entwicklung einerseits und in der Leitung andererseits. Bereiche wie Konstruktion, Projektierung und Technologie nehmen eine Zwischenstellung ein.

Dabei kann es sich bei Problemen, für die nach der gegebenen Definition keine vollständigen Lösungsalgorithmen bekannt sind, um Unterschiedliches handeln. Einerseits geht es um das Auffinden von neuen, unbekannten und unerprobten Kombinationen bekannter "Module" von Merkmalen, Elementen oder Algorithmen. Solcherart Probleme sind in der Projektierung ebenso wie in der Leitung typisch und überwiegend. Andererseits müssen völlig neue Prinziplösungen für eine Funktion entwickelt werden, für deren adäquate Erfüllung herkömmliche Verfahren nicht ausreichen. Gewiß sind auch zwischen diesen formulierten Kategorien die Übergänge graduell, ihr Realitätsbezug wird jedoch durch den im Patentwesen üblichen Begriff der Erfindungshöhe bezeugt. Überdies treten zu den Lösungsalgorithmen heuristische Algorithmen hinzu.

Gerade die letztgenannten Verfahren lassen sich - wenn auch in bestimmten Grenzen - durchaus im Computerdialog simulieren. Er kann aus einer gegebenen Auswahl von Elementen, Merkmalen, algorithmierten Moduln nach vorgegebenen Bewertungskriterien Kombinationen optimieren bzw. im Dialog dem Menschen alternative Zwischenlösungen zur Bewertung und Entscheidung anbieten. Das sind typisch schöpferische Problemsituationen in der Konstruktion, Technologie und Projektierung sowie bei Leitungsentscheidungen, wo aus bekannten Elementen ein optimiertes System zu synthetisieren ist.

Der zweckmäßige Einsatz von computergestützten Arbeitsplätzen erfordert es, seine derzeitigen Grenzen zu erkennen. Der Computer kann nicht solche Elemente oder Kriterien nutzen, die ihm nicht vorher eingegeben wurden. Er kann in der Praxis gewonnene Erfahrungen speichern, lernen und sein inneres Modell verbessern. All das orientiert auf die Weiterentwicklung und Perfektionierung von Erzeugnissen und Technologien. Wie Beobachtungen in der Praxis darüber hinaus erkennen lassen, verleiten hohe Rechnerkosten heute nicht selten dazu, sich an erprobte Vorgehensweisen zu halten und Unerprobtes nicht zu riskieren. Der Übergang zu wissensverarbeitenden Systemen der 5. Computer-Generation in den neunziger Jahren wird jedoch auch hier zu neuen Denk- und Arbeitsweisen führen.

Zusammenfassend läßt sich sagen, daß der Einsatz computergestützter Arbeitsplätze sowohl vom Standpunkt der Ausschöpfung des Innovationspotentials automatisierter Informationsverarbeitung als auch der über alle Phasen des Reproduktionsprozesses reichenden Integration der flexiblen Automatisierung bereits heute und vor allem künftig in den Bereichen der Leitung, Planung, Produktionsvorbereitung und Produktionsdurchführung einen ständig wachsenden Stellenwert einnimmt. Dieser Tendenz trägt der auf dem XI. Parteitag der SED beschlossene Einsatz von 95.000 CAD/CAM-Stationen, 170.000 Personalcomputern, 2.000 Mikrocomputern und 670 Großcomputern bis zum Jahre 1990 Rechnung.

Diese Zielstellung widerspiegelt sich auch in den bisherigen Ergebnissen des Einsatzes von CAD/CAM-Arbeitsstationen in der DDR.

Im Jahre 1985 verfügte die DDR über 11.000 computergestützte Arbeitsstationen, 1986 waren bereits 24.700 Stationen im Einsatz, und für 1987 werden ca. 45.000 Stationen angegeben. Die im Rahmen der Forschungsarbeiten des Instituts für Theorie, Geschichte und Organisation der Wissenschaft der AdW der DDR durchgeführten Analysen in Betrieben der Industrie der DDR in den Jahren 1985 und 1986 über Erfahrungen mit computergestützten Arbeitsplätzen vermitteln interessante Erkenntnisse über

- Einsatzkonzepte,
- Hauptanwendungsgebiete,
- Wirkungen auf den betrieblichen Reproduktionsprozeß,
- Erschließung des Innovationspotentials,

- . sozialökonomische Effekte,
- . strategische Dimensionen für die weitere Durchsetzung von Schlüsseltechnologien.

Mit diesen Analysen wurden 1985 insgesamt 470 und 1986 insgesamt 690 computergestützte Arbeitsstationen erfaßt. Dabei ergibt sich die in Tabelle 5.1 dargestellte Verteilung der Einsatzgebiete auf Prozesse der computergestützten Konstruktion und Projektierung (CAD), Produktionsvorbereitung und Produktionssteuerung (CAM) sowie der integrierten Konstruktion, Projektierung, Produktionsvorbereitung und Produktionssteuerung (CAD/CAM).

Lfd. Nr.	Arbeitsstationen	1985	1986
1	CAD	46,8	45,5
2	CAM	46,5	48,1
3	CAD/CAM	6,7	6,4

Tab. 5.1: Verteilung der Einsatzgebiete von CAD-, CAM- und CAD/CAM-Arbeitsstationen (in %)

Nachfolgend werden Funktionen und Einsatzbedingungen von CAD/CAM-Ebenen im System der flexiblen Automatisierung herausgearbeitet, ihre integrierende Wirkung verdeutlicht, ihr Einfluß auf die Erhöhung der Flexibilität in allen Phasen und Bereichen des betrieblichen Reproduktionsprozesses sowie ihre kausalen Beziehungen zur Effektivitätsentwicklung dargestellt.

5.2. Computergestützte Konstruktion und Projektierung (CAD)

Der Übergang zur Automatisierung von Produktions- und Informationsprozessen im System der flexiblen Automatisierung stellt an die Leistungsentwicklung verfahrens- und erzeugnisgebundener Forschung und Entwicklung der Kombinate hohe Anforderungen. Dies gilt

- für die effektive Nutzung der mit flexibler Automatisierung geschaffenen technologischen und ökonomischen Potentiale,
- für die Flexibilität und Dynamik, mit der die Kombinate auf Markt- und Bedarfsveränderungen reagieren müssen,

- für die Erhöhung des Anteils neuer Erzeugnisse mit wissenschaftlich-technischen und ökonomischen Spitzenparametern.
- für die Kostenentwicklung und die Exportrentabilität der Erzeugnisse.

Diese Bedingungen stimulieren den Einsatz von automatisierten Konstruktions- und Technologiearbeitsplätzen. Nach der in der DDR gültigen Definition dienen CAD-Arbeitsstationen der rechnergestützten Bearbeitung von Aufgaben zur Herstellung von Konstruktions- und Projektierungsdokumentationen, von Software, von erzeugnisbezogenen Fertigungsunterlagen sowie von weiteren Unterlagen für die Leitung, Planung und Kontrolle der produktionsvorbereitenden Prozesse.

Das Ziel der rechnergestützten Konstruktion und Projektierung besteht in der Schaffung eines Erzeugnisentwurfs mit hochgradiger Übereinstimmung hoher Gebrauchswerteigenschaften mit niedrigsten Kosten.

Durchgeführte Analysen haben ergeben, daß der Prozeß der Technologie- und Produkterneuerung ein wachsendes Volumen an Informationsverarbeitung in der Forschung und Entwicklung, Projektierung und Produktionsvorbereitung bewirkt.
Bei einer jährlichen Innovationsrate der Produktion von 30 ... 40 % verkürzt sich die Entwicklungszeit für viele neue Erzeugnisse auf weniger als 12 Monate. Die Software-Tendenz in der weiteren Entwicklung von CAD-Systemen ist dabei in der Industrie der DDR auf die Schaffung des wissenschaftlich-technischen Potentials zur Erarbeitung von Programmen gerichtet, die die Entwicklung von Produktvarianten zulassen und die Berechnung möglichst günstiger Parameter des Erzeugnisses ermöglichen. Damit verbinden sich gleichzeitig Forderungen nach Erhöhung von Rechengeschwindigkeit, Speicherkapazität, Leistungsumfang der Datenbanken und Verbesserung der Nutzerfreundlichkeit.

Die Erfahrungen und Ergebnisse der Anwendung von CAD-Systemen in Industriebetrieben verschiedener Zweige ließen deutlich werden, daß das volkswirtschaftliche Endprodukt von Betrieben des Anlagenbaus im entscheidenden Maße durch den Leistungsumfang der Konstruktion und Projektierung bestimmt wird. In diesem Bereich ist der Anteil von Routine-Arbeiten mit 85 ... 95 % sehr hoch.

50 bis 60 % der Gesamtdurchlaufzeit eines Auftrages entfallen auf die produktionsvorbereitenden Bereiche, 30 bis 40 % auf die Fertigung und Montage.

Die Kosten des in einem Betrieb eingesetzten CAD-Systems für die Projektierung von Anlagen verteilen sich zu 55 % auf Hardware- und zu 45 % auf Software-Kosten, wobei sich die Software-Kosten in diesem Falle zu 50 % auf die Systemanalyse, zu 20 % auf die Modellentwicklung und zu 30 % auf die Programmierung verteilten. Bemerkenswert ist der notwendige hohe Aufwand für Systemanalysen.

In einem Betrieb des Gerätebaus ist die Einsatzvorbereitung eines CAD-Systems als Bestandteil eines Rationalisierungskonzeptes erarbeitet worden, das den Anforderungen an die Einheit von Prozeß- und Produkterneuerung entspricht. Die Daten des Systems müssen gleichermaßen vom Konstrukteur und von Technologen abrufbar sein. Im Dialog des Konstrukteurs mit dem Computer erfolgen das erstmalige Erstellen von Fertigteilzeichnungen und der Änderungsdienst; 30 - 40 % der Konstruktionsarbeitszeit konnten eingespart werden. In zunehmendem Maße werden integrative CAD/CAM-Lösungen erarbeitet.
Das CAD/CAM-Systemkonzept eines Kombinats orientiert nach Bild 5.1 auf folgende Aufgaben:

1. Qualifizierung des bestehenden Projektsystems durch Projektergänzungen und durch neue Projekte in Stapelverarbeitung mit und ohne Integration der Datenbank.

2. Dialogverarbeitung über arbeitsplatzgebundene Computertechnik mit Zugriff auf die Stammdaten des Betriebes in 3 Etappen:

   I : technisch-technologische Stammdaten
   II : Materialwirtschaft
   III : sonstige Auskunfts- und Recherchesysteme.

3. Rechnergestützte Konstruktion mit durchgängiger Datenverarbeitung bis zur Maschinensteuerung.

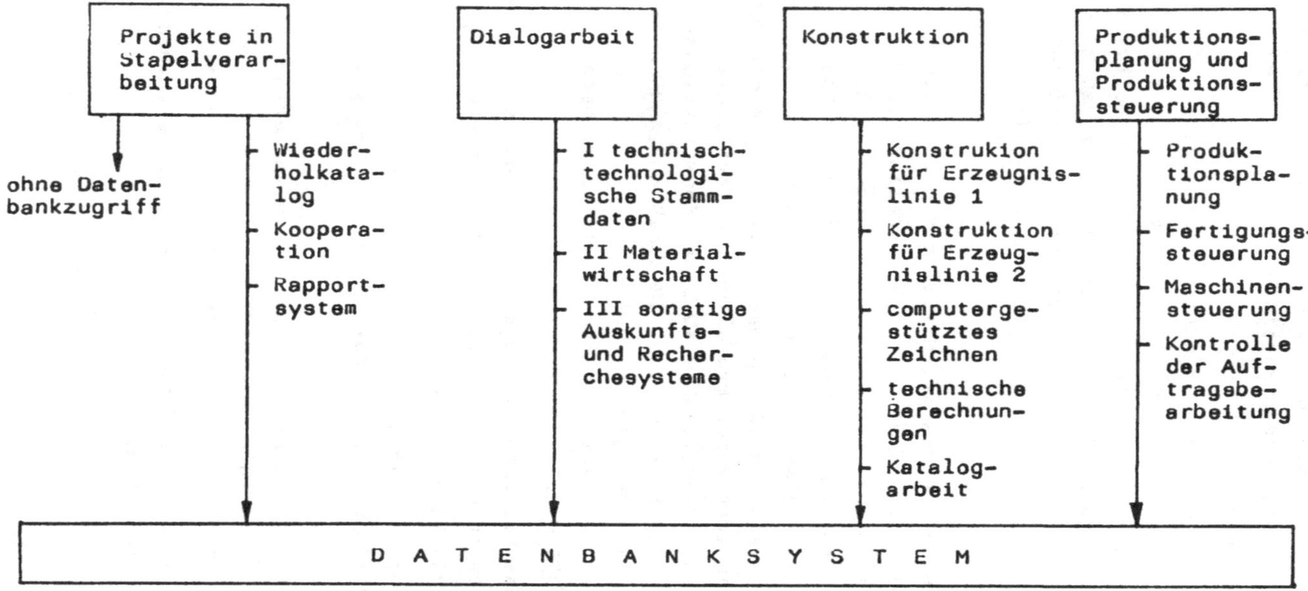

Bild 5.1.: Elemente des CAD/CAM-Konzeptes eines Kombinates

4. Produktionsplanung und Produktionssteuerung.

Gegenwärtig lassen sich folgende Schwerpunkte der Einsatzvorbereitung für CAD-Systeme erkennen:

- Forschung und Entwicklung:
  . Softwareentwicklung,
  . Schaltkreisentwurf,
  . Leiterplattenentwurf,
  . Technologieentwicklung für Halbleiterfertigung,
  . Entwicklung und Konstruktion von Rationalisierungsmitteln,
  . Entwicklung erzeugnisgebundener Grundformen,
  . Optimierung von Erzeugnisparametern,
  . Technologieoptimierung,
  . Lebensdauerbewertung,
  . Formgestaltung,
  . Datenbanksysteme zur Darstellung, Auswertung und Speicherung von naturwissenschaftlichen und technischen Experimentdaten,
  . Automatisierung von Merkmaldatenerfassung und -auswertung.
- Automatisierung von Informationsprozessen:
  . Materialwirtschaft,
  . Grundfondswirtschaft,
  . Absatz,
  . Dokumentations- und Bibliothekswesen,
  . Textverarbeitung,
  . rechnergestützte Erstellung und Bewertung von Wirtschaftsverträgen.

Die untersuchten CAD-Arbeitsstationen weisen die Kostenverteilung nach Tab. 5.2 auf.

Lfd.Nr.	Kostenelement	1985	1986
1	Hardware	50,0	48,5
2	Software	34,4	21,1
3	Prozeßanalyse	6,2	11,6
4	Einsatzvorbereitung	9,4	18,8

Tab. 5.2: Kostenverteilung untersuchter CAD-Stationen (%)

Die bisherigen Erfahrungen zeigen, daß eine wissenschaftlich, technologisch und ökonomisch begründete Einsatzvorbereitung von CAD-Arbeitsstationen in hohem Maße über die Effektivität ihrer Nutzung entscheidet. Die 1986 erkennbare stärkere Orientierung auf die Prozeßanalyse und die Einsatzvorbereitung beim Aufbau von CAD-Systemen wird immer mehr diesen Anforderungen gerecht. Durch die Prozeßanalyse ist ein Abstraktionsgrad der Prozeßorganisation zu erreichen, der zu vielseitig verwendbarer Software führt. Sie ist als Arbeitsmittel zur Lösung einer Klasse von Problemen zu entwickeln. Da Datenerfassung sehr aufwendig ist, müssen die Organisationslösungen auch für nachfolgende Rechnergenerationen nutzbar sein. Dies ist nur bei Einhaltung standardisierter Schnittstellen zu erreichen. Ein breites Feld kreativer Tätigkeit öffnet sich hiermit für Wissenschaftler, Systemanalytiker, Entwickler, Technologen und Ökonomen.

Ökonomische Effekte des Einsatzes von CAD-Systemen bilden insbesondere:

- Steigerung der Arbeitsproduktivität in den produktionsvorbereitenden Bereichen bis zu 500 %,
- Verkürzung von Entwicklungs- und Überleitungszeiten um 30 ... 65 %,
- Senkung der Materialkosten je Anwenderfall um 15 %, bei Anwendung von Optimierungsverfahren bis zu 55 %,
- Verringerung der Durchlaufzeiten neuer Erzeugnisse um 50 %,
- Erhöhung der Innovationsrate auf > 30 %,
- Verbesserung der Qualität der Erzeugnisse,
- Verbesserung der Konstruktions- und Fertigungsunterlagen und Verringerung der Fehlerquoten,
- Minderung des Aufwandes für Änderungen,

- Verbesserung der innerbetrieblichen Kommunikation,
- Einsparung von Arbeitskräften in den Bereichen Forschung, Entwicklung und Produktionsvorbereitung und Gewinnung von Arbeitskräften für andere Aufgaben,
- Arbeitszeiteinsparung je 1 TM CAD-Investitionen in Höhe von 50 ... 60 h,
- Produktionszuwachs an neuen Erzeugnissen je 1 TM CAD-Investitionen in Höhe von 5 ... 8 TM,
- Anreicherung der Arbeitsinhalte mit schöpferischen Komponenten,
- Verbesserung der Arbeitsbedingungen.

5.3. Computergestützte Produktionsvorbereitung und Produktionsdurchführung (CAM)

CAM-Arbeitsstationen dienen der computergestützten Bearbeitung von Aufgaben

- zur Herstellung von prozeßbezogenen Fertigungsunterlagen,
- der technologischen Planung und operativen Leitung und Kontrolle von Fertigungs-, Montage-, Transport-, Umschlag- und Lagerprozessen,
- der Qualitätssicherung,
- der Beschaffung und des Absatzes,
- der Planung, Rechnungsführung und Statistik,
- von Leitungsprozessen außerhalb der materiellen Produktion.

CAM-Systeme sind auf die Schaffung von computergestützten Arbeitsplätzen für die technische Vorbereitung der Produktion und für die technologische Projektierung sowie auf die systematische Vervollkommnung der Organisation, Leitung und Planung der Produktion durch die Schaffung eines hierarchisch gegliederten Systems der Datenerfassung und Datenverarbeitung zur Rationalisierung und zur Sicherung einer hohen Kontinuität des Produktionsablaufs orientiert.

Mit wachsender Kompliziertheit der Produkte, der Technologien und Verfahren, mit der Verkürzung ihrer Innovationszyklen sowie mit der Notwendigkeit der Verschmelzung von Erzeugnis- und Verfahrensentwicklung erhöhten sich wesentlich die Anforderungen an die Produktionsvorbereitung.
Daher sind folgende Bedingungen an die Funktion von CAM-Systemen zu stellen:

- Automatisierung der Vorbereitung und Planung von technologischen Prozessen, die an die Entwicklung des Produkts, der Technologie, des technologischen Projektierens und der Hilfsprozesse anknüpfen,
- automatisierte Speicherung, Verarbeitung und Bereitstellung von Informationen aus der Technologie mit dem Ziel der automatisierten Ausarbeitung der Fertigungsverfahren und der Durchführung von Kapazitätsberechnungen,
- automatisierte Durchführung von Kontroll-, Meß-, Handhabungs- und Transportoperationen,
- Gestaltung und Weiterentwicklung der Software für die Aufteilung des technologischen Ablaufs, die Strukturierung des Produktionssystems und der Hilfsprozesse,
- Automatisierung der Arbeitsplanung mit Planung der Fertigungsmethoden, Investitionsplanung, Materialplanung, Fertigungsmittelplanung, Ablaufplanung, Zeitplanung und Kostenplanung,
- Integration in das einheitliche betriebliche Informationssystem, das die Verflechtung der einzelnen Teilsysteme sowie eine einheitliche Manipulation mit der Datenbasis ermöglicht.

Die Einsatzvorbereitung von CAM-Systemen ist daher auf die Realisierung von 3 Aufgaben gerichtet:

1. Automatisierung von Teilprozessen mit dem Ziel, ein abgestimmtes Automatisierungsniveau mit der notwendigen Integration der modularen Elemente zu erreichen.
2. Erarbeitung der Software für den Entwurf eines operativen

Planes für die Organisation und Echtzeit-Steuerung des Produktionsprozesses, für die Kontrolle seines Ablaufes und die Anpassung der Struktur des Produktionsprozesses für neue, veränderte Fertigungsbedingungen.

3. Automatisierte Speicherung, Verarbeitung und Bereitstellung von Informationen über den Produktionsprozeß und den Auslastungsgrad der Maschinen und Anlagen im Rahmen einer Computerhierarchie.

Die durchgeführten Analysen verdeutlichen, daß in vielen Betrieben der Industrie der DDR Maßnahmen zur Vorbereitung und Nutzung von computergestützten Arbeitsplätzen für die Produktionsvorbereitung und Produktionsdurchführung eingeleitet werden.

Erste Erfahrungen zeigen aber auch, daß das wissenschaftliche Niveau und die Komplexität der verwendeten Software entscheidend für die erreichten Effekte sind. Das Problem besteht zunächst darin, daß die in der Produktion durchzuführenden Be- und Verarbeitungsprozesse sowie die Organisation und Gestaltung von Prozeßfolgen in der Sphäre der technischen und organisatorischen Vorbereitung der Produktion eine mathematische Modellierungsmöglichkeit und eine Optimierung erfordern. Dies ist für die weitere Effektivitätsentwicklung der Kombinate und Betriebe von außerordentlicher Bedeutung, wenn man davon ausgeht, daß 70 - 80 % der Kosten aus den der Produktion vorgelagerten Phasen resultieren und sich wesentlich durch kreative Lösungskonzepte beeinflussen lassen.

In einem der untersuchten Betriebe wurde die Aufgabe gestellt, die bisher manuelle Erstellung der Bauschaltlisten, der Steuerlochstreifen für einen Verdrahtungshalbautomaten und der Prüflochstreifen für ein Prüfgerät durch den Einsatz rechnergestützter Arbeitsplätze so zu vereinfachen, daß die Durchlaufzeiten reduziert werden, die gesellschaftlich notwendige Arbeitszeit sinkt und die Fehlerquote der Produktionsvorbereitung gemindert wird.

Das Ziel dieses punktuell einzusetzenden rechnergestützten Arbeitsplatzes bestand darin, den Arbeitszeitaufwand pro Verdrahtungsrahmen um 80 % und die Durchlaufzeit der Unterlagenerstellung bei einem Basiszustand von 6 - 8 Wochen auf 3 Tage, d. h. um 93 ... 95 % zu senken.

Die Automatisierung der Kontroll-, Meß- und Prüfprozesse soll dabei zu Nullaufwendungen bei Nacharbeit führen. Auf der Grundlage dieser Erfahrungen wird gegenwärtig ein betriebliches Konzept für die Entwicklung von computergestützten Arbeitsplätzen für andere Arbeitsstufen der Produktionsvorbereitung und -durchführung erarbeitet.

Andere Betriebe legen die Schwerpunkte des Einsatzes von CAM-Systemen auf die Automatisierung von Prozessen der

. Planung,
. Materialbeschaffung,
. Materialbereitstellung,
. Technologie

mit dem Ziel der kurzfristigen Bereitstellung notwendiger Belege.
Dazu zählen

- Materiallisten für Vordisposition,
- Fertigungsstücklisten zur Produktionsfortschrittskontrolle,
- Arbeitszeitaufwand je Kostenstelle und Arbeitsgruppe,
- Arbeitsbegleitkarte,
- Terminkarte,
- Lohnschein,
- Materialschein,

Diese sehr unterschiedlich gelagerten CAM-Projekte verdeutlichen gleichzeitig die Notwendigkeit des Überganges zu immer komplexeren Aufgabenstellungen des Computereinsatzes in folgende Richtungen:

1. Der Computereinsatz wird auf die Verarbeitung der in der Produktionsvorbereitung entstehenden Daten für den Bedarf der Planung und die Produktionsleitung konzentriert. Aus der technischen Dokumentation werden primäre technisch-ökonomi-

sche Informationen über Erzeugnisstruktur, Werkstoffart, Werkstoffmenge, Arbeitsaufwand für einzelne Teile und Montageeinheiten entnommen und zur automatisierten Verarbeitung von Daten über Fertigungszeiten und Materialverbrauch für Erzeugnisse zur Zusammenstellung und Bilanzierung der Produktionspläne und für die Prozeßsteuerung verwendet.

2. Der Computereinsatz erfolgt für die Automatisierung der technischen Arbeiten im unmittelbaren Prozeß der technologischen Produktionsvorbereitung.
   Hierzu gehören:
   - Technologische Berechnungen zur Vorbereitung der Fertigung neuer Erzeugnisse,
   - Modellierung und Simulation technologischer Abläufe,
   - Erarbeitung variabler Steuerprogramme für NC/CNC-Maschinen und Fertigungsabschnitte,
   - Entwicklung neuer Technologien und Verfahren.

Komplexe Systeme dieser Art lassen bereits Formen des Überganges zu integrierten CAD/CAM-Systemen erkennen.
Aus den durchgeführten betrieblichen Analysen leiten sich folgende Tendenzen der Haupteinsatzgebiete von CAM-Systemen ab:

- Technologische Planung und organisatorische Produktionsvorbereitung:
  - Aufbau und Änderungsdienst technologischer Stammdaten,
  - Programmierung numerisch gesteuerter Fertigungszellen und Fertigungssysteme.
- Produktionsprozeßsteuerung:
  - Schnittwertoptimierung,
  - Fertigungssteuerung von technologischen Teilprozessen,
  - Produktionsüberwachung,
  - Qualitätsanalyse und Optimierung,
  - operative Lenkung der Produktion, der Transport-, Umschlags- und Lagerprozesse,
  - Planung, Optimierung und Abrechnung von Transportprozessen,
  - absatzgesteuerte Baugruppenmontage.

- Planung:
  - Produktionsplanung,
  - Kapazitätsplanung,
  - Materialwirtschaft und Lagerbestandsführung,
  - Absatzplanung,
  - Vertragsauslösung und Vertragskontrolle,
  - Investitionsvorbereitung.
- Rechnungsführung und Statistik,
- Aufbau computergestützter Leiterarbeitsplätze zur Vorbereitung von Leitungsentscheidungen.

Der Übergang zu komplexeren CAM-Lösungen ist naturgemäß mit einem höheren Software-Aufwand verbunden.

Aus den durchgeführten Untersuchungen ergab sich dabei die Kostenverteilung für Hardware, Software, Prozeßanalyse und Einsatzvorbereitung nach Tab. 5.3.

Lfd. Nr.	Kostenelement	1985	1986
1	Hardware	38,6	50,9
2	Software	45,0	35,0
3	Prozeßanalyse	2,1	4,6
4	Einsatzvorbereitung	14,3	9,5

<u>Tab. 5.3:</u> Kostenverteilung untersuchter CAM-Stationen (%)

Beim Vergleich der Kostenelemente in den Jahren 1986 und 1985 wird eine Erhöhung des Anteils für die Hardware erkennbar. Diese Entwicklung ist darauf zurückzuführen, daß CAM-Systeme anspruchsvoller in ihrer Konfiguration werden und sich bereits in ihrer Funktionsbreite durch einen höheren Grad an Integration und Komplexität auszeichnen.

Bei der Softwareentwicklung ist einzuschätzen, daß dieser Anteil weiter steigt, da sowohl die verstärkte Anwendung von Simulations- und Optimierungsverfahren als auch die Integration von

CAD- und CAM-Systemen zu CAD/CAM-Systemen erhöhte Anforderungen an die Softwareerarbeitung stellen.

5.4. Integrierte CAD/CAM-Systeme

Mit der verstärkten Entwicklung und Anwendung von Schlüsseltechnologien, insbesondere der Mikroelektronik, ist die Orientierung verbunden, in allen Zweigen und Bereichen der Volkswirtschaft komplexe Lösungen für die Entwicklung und Produktion innovativer Erzeugnissortimente, die Erhöhung der Material- und Energieökonomie sowie die Rationalisierung von Arbeitsprozessen und die Verbesserung der Arbeits- und Lebensbedingungen der Menschen auf der Grundlage der breiten Entwicklung und Anwendung der Automatisierungstechnik einzusetzen. Auf dem XI. Parteitag der SED wurde dazu die Aufgabe gestellt, bedeutende ökonomische Effekte bei der zielgerichteten und beschleunigten Anwendung der rechnergestützten Projektierung, Konstruktion, Produktionsvorbereitung und Produktionsdurchführung (CAD/CAM) im Zeitraum 1986 - 1990 zu erreichen. /5. 5 /

Das Wesen der Schlüsseltechnologie CAD/CAM besteht im komplexen Einsatz arbeitsplatzbezogener Computertechnik für die Einzeltechnologien CAD und CAM im Sinne ihrer Integration zu Automatisierungslösungen, die den gesamten Reproduktionsprozeß umschließen. Mit der Einsatzvorbereitung von CAD/CAM-Systemen sind daher folgende grundlegende Zielsetzungen zu realisieren:

1. Gewährleistung funktionierender Wechselbeziehungen zwischen Forschung, Entwicklung, Technologie und Produktion zur Sicherung hoher Innovationsraten.

2. Optimierung des Ressourceneinsatzes, der Material- und Lagerwirtschaft.

3. Fertigungsgerechte Gestaltung innovativer Erzeugnissortimente.

4. Sicherung einer hohen Erzeugnisqualität.

5. Gewährleistung einer flexiblen Lieferbereitschaft entsprechend den Absatzerfordernissen bei Reduzierung der Durchlaufzeit der Erzeugnisse.

6. Sicherung des Informationsbedarfs für Leitungsentscheidungen durch Schaffung transparenter Informationsflüsse unter Nutzung von Datenbank- und Expertensystemen.

Die Einheitlichkeit und Durchgängigkeit des Reproduktionsprozesses erfordern eine computergestützte Informationsverarbeitung, um die Automatisierung der Produktionsvorbereitung dem gegenwärtigen Niveau der Automatisierung in der Produktionsdurchführung anzupassen und Voraussetzungen für die weitere Erhöhung des Produktivitäts- und Effektivitätsniveaus auf der Basis eines qualitativ höheren Automatisierungsgrades der produktiven und nichtproduktiven Bereiche zu schaffen.

Demzufolge erfolgt die Projektierung von CAD/CAM-Systemen mit dem Ziel des schrittweisen Aufbaus eines integrierten Systems der technisch-ökonomischen Planung (vielfach als CAP innerhalb von CAD/CAM bezeichnet), der technischen Produktionsvorbereitung, der Produktionsdurchführung sowie der Abrechnung und Analyse dieser Prozesse. Damit erhöht sich die Bedeutung der Produktionsvorbereitung im betrieblichen Reproduktionsprozeß.

Diesen Anforderungen entspricht die in der DDR geltende Definition integrierter CAD/CAM-Systeme. Sie dienen der durchgängigen Automatisierung der Informationsverarbeitung für die ingenieur-technischen, technisch-ökonomischen und technisch-organisatorischen Arbeitsprozesse bei der Vorbereitung und Durchführung der Prozesse einschließlich der Qualitätssicherung. Die Informationsverarbeitung und der Informationsaustausch erfolgen durch funktionell miteinander verbundene CAD/CAM-Arbeitsstationen auf der Grundlage eines betriebsorganisatorischen Orgware-Konzeptes.

CAD/CAM-Arbeitsstationen dienen der Lösung von Aufgaben und zur Entscheidungsfindung im unmittelbaren Dialog zwischen Mensch und Arbeitsstation in allen Bereichen der Volkswirtschaft. Sie bestehen aus einem Bildschirmgerät mit dezentralem Computer (Personal-, Büro-, Arbeitsplatzcomputer) oder einem Bilschirmterminal zentralisierter Computertechnik (mittlere oder Großcomputer) einschließlich der notwendigen peripheren Gerätetechnik und der Software. Zur peripheren Technik zählen spezielle graphische Bildschirmgeräte, Zeichengeräte, Digitalisiergeräte, Drucktechnik und andere Mittel zur Ein- und Ausgabe bzw. zur Darstellung von Informationen. Die CAD/CAM-Station kann sowohl autonom betrieben werden als auch unter Einsatz entsprechender Kommunikationstechnik den Zugriff zu leistungsstärkeren Computerressourcen und Datenbanken gewährleisten.

CAD/CAM-Systeme bieten den Vorteil, daß die Konstruktionsdaten innerhalb des Computersystems unmittelbar als Basis für die Fertigung verwendet werden können. Damit ist potentiell eine Beseitigung von Fehlerquellen verbunden, z. B.

- falsches Lesen von Konstruktionszeichnungen,
- Einsatz falscher Bearbeitungswerkzeuge,
- unzeitiges Auswechseln von Werkzeugen,
- Einsatz einer falschen Bearbeitungsfolge.

CAD/CAM-Systeme sind in Teilsysteme oder Module aufgeteilt, z. B. für statische und dynamische Berechnungen, zum Entwerfen und zur Konstruktion von Teilen und Baugruppen mit 2- oder 3-dimensionaler Darstellung auf Bildschirmen, zur Ausgabe der Zeichnungen mittels Zeichenmaschinen, zur Ableitung der Stücklisten, zur Erarbeitung von Arbeitsplänen, Prüfplänen, Schaltplänen, Lagerplänen und Daten für die Steuerung von NC-Werkzeugmaschinen, flexiblen Fertigungszellen und flexiblen Fertigungssystemen.

Das integrierte CAD/CAM-System erfüllt somit folgende Aufgaben:

- Computergestützte konstruktive Vorbereitung,
- computergestützte technologische Produktionsvorbereitung,
- computergestützte Fertigungsplanung und Fertigungslenkung,
- computergestützte Steuerung technologischer Prozesse,
- computergestützte Koordination dieser Aufgaben untereinander.

Die bisherigen Erfahrungen der Einsatzvorbereitung von integrierten CAD/CAM-Systemen in der DDR zeigen, daß die wissenschaftlich-technische, technologische und ökonomische Durchdringung des zu automatisierenden Gesamtsystems unter Einsatz systemanalytischer Methoden wesentliche Voraussetzungen für die Schaffung automatisierungsgerechter Organisationslösungen bilden. Sie ermöglichen die Herausarbeitung und Modellierung der vielfältigen Verflechtungsbeziehungen sowie ein integrativ zu gestaltendes Informationssystem.

Die dafür notwendige Software entwickelt sich in diesem Prozeß zu einem Schwerpunkt der Einsatzvorbereitung. Anforderungen an Qualität, Umfang und Kosten dieser Software stehen in unmittelbarer Beziehung zu der angestrebten Integrationsstufe.

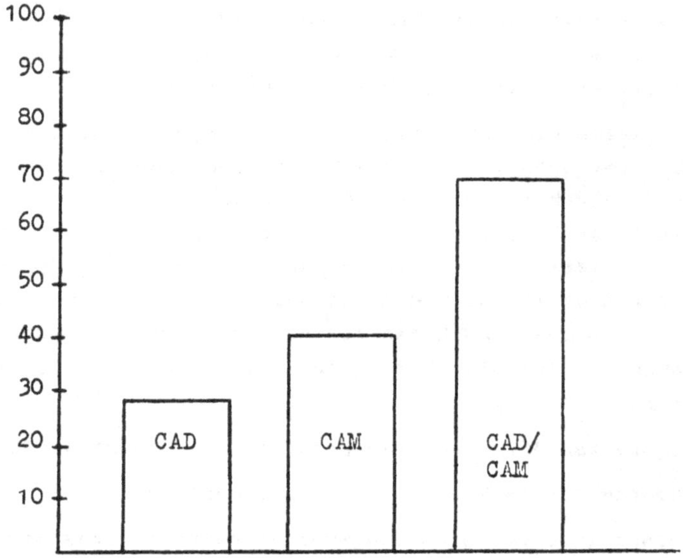

Bild 5.2: Anteil der Softwarekosten 1985/86 an den Gesamtkosten pro System (%)

Die Kompliziertheit und der Anspruch dieser Aussage werden noch deutlicher, wenn man den Kostenaufwand für die Software-Entwicklung pro System aufgrund bisheriger Erfahrungen vergleicht.

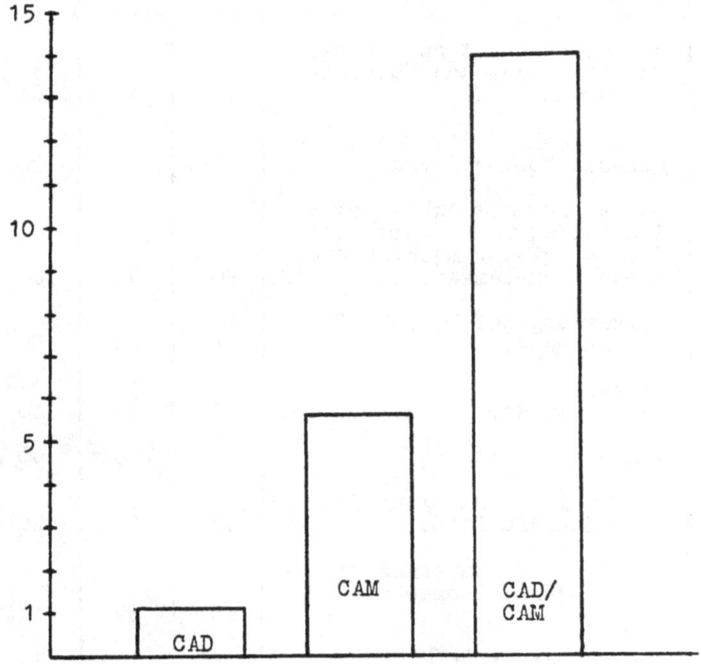

Bild 5.3: Kostenaufwand 1985/86 für die Software-Entwicklung (Kosten für 1 CAD-System ≙ 1)

Zur Lösung der mit dem Übergang zu integrierten CAD/CAM-Systemen wachsenden Aufgaben der Softwareentwicklung müssen in den Kombinaten leistungsfähige Potentiale für die Produktion anwendungsspezifischer Software mit einer leistungsfähigen materiell-technischen Basis aufgebaut werden. Hierfür sind Softwarestrategien erforderlich (vgl. Kapitel 6).

Die durchgeführten Analysen ergaben die in Tabelle 5.4 zusammengefaßten Effekte des Einsatzes computergestützter Arbeitsplätze.

Lfd. Nr.	Effekt	CAD	CAM	CAD/CAM
1	Reduzierung der Forschungs-, Entwicklungs- und Überleitungszeiten (%)	37	44	61
2	Kostensenkung der technologischen Vorbereitung (%)	30	40	50
3	Steigerung der Arbeitsproduktivität in Konstruktion, Technologie, Projektierung, Produktionslenkung (%)	90	190	500
4	Verkürzung der Durchlaufzeiten gesamt (%)	34	40	50
5	Verkürzung der Durchlaufzeiten in der Produktion (%)	20	18	40
6	Innovationsrate (%)	30	28	60
7	Materialkostensenkung je Anwendungsfall (%)	19	12	20
8	Arbeitszeiteinsparung je 1 TM Investitionsaufwand [h]	60	82	...
9	Rückflußdauer [a]	2	1,9	1,5

Tab. 5.4: Ökonomische Ergebnisse des Einsatzes computergestützter Arbeitsplätze in den untersuchten Kombinaten der DDR (Durchschnitt)

In Verallgemeinerung von Erfahrungen aus bisher realisierten CAD/CAM-Systemen lassen sich zwei Tendenzen erkennen:

Die Realisierung vertikal durchgängiger CAD/CAM-Lösungen erfaßt den Gesamtprozeß Forschung - Entwicklung - Produktion und ist auf Erzeugnisse mit begrenzter Sortimentsbreite orientiert. Diese Lösungen finden vorwiegend in den Kombinaten Anwendung, in denen in einem Bereich rechnergestützt konstruiert und in einem anderen Bereich erzeugnisspezialisiert produziert wird.

- Horizontal durchgängige CAD/CAM-Lösungen werden vorwiegend dort angewendet, wo die kombinatseinheitliche Durchsetzung eines bestimmten Teilsystems einer Produktionslinie angestrebt wird, das stufenweise durch die Einbeziehung weiterer Teilsysteme ergänzt wird und auf diese Weise zu einer computergestützten Planung, Vorbereitung und Steuerung des ganzen Reproduktionsprozesses führt.

Die für Leitungsentscheidungen über Tempo, Umfang und Effektivität des CAD/CAM-Einsatzes notwendigen Strategievarianten gehen im Rahmen des in Kapitel 2 entwickelten Szenario-Systems von folgenden Zielen und Bedingungen aus, die als Eingabedaten für die computergestützte Berechnung, Variation und Bewertung von Einsatzstrategien für CAD/CAM-Systeme nach Tab. 5.5 dienen /5.6/.

1. Einschätzung der Entwicklung des Leistungsumfanges, der in den Vorbereitungs- und Leitungsbereichen bis zum Jahre 2000 zu bewältigen sein wird - insbesondere im Hinblick auf
   - Produktionserhöhung,
   - Sortimentsverbreiterung,
   - kürzere Innovationszyklen,
   - kürzere Lieferfristen.
2. Bestimmung der erforderlichen Produktivitätssteigerung in diesen Bereichen und Bestimmung des potentiellen Automatisierungsgrades.
3. Formulierung von Zielstellungen für die mehrschichtige Auslastung der CAD/CAM-Stationen in den Vorbereitungs- und Leitungsbereichen sowie von Mindestforderungen für Arbeitsinhalte und Arbeitsbedingungen für die an den Stationen Tätigen.
4. Bestimmung der künftigen Proportionen des Einsatzes dezentralisierter Stationen unter Einsatz von Personalcomputern und des Einsatzes zentraler Großrechner mit dezentralen Terminaleinheiten.
5. Abschätzung des Investitionsaufwandes unter Berücksichtigung der voraussichtlichen Kostenentwicklung

Eingabedaten (Auswahl)		Ausgabedaten (Auswahl)	
Lfd. Nr.	Bezeichnung	Lfd. Nr.	Bezeichnung
1	Künftige Bedarfsentwicklung der Anforderungen an Vorbereitungs- und Leitungsbereiche	1	Anzahl automatisierbarer Arbeitsplätze im Vorbereitungs- und Leitungsbereich
2	Koeffizient der erforderlichen Produktivitätssteigerung	2	Anzahl erforderlicher CAD/CAM-Stationen
3	Anzahl verfügbarer Arbeitskräfte im Vorbereitungs- und Leitungsbereich	3	Anzahl erforderlicher zentraler/dezentraler Computer
4	Gegenwärtiger Schichtfaktor im Vorbereitungs- und Leitungsbereich	4	Realisierungsgrad der Arbeitsinhalte
		5	Realisierungsgrad der Arbeitsbedingungen
5	Potentieller Automatisierungsgrad durch CAD/CAM-Einsatz	6	Investitionen für CAD/CAM-Hardware/Software gesamt
6	Künftiger CAD/CAM-Schichtfaktor	7	Anteil der CAD/CAM-Investitionen an den Ausrüstungsinvestitionen
7	Koeffizient der Arbeitsinhalte		
8	Anzahl der Computer je CAD/CAM-Station	8	Anzahl der Arbeitskräfte an CAD/CAM-Stationen
9	Koeffizient der Arbeitsbedingungen	9	Arbeitskräftegewinnung durch CAD/CAM-Stationen
10	Hardware-Kosten je CAD/CAM-Station	10	Rückflußdauer für CAD/CAM-Systeme
11	Ausrüstungsinvestitionen gesamt		
12	Kostensenkung und Gewinnzuwachs je CAD/CAM-Station		

Tab. 5.5: Wesentliche Ein-/Ausgabedaten des Szenarios CAS

- für Hardware bei künftig sinkenden Kosten für mikroelektronische Bauelemente und potentiell steigendem Aufwand beim Übergang zu wissensverarbeitenden Systemen,
- für Software im Hinblick auf künftige komplexe Lösungen.

6. Ermittlung der Effektivität von CAD/CAM-Stationen unter Einbeziehung
   - der Kostensenkungen durch Gewinnung von Arbeitskräften und Gestaltung rationellerer Arbeitsabläufe,
   - des Gewinnzuwachses durch höhere Flexibilität und kürzere Innovationszyklen,

   der als dynamische Effektivität realisiert wird.

Bausteine des Szenarios CAS bilden in Analogie zum FMS-Szenario

- Ermittlung des automatisierwürdigen Potentials an Arbeitsplätzen mit Ausweis der Anzahl erforderlicher CAD/CAM-Stationen, zentralisiert und dezentralisiert einzusetzender Computer und CAD/CAM-Arbeitsplätze,
- Berechnung des Aufwandes an Hardware und Software für computergestützte Arbeitsplätze mit Ausweis des Anteils der CAD/CAM-Investitionen an den Gesamtinvestitionen,
- Nachweis der durch flexible Automatisierung von Informationsprozessen auf den Gebieten von Forschung und Entwicklung, Konstruktion und Projektierung, Planung und Bilanzierung, Produktionsvorbereitung und Produktionssteuerung, Absatz und Abrechnung erreichbaren Kostensenkung und des durch verkürzte Entwicklungszeiten neuer und weiterentwickelter Erzeugnisse möglichen Gewinnzuwachses, des Umfangs zu gewinnender Arbeitskräfte und der Rückflußdauer der einzusetzenden Investitionen.

Als Ergebnis des CAS-Szenarios werden die Daten nach Tabelle 5.5 ausgegeben, die solche relevanten Angaben wie

- Anzahl der automatisierwürdigen Arbeitsplätze im Vorbereitungs- und Leitungsbereich,

- Anzahl der erforderlichen CAD/CAM-Stationen und Computer,
- Anzahl der für neue Aufgaben gewonnenen Arbeitskräfte,
- Realisierungsgrad von Arbeitsinhalten und Arbeitsbedingungen,
- Kostenaufwand für Hardware und für Software,
- Kostensenkung und Gewinnzuwachs insgesamt sowie Dauer des Rückflusses der CAD/CAM-Investitionen

als Basis strategischer Leitungsentscheidungen beinhalten.

Die ermittelten Daten über den Umfang der erforderlichen Software gehen nach Bild 2.10 unmittelbar in das Software-Szenario SOW (vgl. Kapitel 6) ein, um die Deckung des Software-Bedarfs für CAD/CAM-Systeme strategisch abzusichern /5.7/.

6. Grundlagen und Bedingungen zur Entwicklung von Softwarestrategien der flexiblen Automatisierung

6.1. Einleitung

Die flexible Automatisierung ist eine der wichtigsten Basisinnovationen der achtziger und neunziger Jahre und wird in vielen Wirtschaftseinheiten, Industriezweigen und volkswirtschaftlichen Bereichen einen grundlegenden Wandel herbeiführen. Über Wesen und Elemente der flexiblen Automatisierung bestehen im wesentlichen einheitliche Auffassungen; Gegenstand intensiver Forschungsarbeit ist hingegen ihre mittel- und langfristige Perspektive /6.1/, /6.2/, /6.3/, /6.4/. In vielen Ländern und Ländergruppen wurden staatliche Programme ausgearbeitet, mit denen auf die flexible Automatisierung bedeutende Mittel und Kapazitäten konzentriert werden /6.5/, /6.6/.

Die flexible Automatisierung wird durch die stürmische Entwicklung von zumindest drei Gebieten geprägt:

- Konzepte, Methoden und Verfahren zum Entwurf sowie zur Organisation von Produktions- und Informationssystemen (Brainware und Orgware),
- automatisierte Produktions- und Informationstechnik (Hardware),
- Programme zum Betreiben der Informationstechnik (Software).

Die relative Eigendynamik der Softwareentwicklung /6.7/ findet im Entstehen der Softwareindustrie /6.8/ ihren Ausdruck und bedingt die Notwendigkeit, Softwarestrategien als Bestandteil der Strategien zur flexiblen Automatisierung zu entwickeln, die auf funktionierende Gesamtsysteme in ihrer Integration von Menschen, Maschinen und Software zielt. Software hat einen erheblichen Anteil an der Neuwertschöpfung. "Die Softwarelösung eines flexiblen Produktionssystems und ihre Integration in die Organisation des entsprechenden Anwenders ist die entscheidende Frage insbesondere in bezug auf die kommerzielle Effektivität eines solchen Systems." /6.9/.

Mit dem Übergang der Fertigungsautomatisierung von der gegenwärtigen Phase des Systemverkaufs zur Phase des Integrationsverkaufs wird die Software zum bestimmenden Element /6.10/.

Es ist deutlich sichtbar, daß die flexible Automatisierung den gesamten Reproduktionsprozeß umfassen wird und sich nicht auf die unmittelbare Fertigung reduziert; so zeichnet sich auch die flexible Automatisierung der Leitung ab /6.11/.

Diese komplexe Sicht auf die Automatisierung der gesellschaftlichen Produktion insgesamt ist allen bisher bekannt gewordenen nationalen Programmen eigen. Sie hat auch in der Entwicklung des CIM-Konzeptes ihren Niederschlag gefunden (vgl. Bild 6.1) und bildet den Rahmen für die Erarbeitung von Softwarestrategien der flexiblen Automatisierung.

Die Entwicklung und kommerzielle Anwendung der mit den Rechnersystemen der 5. Generation verbundenen flexiblen Automatisierungssysteme und Roboter stellt einen neuen ökonomischen Faktor mit globaler Dimension dar /6.13/. Daher besteht eine wichtige Aufgabe der strategischen Forschung darin, wesentliche Ziele, Widersprüche, Entwicklungstendenzen und Effekte der Softwareproduktion für die flexible Automatisierung von ihrer qualitativen und quantitativen Dimension unter Beachtung der Dialektik von Software und Hardware aufzudecken. Ansätze zu ihrer Lösung sollen in diesem Kapitel vorgestellt werden.

6.2. Software für die flexible Automatisierung: Systemdarstellung /6.14/

Software für die flexible Automatisierung ist sehr vielfältig. Zur Orientierung werden deshalb Klassifikationen und Gruppierungen benötigt, die verschiedene Sichtweisen auf die Software ermöglichen. Als Anhaltspunkt kann die in der Regel isomorphe Struktur von Hardware und Software in Systemen der flexiblen Automatisierung gelten. Konzepte, Strukturen und Funktionen von Systemen sind jedoch so stark miteinander verbunden, daß die Herauslösung eines Merkmals zur Klassifikation oder Gruppierung erhebliche Schwierigkeiten bereitet /6.15/.

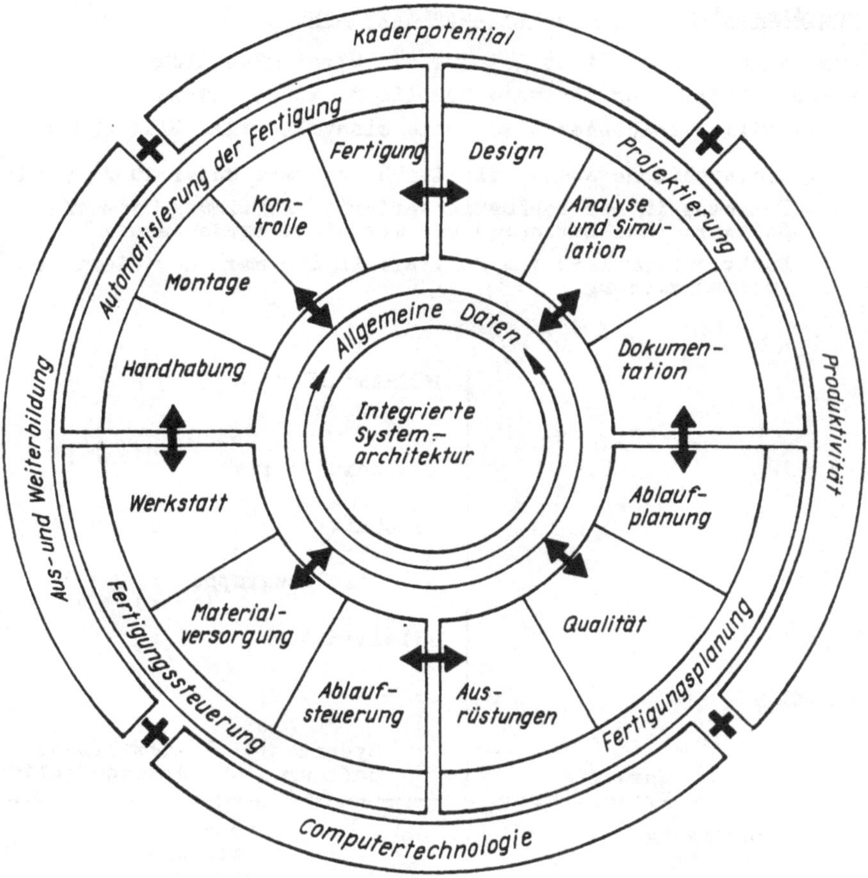

Bild 6.1: CIM-Konzept /6.12/ als Rahmen für die Erarbeitung von Softwarestrategien

Mehrdimensionale Software-Klassifikation

Aus gegenwärtiger Sicht ist für die Strategienbildung eine Klassifikation von Software für die flexible Automatisierung hinsichtlich folgender 3 Merkmale sinnvoll (vgl. Bild 6.2):

- Hierarchische Ebene, die durch Software unterstützt wird;
- Prozesse in der rechnerintegrierten Fertigung, die mit Software (und Hardware) automatisiert werden sowie
- Funktionskomplexe von Software in Systemen der flexiblen Automatisierung.

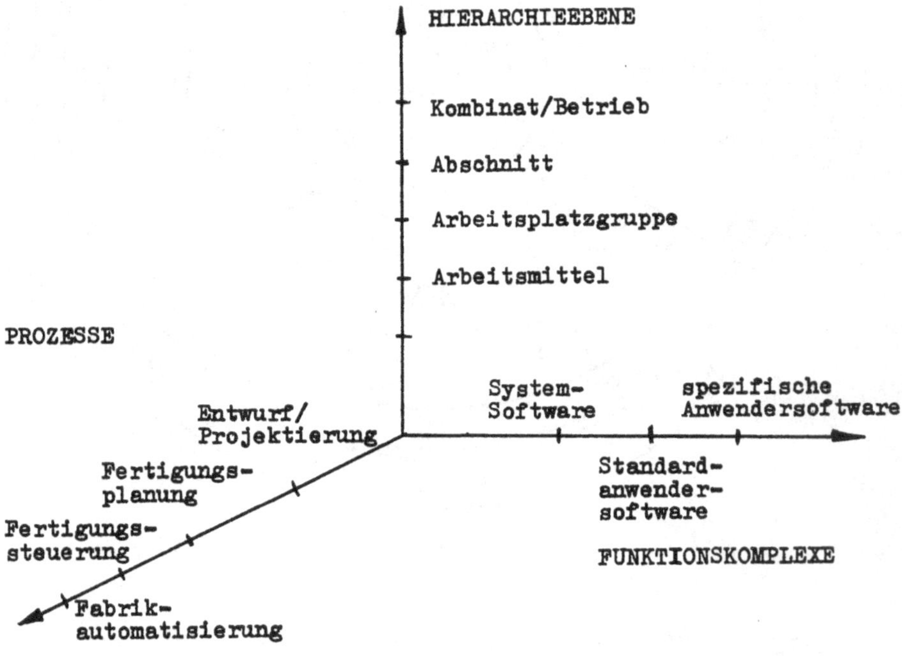

Bild 6.2: Klassifikation von Software für die flexible Automatisierung

An dieser Stelle sollen fünf hierarchische Ebenen unterschieden werden:

1. Kombinat/Betrieb,
2. Bereich,
3. Abschnitt,
4. Arbeitsplatzgruppe,
5. Arbeitsmittel.

Für unseren Untersuchungsgegenstand sind in Übereinstimmung mit Bild 6.1 folgende vier Klassen von automatisierbaren Prozessen ausreichend:

1. Entwurf/Projektierung (engineering design),
2. Produktionsplanung, -organisation und -lenkung (manufacturing planning, organizing und managing),
3. Produktionsprozeßsteuerung (manufacturing control) und
4. Fabrikautomatisierung (factory automation).

Hinsichtlich der Funktionen in Computersystemen wird Software allgemein in

1. Systemsoftware,
2. Standardanwendersoftware und
3. spezifische Anwendersoftware

unterteilt.

Der Hierarchie der Leitungsebenen entspricht eine Hierarchie der Software. Die Anforderungen an die Software (beispielsweise hinsichtlich des Antwortzeit-Verhaltens) unterscheiden sich in den verschiedenen Ebenen grundsätzlich /6.16/, /6.17/.

Die Klassifikation nach automatisierbaren Prozessen widerspiegelt gleichzeitig die Einteilung von Software zur flexiblen Automatisierung nach der Hardware (vgl. Tabelle 6.1), auf der sie eingesetzt wird (NC-Maschinen; Roboter; Geräte zur Qualitätsüberwachung; Systeme zur Produktionsplanung, -organisation und -lenkung; Prozeßsteuerungssysteme; vgl. /6.8/). Wie komplex allein die Robotersoftware ist, verdeutlicht Bild 6.3 /6.8/. Die Prozeß-Klassifikation eignet sich insbesondere für die Erarbeitung von Einsatzstrategien.

Lfd. Nr.	Automatisierbare Prozesse (Hardware)	Software (SW)
1	Entwurf/Projektierung (CAD-Systeme)	- SW zur Erstellung und Manipulation geometrischer Modelle sowie zum Zeichnen (CAD - SW) - SW für wissenschaftlich-technische Berechnungen (CAE - SW) - SW zur Erstellung von Bearbeitungsfolgen und Arbeitsplänen (CAPP - SW) - SW zur NC-Programmierung
2	Fertigungsplanung, -organisation und -lenkung (Systeme zur Planung, Organisation und Lenkung der Fertigung)	- SW zur Klassifikation und Kodierung von Objekten und Prozessen zur Unterstützung der Gestaltungsvorgänge - SW für Planungs- und Lenkungssysteme (CAP - SW) - SW zur Materialplanung
3	Produktionsprozeßsteuerung (NC-Maschinen, Prozeßsteuerungssysteme)	- SW für Transport- und Lagersysteme - SW zur Steuerung, Diagnose und Überwachung von flexiblen Fertigungssystemen und ihren Elementen (u.a. NC-Steuerung - SW) (CAM - SW)
4	Fabrikautomatisierung (Roboter; Meß- und Qualitätsüberwachungsgeräte)	- Roboter - SW - SW für Meß- und Qualitätsüberwachungssysteme (CAQ - SW) - SW für automatisierte Montage (CAA - SW)

Tab. 6.1: Hardware- und Softwarekomponenten (Auswahl) der rechnerintegrierten Fertigung

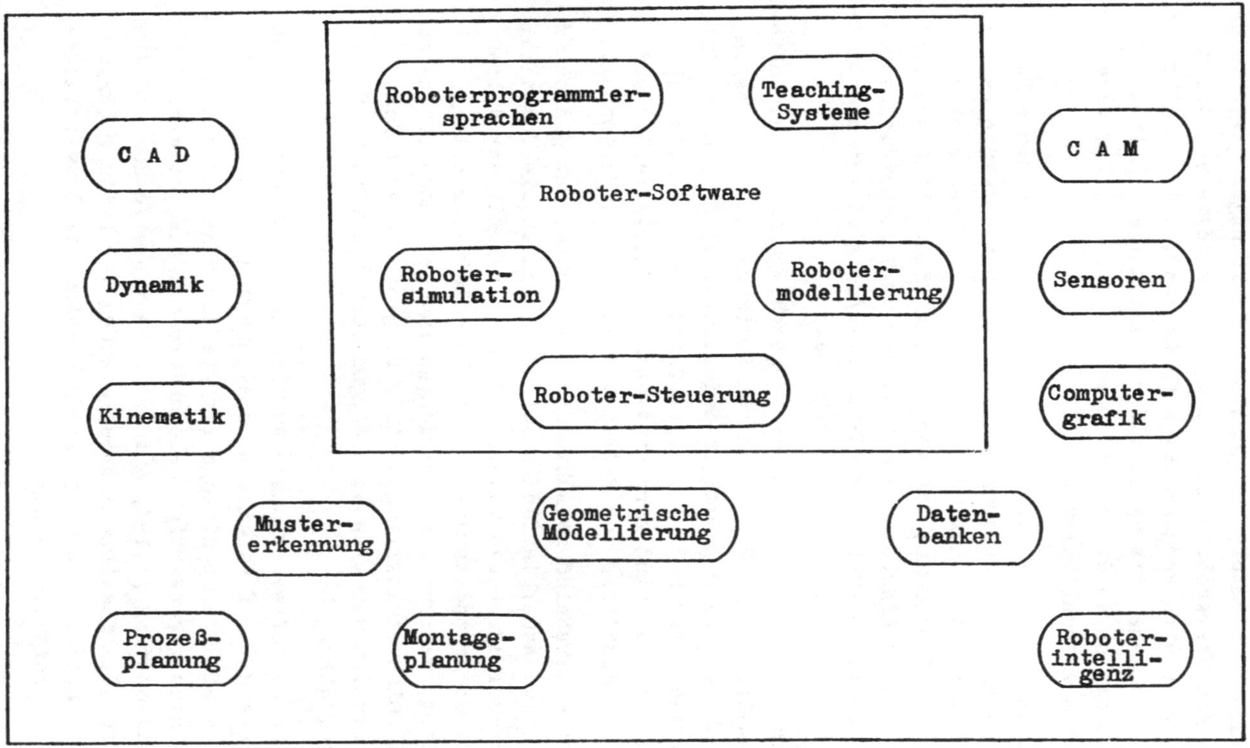

Bild 6.3: Robotik-Software

Die Klassifikation nach Funktionskomplexen der Software bei der Entwicklung von flexiblen automatisierten Lösungen bzw. bei der Steuerung und Überwachung ihrer Komponenten sowie von deren Zusammenwirken wird vorgeschlagen (Bild 6.4), weil sie für die forschungsbezogene Strategienbildung geeignet erscheint: Sie zeigt auch am besten die qualitative Vielfalt der Software für die flexible Automatisierung.

Einige Softwareprodukte aus dieser Klassifikation wie z.B. Betriebssysteme, Sprachverarbeitungs- und Softwareentwicklungssysteme, Datenbanken, Kommunikationssoftware, Steuerungssoftware, Grafiksoftware und Software für die flexible Automatisierung der Leitung (insbesondere Systeme zur Entscheidungsvorbereitung - decision support systems /6.18/)- sind für die Strategienbildung von besonderem Interesse.

Formal ergeben sich somit in der vorgeschlagenen dreidimensionalen Klassifikation 60 Klassen von Software; einige Klassen sind jedoch leer oder praktisch bedeutungslos. In den verbleibenden Klassen wirken jeweils spezifische wissenschaftlich-technische Trends, sind verschiedene Marktführer bestimmend und ist das Verhältnis von Bedarf und Angebot differenziert.

Der größte Unterschied zwischen den Klassen besteht jedoch in den weit auseinanderklaffenden Anforderungen an die Software; auf den Steuerungsebenen ist man in der Regel mit verteilten eingebetteten Echtzeitsystemen (mit Parallelverarbeitung) konfrontiert, während die Anwendungen in der Planungsebene im Normalfall nicht zeitkritisch sind. So große Unterschiede zwischen den Softwareklassen bedingen auch spezifische Softwaretechnologien.

Alle genannten Softwareklassen entwickeln sich nicht nur unter dem Bedarfssog der flexiblen Automatisierung. So bildet beispielsweise ein Querschnittsgebiet wie die künstliche Intelligenz, die sich gegenwärtig insbesondere auf die Software für die Prozeßsteuerung /6.19/, die Grafiksoftware /6.20/ und die Software für die flexible Automatisierung der Leitung (Expertensysteme) auswirkt, eine qualitätsbestimmende Entwicklungsrichtung von Software insgesamt.

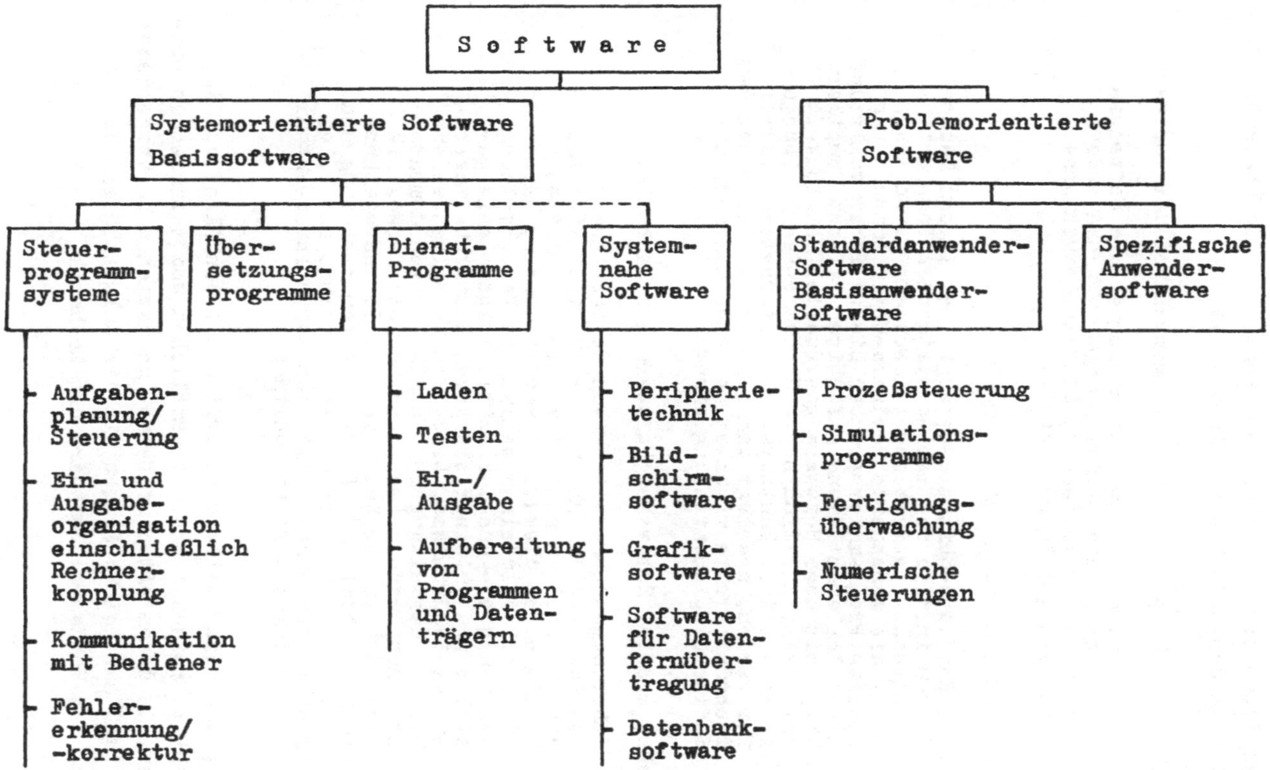

Bild 6.4: Gruppierung von Software für die flexible Automatisierung /6.7/

Von besonderem strategischen Interesse sind die Überschneidungen zwischen den Komponenten, insbesondere:

- zwischen der Hauptproduktivkraft Mensch und der Software:

  Hier sind die Softwaretechnologie, die Softwarepsychologie, die Softwareergonomie und andere Disziplinen angesiedelt, die eine stürmische Entwicklung erkennen lassen.

- zwischen Hardware und Software:

  Die Hardware-Software-Synergie ist in den letzten Jahren infolge der rapide steigenden Komplexität technischer Systeme enger geworden. Davon zeugen u. a. die zunehmende Hardware-Unterstützung von höheren Programmiersprachen bis zu ihrer vollständigen Implementierung auf Chips, Silicon Compiler, Chips mit über Software gesteuerter Möglichkeit zur Rekonfiguration sowie Hardware-Beschreibungssprachen. Wenn heutzutage Computersysteme entworfen werden, überlegt man beim erreichten Stand der Technik bereits mitunter, ob eine Hardware oder Softwareimplementierung sinnvoller ist.

- zwischen Mensch, Hardware, Software und Mechanik:

  Bahnbrechende Resultate von Forschungsarbeiten aus den letzten Jahren, die in einer Vielzahl von Disziplinen erzielt wurden und an dieser Stelle nicht diskutiert werden können, haben die Weichen zu einer teilweisen Verschmelzung der Computer- und der Softwaretechnologie gestellt und zu einer stärkeren Beachtung menschlicher Bedürfnisse, Denk- und Verhaltensweisen bei der Gestaltung und im Einsatz von Computersystemen geführt (man-machine interface). Die sich auch in der Hardware- und Softwaretechnologie ausbreitende flexible Automatisierung und weitere Prozesse haben das Bestreben zur Folge gehabt, von einem isolierten Komponenten-Entwurf zum Systementwurf vorzudringen.

Die Komponentendarstellung schärft somit den Blick auf die Grenzgebiete zwischen wissenschaftlichen und technischen Disziplinen, in denen oft bedeutsame Innovationen hervorgebracht werden, und auf solche Fragen wie die Relation der Kostenentwicklung bei Hardware, Software und Mechanik.

Komponentendarstellung

Die angeführte dreidimensionale Klassifikation ist eine Widerspiegelung der qualitativen Vielfalt von Software für Systeme der flexiblen Automatisierung; zugleich ist ihre Aussagekraft als Ausgangspunkt der Strategienbildung begrenzt. Eine vertiefte Vorstellung des Problems gewährt die (stark vereinfachte) Komponentendarstellung von Systemen der flexiblen Automatisierung. Wie aus Bild 6.5 ersichtlich ist, bestehen diese Systeme stets aus vier Komponenten:

- dem Menschen als Hauptproduktivkraft,
- der Mechanik,
- der Computer-Hardware,
- der Software.

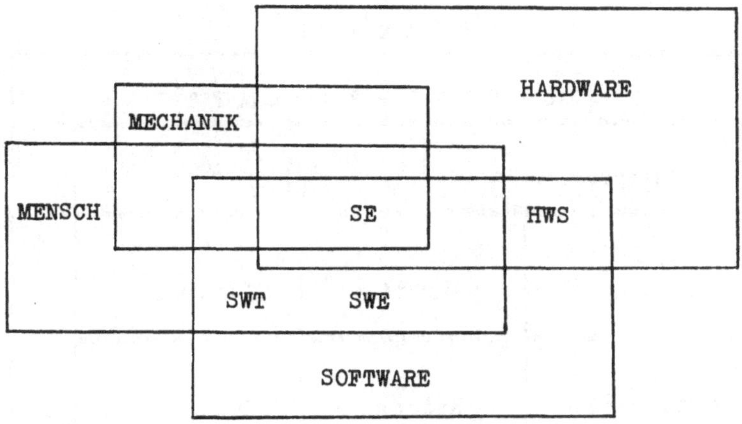

SE Systementwurf
HWS Hardware-Software-Synergie
SWT Softwaretechnologie
SWE Softwareergonomie

Bild 6.5: Komponenten von Systemen der flexiblen Automatisierung

Software als Produkt

Sowohl der dreidimensionalen Softwareklassifikation als auch der Komponentendarstellung von Software für die flexible Automatisierung haftet der Nachteil an, daß die Softwaretechnologie als maßgebliches Mittel zur schrittweisen Bewältigung des weltweiten Softwareproblems nicht ihrer Bedeutung entsprechend repräsentiert ist. Aus diesem Grunde ist es unseres Erachtens für die Strategienbildung erforderlich, die Sichtweise der Software als Produkt einer spezifischen Technologie - eben der Softwaretechnologie - hinzuzufügen (vgl. Bild 6.6):

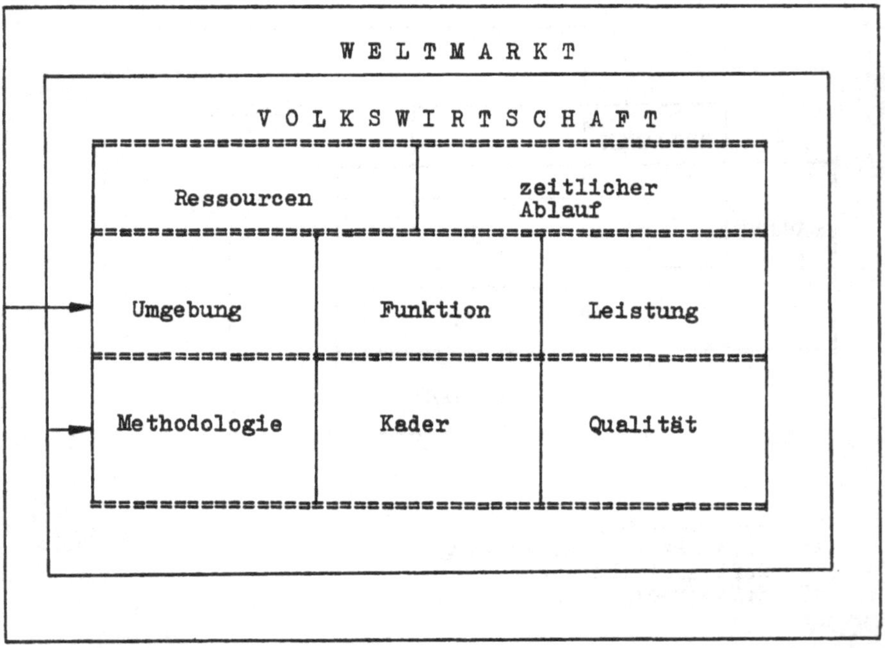

Bild 6.6: Charakteristik der Software als Produkt (adaptiert nach /6.21/

Nach Bild 6.6 gibt es 8 Gruppen von Parametern zur Charakteristik von Software als Produkt. In Ländern mit einer entwickelten Softwareindustrie und Softwareinfrastruktur haben sich bereits Spezialdisziplinen wie Softwareökonomie, Softwaremetrik und Softwaremanagement herausgebildet, die die Relationen zwischen diesen Parametergruppen untersuchen.

Insgesamt erweist sich die Strategienbildung in der Softwareproduktion für Systeme der flexiblen Automatisierung als schwachstrukturiertes Problem, zu dessen Bewältigung ein Wechsel zwischen allen drei vorgestellten Sichtweisen unverzichtbar ist. Diese Schlußfolgerung spiegelt sich in dem Strategiebegriff wider, der im folgenden Abschnitt vorgestellt wird.

6.3. Softwarestrategien: Begriffsbestimmung

Auf der Grundlage der im Abschnitt 6.2. angestellten Überlegungen soll nun der Begriff "Softwarestrategie" bestimmt werden. Eine Softwarestrategie ist das Resultat des iterativen Prozesses der Zielbildung sowie der Ermittlung, vergleichenden Bewertung und Auswahl von Handlungsalternativen (einschließlich der Ressourcen und Rahmenbedingungen) zur Erreichung der vorgegebenen Ziele und gibt zu folgenden Fragen eine Orientierung (vgl. Bild 6.7):

1. Auf welche Hardware ist die Softwareproduktion schwerpunktmäßig und langfristig auszurichten?
   Alternativen entstehen u. a. durch verschiedene mögliche Rechnerarchitekturen, Leistungsklassen und Formen der Rechnerkopplung.

2. Auf welche Hauptanwender (Industriezweige) ist die Softwareproduktion zu konzentrieren, welches Maß an Spezialisierung ist sinnvoll, und wie können die spezifischen Kenntnisse des Anwendungsgebietes erworben und gepflegt werden?
   Als denkbare Hauptanwendungen kommen u. a. in Frage: Wissenschaft, Technik, Prozeßsteuerung, Produktionsautomatisierung in verschiedenen Industriezweigen, Leitung, Planung, Verwaltung, Entscheidungsvorbereitung.

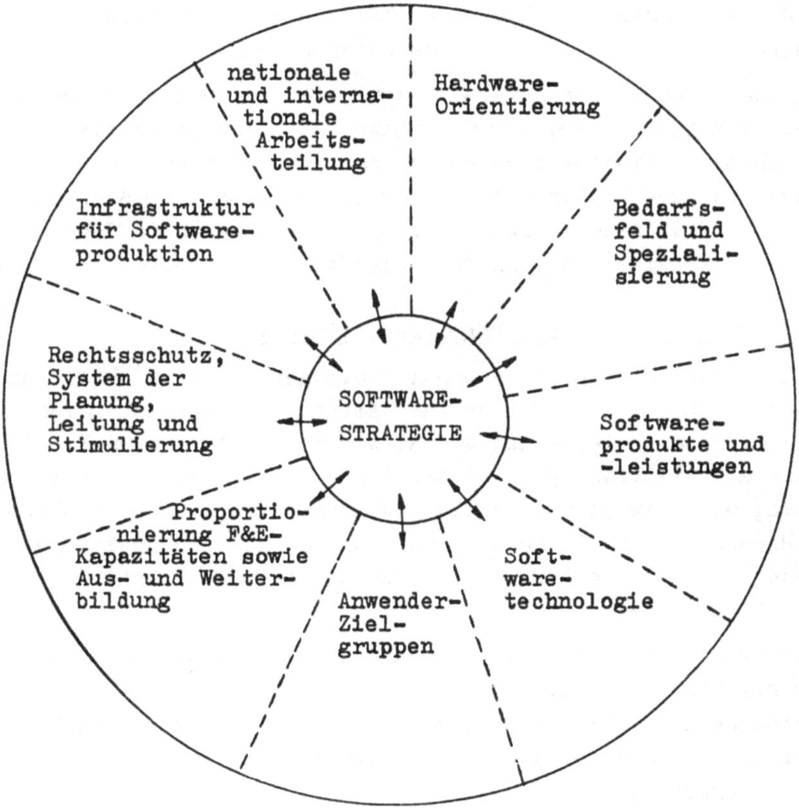

Bild 6.7: Elemente einer Softwarestrategie

3. Mit welchen Softwareprodukten und -leistungen können in der Anwendung die größten Effektivitätsreserven erschlossen werden und langfristig die höchstmöglichen ökonomischen Effekte beim Softwareentwickler erzielt werden?

   Hier ist u. a. auch eine Orientierung in dem breiten Spektrum zwischen schlüsselfertigen Systemen und Systemkomponenten vorzunehmen.

4. Mit welcher Rigorosität sollten die modernen Softwaretechnologien - also insbesondere die künstliche Intelligenz - durchgesetzt werden?

   Hier geht es insbesondere um die Wahl der Automatisierungsschwerpunkte im Lebenszyklus eines Softwareproduktes.

5. Welche Anwender-Zielgruppen sollten vordergründig angesprochen werden?

   Softwareingenieure, Anwenderprogrammierer, "Programmierer für den Hausgebrauch" und Leiter der unterschiedlichen Ebenen stellen auch grundverschiedene Anforderungen an Softwarewerkzeuge und Software-Entwicklungsumgebungen.

6. Welche Proportionen der Forschungs- und Entwicklungskapazitäten und welche Inhalte, Methoden und Formen der Aus- und Weiterbildung sind den Zielen angemessen?

   So ist u. a. zu entscheiden, welcher Teil des verfügbaren Potentials für Grundlagen- und angewandte Forschung in der Softwaretechnologie eingesetzt wird.

7. Welche Formen des Rechtsschutzes sowie der Förderung, ökonomischen Stimulierung und Wirtschaftsorganisation auf der Ebene der Volkswirtschaft und der Wirtschaftseinheiten und welche Leitungsmethoden sind der Softwareproduktion adäquat?

   Mögliche Optionen in der Wirtschaftsorganisation sind z. B. Unabhängigkeit von Hardware- und Softwarehersteller oder die Integration beider Richtungen in Wirtschaftseinheiten; beim Rechtsschutz stehen u. a. Patent- und Urheberrecht sowie der Schutz der Warenzeichen zur Auswahl.

8. Auf welche Weise kann die Infrastruktur für die Softwareproduktion gefördert und genutzt werden?

   Es ist über finanzielle Mittel für die Pflege oder Nutzung von Datenbanken und Kommunikationsnetzen, über die Gestaltung von Kontakten zu wissenschaftlichen Gesellschaften und viele weitere Fragen zu entscheiden.

9. Welche Formen der Einbindung in die nationale und internationale Kooperation und Arbeitsteilung in Forschung, Entwicklung, Produktion und Einsatz sind am effektivsten?

   Hier sind u. a. Kauf und Austausch von Lizenzen, Kooperation in Forschung und Entwicklung denkbare Optionen.

Für das Gebiet der flexiblen Automatisierung sind einige der aufgeführten Fragestellungen zu präzisieren.

6.4. Rahmenbedingungen für die Software-Strategienbildung

Die Rahmenbedingungen in der DDR für die Ausarbeitung von Softwarestrategien für die flexible Automatisierung werden weitgehend durch die in Bild 6.8 dargestellten Komponenten geprägt.

Auf strategisch relevante internationale Entwicklungstendenzen der Softwaretechnologie gehen wir im Abschnitt 6.6. ein.

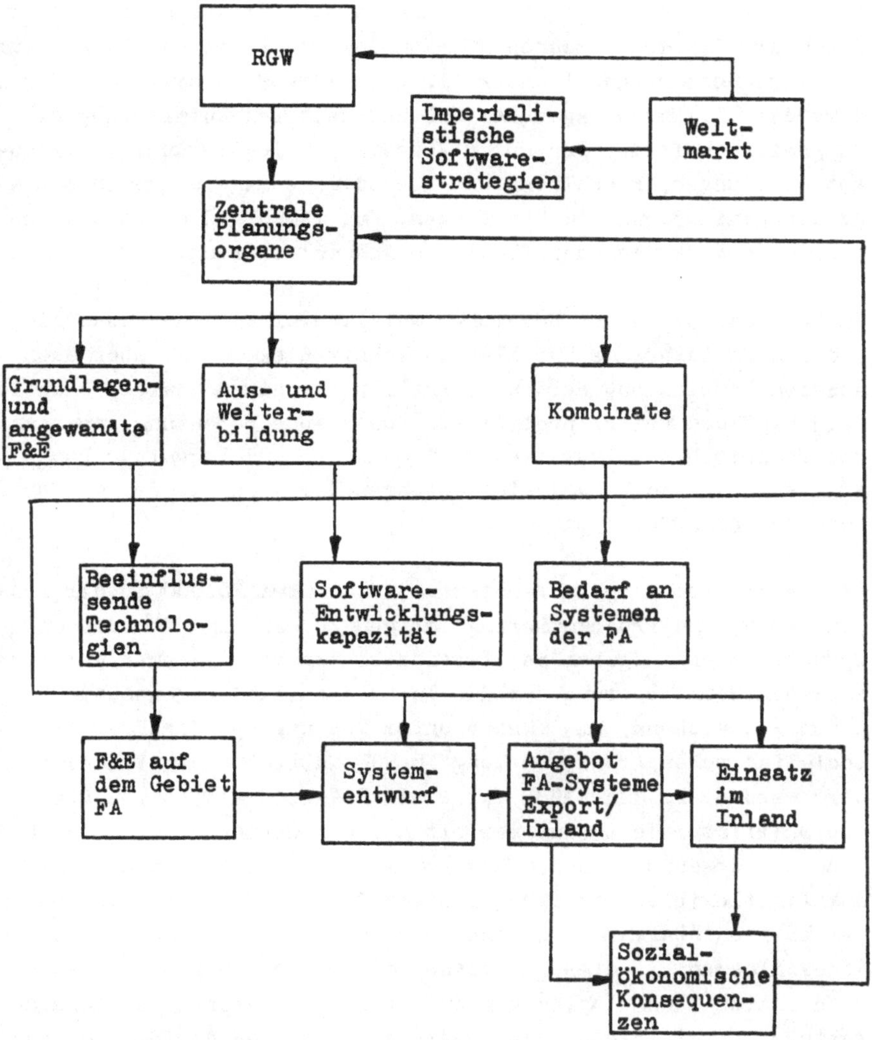

FA flexible Automatisierung
F&E Forschung und Entwicklung

Bild 6.8: Erarbeitung von Softwarestrategien für die flexible Automatisierung in der DDR - wichtige Zusammenhänge

Die staatlichen Leitungsorgane nehmen auf der Grundlage des im Dezember 1985 angenommenen RGW-Komplex-Programms zur Entwicklung von Wissenschaft und Technik bis zum Jahre 2000 sowie der Direktive des XI. Parteitages der SED zur weiteren Entwicklung der Volkswirtschaft der DDR durch Vorgaben, Orientierungen, Bilanzentscheidungen, Beschlüsse und gesetzliche Regelungen entscheidenden Einfluß auf die Richtungen, das Tempo und die sozialökonomischen Wirkungen der flexiblen Automatisierung.

In den Kombinaten des Bereiches metallverarbeitende Industrie und des Ministeriums für Elektrotechnik/Elektronik, aber auch anderen Kombinaten, werden Potentiale für die Softwareproduktion aufgebaut und weiter profiliert. Zunehmende Bedeutung gewinnen die Technischen Universitäten, Technische und Ingenieur-Hochschulen sowie Forschungseinrichtungen der Akademie der Wissenschaften der DDR.

Die geschaffenen Softwarepotentiale von etwa 20.000 in der Projektierung und Programmierung Tätigen /6.22/ sind für die anspruchsvollen Aufgaben der Bereitstellung von Systemen der flexiblen Automatisierung für das In- und Ausland gegenwärtig nicht ausreichend; sie müssen unter Nutzung der Vorzüge der sozialistischen Arbeitsteilung im RGW-Maßstab erheblich erweitert werden. Im Juni 1985 wurde ein RGW-Generalabkommen über die multilaterale Zusammenarbeit auf den Gebieten der Entwicklung und Organisation der spezialisierten und gemeinsamen Produktion flexibler Fertigungssysteme für den Maschinenbau sowie der breiten Einführung solcher Systeme in die Volkswirtschaften abgeschlossen. In dieser umfassenden Vereinbarung sind die wichtigsten Technologien genannt, für die flexible Fertigungssysteme zu entwickeln sind, sowie die Aufgaben der Softwareentwicklung formuliert /6.23/.

Im Oktober 1985 hat das RGW-Komitee für die Zusammenarbeit im Maschinenbau

- den komplexen Organisationsplan zur Durchführung und Koordinierung der Arbeit entsprechend dem Generalabkommen sowie

- eine Vereinbarung über den Koordinierungsrat für flexible Fertigungssysteme und Industrierobotertechnik

bestätigt. Der RGW verabschiedete auf seiner 41. Tagung im Dezember 1985 das Komplexprogramm des wissenschaftlich-technischen Fortschritts bis zum Jahre 2000, das die beschleunigte Entwicklung in fünf Hauptrichtungen vorsieht. Eine von ihnen ist die komplexe Automatisierung, insbesondere durch flexible Fertigungssysteme /6.24/.

Der Bedarf im RGW und insbesondere in der UdSSR als dem wichtigsten Kooperationspartner der DDR an Lösungen der flexiblen Automatisierung - in der UdSSR ist eine Steigerung von 59 Fertigungssystemen im Jahre 1984 auf 2.000 Systeme bis zum Jahre 2000 vorgesehen /6.25/ - stellt die DDR-Kombinate vor hohe Aufgaben.

Ein Vergleich des erreichten Niveaus bei der flexiblen Automatisierung in der DDR und im RGW /6.26/ zum von Japan, den USA und der BRD bestimmten internationalen Niveau als wichtigem Faktor für die Strategienbildung weist einen Rückstand insbesondere auf dem Gebiet der Rechentechnik aus. Internationale Beobachter zeigten sich hingegen von einzelnen erreichten Ergebnissen der DDR in der Softwareentwicklung beeindruckt /6.27/. Die gezollte Anerkennung darf jedoch nicht darüber hinwegtäuschen, daß die Softwaretechnologie international in unerhörtem Tempo vorangetrieben wird und deshalb erhebliche Anstrengungen zwingend erforderlich sind, um Anschluß an das internationale Niveau zu halten /6.28/.

6.5. Strategisch relevante Faktoren in der Softwareentwicklung

Die flexible Automatisierung stellt als Schlüsseltechnologie hohe Anforderungen an eine Vielzahl sich gegenseitig durchdringender Wissenschaftsdisziplinen und Industriezweige, in denen einmal eingetretene Rückstände gegenüber dem internationalen Niveau sich nur durch Konzentration bedeutender Ressourcen aufholen lassen. Die Komplexität der Vorleistungen bedingt auch das Bestreben, als Impuls wirkende gegenwärtige Entwicklungswidersprüche und zukünftige Richtungen zu erkennen /6.3/, /6.13/, /6.19/, /6.29/, /6.30/, Entscheidungen qualifiziert vorzubereiten und rechtzeitig zu treffen.

Im folgenden werden ausgewählte, für die Strategienbildung auf dem Gebiet der Software wesentliche Faktoren und Fragestellungen behandelt, auf die sich auch die weitere Forschungsarbeit konzentrieren wird, um schrittweise zu quantifizierbaren und modellhaften Vorstellungen zu gelangen, auf deren Grundlage Computersimulationen durchgeführt werden können. Diese Faktoren und Fragestellungen konkretisieren den im Abschnitt 6.3. formulierten Begriff der Softwarestrategie (im Hinblick auf die Rigorosität der Durchsetzung moderner Softwaretechnologien).
Wir konzentrieren uns auf:

- die Größe des automatisierbaren Potentials und Geschwindigkeit seiner Ausschöpfung in Relation zum Softwarepotential,
- das Verhältnis von Basis- und Anwendersoftware und die Entwicklung von Softwarepaketen,
- die mögliche Produktivitätsentwicklung im Softwarebereich bis zum Jahre 2000,
- die Vereinigung heterogener Systeme,
- die Entwicklung intelligenter Systeme,
- die Auswirkungen von Innovationen in der Hardware und Software sowie der Entwicklung von tangierenden Wissensgebieten.

Größe des automatisierbaren Potentials und Geschwindigkeit seiner Ausschöpfung in Relation zum Softwarepotential

Die Herausbildung, Profilierung und Produktivitätsentwicklung des Softwarepotentials der DDR für die Automatisierung in ihrer Einheit von Einzweckautomatisierung und flexibler Automatisierung vollzieht sich in enger Wechselwirkung mit der quantitativen und qualitativen Entwicklung automatisierter Systeme.

Die Softwareproduktion ist einerseits für längere Zeit einer der limitierenden Faktoren für die Ausbreitung der flexiblen Automatisierung, andererseits muß das Softwarepotential und dessen Produktivität in Abhängigkeit von dem erforderlichen Tempo bei der flexiblen Automatisierung der Leistungs- und Leitungsprozesse gestaltet werden. Bisher im Inland und Ausland installierte flexible Fertigungssysteme lassen die Orientierung des DDR-Werkzeugmaschinenbaus auf mittlere und große Systeme erkennen.
Es stellt sich somit strategisch auch die Frage nach dem angemessenen Integrationsgrad dieser Systeme, in dem auch der Automatisierungsgrad zum Ausdruck kommt.

Verhältnis von Basis- und Anwendersoftware sowie Entwicklung von Softwarepaketen

In /6.31/ wird die Auffassung vertreten, wonach

- Automatisierungslösungen größerer Dimensionen schwer untereinander vergleichbar sind, folglich Softwarelösungen für jeden Anwendungsfall in jeder Beziehung ebenso unterschiedlich wie Hardwarelösungen sind;

- vielen relativ kostengünstigen Softwarepaketen zur Fertigungsautomatisierung von Hardwareherstellern, die angeblich alle Fertigungsprobleme lösen, mit äußerster Skepsis begegnet werden muß;

- Hersteller von Steuerungssystemen mit langjährigen Erfahrungen ihr Expertenwissen über Computersysteme sowie ihre branchenspezifischen Anwendungskenntnisse neu ordnen, um realistische Lösungen der Fertigungsautomatisierung zu entwickeln;

- jedes Steuerungsproblem individuell gelöst werden muß und es dazu in erster Linie der Einbeziehung des spezifischen Wissens des Anwenders bedarf.

Wenn auch die daraus gezogenen Schlußfolgerungen in der Fachliteratur auf entschiedenen Widerspruch stoßen - die Mehrzahl der Experten sieht in modular aufgebauten Softwarepaketen zur

Fertigungssteuerung den einzigen ökonomisch vertretbaren Weg zur Fertigungsautomatisierung /6.32/ - so sind zumindest die Probleme unzweideutig herausgestellt. Es ist in jedem Fall bei der Anpassung von mehr oder weniger breit anwendbarer Software mit hohem Aufwand zu rechnen. Einige Softwarepakete bzw. -konzepte haben bereits eine bemerkenswerte Ausbreitung gefunden. In der DDR gilt gegenwärtig die Orientierung, daß der Hersteller der Hardware die Basissoftware für Anwenderlösungen der flexiblen Automatisierung bereitstellt. Das bedeutet, daß etwa 75 Prozent der Software für eine Lösung der flexiblen Automatisierung vom Anwender entwickelt werden müssen. Der hohe Entwicklungsaufwand sowie das Defizit an Softwarespezialisten können bei vielen potentiellen Anwendern zu Verzögerungen führen.

Die Anwendersoftware gliedert sich in Standardanwendersoftware und spezifische Anwenderlösungen. Die Standardanwendersoftware muß von zentralen sachgebietsspezifischen Softwareproduzenten bereitgestellt werden; von ihrer Kapazität und Leistungsfähigkeit, ihrem arbeitsteiligen Zusammenwirken sowie der Standardisierung ist die Ausbreitungsgeschwindigkeit der flexiblen Automatisierung in hohem Maße abhängig. Der Grad an Standardisierung von Software wiederum ist weitgehend an die allgemeine Verfügbarkeit geeigneter Computer mit der erforderlichen Verarbeitungsbreite gebunden.
Das Verhältnis von Basis- zu Anwendersoftware ist aus praktischer Sicht die Frage nach der Proportionierung der Softwarepotentiale auf den Ebenen Hardwareproduzent, zentraler sachgebietsspezifischer Softwareproduzent und Anwender. Es wird sich in dem Maße verschieben, wie es gelingt, Softwarelösungen für die flexible Automatisierung bereitzustellen, die ebenfalls flexibel sind. Es zeichnet sich bereits ab, daß die Generierung spezifischer Versionen eines Softwareproduktes für einen Anwender in Zukunft ebenfalls automatisiert erfolgen wird.
In einigen entwickelten kapitalistischen Ländern haben sich bereits effektive Mechanismen des Zusammenwirkens von Softwareproduzenten herausgebildet, die den Anwender von eigener Softwareentwicklung weitgehend entlasten.

Es kann erwartet werden, daß die oft weitgehend betriebsspezifischen technischen Anwendungen der Rechentechnik mit einem gewissen Zeitverzug dem kommerziellen Bereich folgen, in dem integrierte Softwarepakete international eine zunehmend dominierende Stellung einnehmen. Es wird erwartet, daß sich die Aufwandsrelationen zwischen Hardware, spezifischer Anwendersoftware sowie Standard-/Basisanwendersoftware von 67 : 17 : 16 im Jahre 1983 auf 57 : 17 : 26 im Jahre 1989 verändern /6.33/.

Mögliche Produktivitätsentwicklung im Softwarebereich bis zum Jahr 2000

Für die USA und Japan, den bei flexiblen Fertigungssystemen führenden Ländern, liegen Schätzungen über das Defizit an qualifizierten Softwarespezialisten vor. Es beträgt in Japan /6.34/ gegenwärtig etwa 200 000 Programmierer, in den USA /6.35/ etwa 500 000. Zum schrittweisen Abbau dieses Dezifits werden international sehr große Anstrengungen unternommen. Sie zielen auf

- Standardisierung und Mehrfachnutzung von Software,
- Produktivitätserhöhung in allen Phasen des Lebenszyklus von Software,
- Aus- und Weiterbildung einer Vielzahl geeigneter Kader auf dem Gebiet der Informatik (beginnend bereits mit der Vorschulbildung) sowie
- Einsatz von Techniken der künstlichen Intelligenz.

Für die Strategienbildung in der DDR ist wesentlich, wie sich diese Anstrengungen auf die Softwareentwicklung für Lösungen der flexiblen Automatisierung und somit auf die Ausbreitungsgeschwindigkeit dieser Hochtechnologie selbst auswirken werden.

Vereinigung heterogener Systeme

Kombinate und Betriebe sind in der Regel nicht in der Lage, die gesamte sachgebiets- und anwenderspezifische Software für ihre Lösungen der flexiblen Automatisierung neu und allein zu entwickeln. Auch international wird eingeschätzt, daß es wesentlich produktiver ist, auf vorhandenen Ressourcen aufzubauen, als eigene Versionen zu entwickeln. Bei der ökonomischen Verwertung von Innovationen wird der "Rekonstruktion" vorhandener Fonds gegenüber der Neuinvestion auch auf dem Softwaresektor der Vorrang eingeräumt. Die Orientierung auf die Nutzung vorhandener Lösungen - nach entsprechender Anpassung - erfordert deren Einbindung in das Gesamtsystem des Anwenders. Dabei ist die Gestaltung der Schnittstellen zwischen den Teilsystemen von grundlegender Bedeutung für die mögliche Integration, die im Normalfall zu einem komplexen heterogenen System führen wird. Kommunikationssoftware als Bindeglied zwischen Elementen und Teilsystemen von Lösungen der flexiblen Automatisierung wird zu einem ausschlaggebenden Faktor für deren stabiles Funktionieren. Welche Prinzipien dabei berücksichtigt werden sollten, zeigt das Forschungsprojekt "Advanced Scientific Computing Initiative" der US National Science Foundation:

- Standardisierung ausbaufähiger Schnittstellen,
- Entwicklung und Einsatz komfortabler sprachlicher Mittel,
- rechtzeitige Entwicklung von Konzeptionen des Gesamtsystems und seiner Perspektiven als Grundlage für Entscheidungen über Struktur und Funktion von Teilsystemen /6.36/.

Das Unternehmen General Motors hat 1982 die Initiative ergriffen, die Kommunikation zwischen Maschinen und Ausrüstungen zur Automatisierung weltweit zu standardisieren. Der mit dem MAP (Manufacturing Automation Protocol) bezeichnete Weg verspricht Erfolg: Man darf für die 90er Jahre erwarten, daß der Absatz von Automatisierungstechnik an die MAP-Kompatibilität gebunden ist.

Entwicklung intelligenter Systeme

Am Beispiel der Fertigungssteuerung kann gezeigt werden, daß die alleinige Anwendung mathematischer Verfahren in der flexiblen Automatisierung keine befriedigenden Resultate erbringt. Erst wissensbasierte Systeme ermöglichen die Einbeziehung einer Vielzahl nicht berücksichtigter Randbedingungen und versprechen somit eine neue Qualität des Computereinsatzes in der Fertigungsautomatisierung/6.37/.

Künstliche Intelligenz kann als flexible Automatisierung der Wissensverarbeitung aufgefaßt werden. Intelligente Systeme verfügen über die Fähigkeit, zur Lösung von Aufgaben auf der Basis von Wissen logische Schlußfolgerungen zu ziehen.

In Anlehnung an Fox werden an intelligente Systeme zur flexiblen Automatisierung der Leitung als Bestandteil von CIM folgende Anforderungen gestellt /6.11/:

. Sensorfähigkeit, d. h. automatische Aufnahme von Daten über

  - die Lokalisierung solcher Objekte wie Teile, Werkzeuge, Fördermittel,
  - den Zustand von Objekten (Bearbeitungsstufe von Teilen, Grad der Abnutzung von Teilen),
  - den Status von Abläufen sowohl in der Fertigung als auch im Leitungsbereich.

. Fähigkeit zur Modellierung der Wirtschaftseinheit auf unterschiedlichen Abstraktionsebenen:

  Beispielsweise müssen Bearbeitungsmaschinen, Materialfluß, Fertigungsaufträge, Fertigungsabschnitte und Arbeitskräftefonds sowohl hinsichtlich ihrer Merkmale als auch der ablaufenden Prozesse unter Einbeziehung ihrer Wechselwirkungen und Kommunikation im Detail modelliert werden.

- Fähigkeit zur Unterstützung:

  Bei der Bewältigung von komplexen Aufgaben in der Wirtschaftseinheit muß das System Unterstützung auf Expertenniveau gewährleisten.

- Fähigkeit zur Leitung:

  Diese Fähigkeit charakterisiert das System

  - in seiner passiven Rolle, d. h. Analyse und Veränderung des Modells zur Fertigungsplanung, Anwort auf Anfragen bezüglich des Operativ- und Perspektivzeitraumes,
  - in seiner aktiven Rolle, d. h. Überwachung der Wirtschaftseinheit und Information verantwortlicher Mitarbeiter über wichtige Ereignisse.

- Fähigkeit zur Analyse und Optimierung:

  Struktur und Funktion der Wirtschaftseinheit müssen analysiert werden, um eine Optimierung hinsichtlich solcher Kriterien wie Selbstkosten, Produktionsumfang und Qualität vorzunehmen.

Intelligente Systeme sind somit ein qualitativ neuer Schritt in der Übertragung von Aufgaben des Menschen in der Leitung an informations- und wissensverarbeitende Maschinen. Die Software solcher Systeme ist durch ein adäquates Funktionsspektrum, Multivarianz (Einsatzfähigkeit in einem breiten Spektrum von Anwenderbedingungen), Ausbaufähigkeit (Ergänzung neuer Moduln ohne Änderung bestehender) und nutzerfreundliche Schnittstellen (natürliche bzw. der natürlichen angepaßte Sprache, Erklärungsfähigkeit, Anpassung an Bedürfnisse und Fertigkeiten des Nutzers) gekennzeichnet.

Sicher werden in naher Zukunft nicht alle genannten Merkmale intelligenter Systeme in der industriellen Anwendung realisiert werden können, die strategischen Entwicklungslinien jedoch sind erkennbar. Die in vielen Ländern laufenden Forschungs- und Entwicklungsprojekte, Pilotsysteme sowie die bekannt gewordenen industriellen Anwendungen lassen die Erwartungen aufkommen, daß Lösungen der flexiblen Automatisierung und Softwareentwicklungssysteme mit einem angemessenen Grad an künstlicher Intelligenz in den neunziger Jahren in die Phase des schnellen Wachstums eintreten werden. Als ein Beleg sei das finanziell durch viele führende Monopole der Elektrotechnik, der Elektronik, des Flugzeugbaus und der Rüstung (Boeing, General Dynamics, General Electric, General Motors, IBM, Martin Marietta, McDonell Douglas) unterstützte Forschungsprojekt IMPACT (Integrated Manufacturing Planning and Control Technology) der Computer-Aided Manufacturing-International Inc. (Arlington/USA) genannt, das u. a. darauf abzielt, wissensverarbeitende Systeme in der Integration von CAD und CAM einzusetzen /6.38/.

Auswirkungen der Innovationen in Hardware und Software sowie der Entwicklung von tangierenden Wissensgebieten

Die flexible Automatisierung - und folglich auch die Softwareentwicklung für Lösungen der flexiblen Automatisierung - wird aus dem Fortgang der laufenden Arbeiten zur Entwicklung und Produktion von Rechnersystemen der 5. Generation sowie von Hochleistungsrechnern (Superrechnern) wesentliche Impulse erhalten. Hinter dem Begriff "Rechnersystem der 5. Generation" verbirgt sich ein ganzes Bündel von Innovationen in der Hardware und Software, wie sich am Beispiel der Themen von Forschungs- und Entwicklungsarbeiten des japanischen Programms zeigen läßt /6.13/, das von strategischen Widersprüchen in der Entwicklung der Produktivkräfte ausgeht:

1. Die Entwicklung der Industrie erfordert die "intelligente Automatisierung", z. B. in Form von Robotern mit Sinnesorganen und mit der Fähigkeit, bestimmte Entscheidungen eigenständig zu treffen, und von Systemen, die mit dem Menschen in einen Dialog treten: Mikroelektronik, Computerwissenschaft und künstliche Intelligenz haben die notwendigen Voraussetzungen dafür geschaffen.

2. Der intelligenten Automatisierung stand lange Zeit die traditionelle Architektur der Computer entgegen. Deren Nachteile wurden teilweise durch die Programmierung - also

durch Software - aufgehoben. Trotzdem war eine Softwarekrise die Folge, deren Auswirkungen durch eine Vielzahl von Softwareentwicklungswerkzeugen gemildert werden. Die Weiterentwicklung auf dem Softwaresektor stützt sich ebenfalls auf Ergebnisse der Forschungen zur künstlichen Intelligenz.

3. Die Technologie der Silizium-Chips gewährleistet in der Gegenwart einen Überschuß an Rechenkapazität. Der Integrationsgrad wächst unaufhörlich. Die Projektierung einer großen Zahl von spezifischen Anwenderschaltkreisen war nur durch die Automatisierung der Projektierung möglich, die wiederum zur Anwendung von Erkenntnissen der künstlichen Intelligenz führt.

4. Eine weitere Erhöhung der Rechengeschwindigkeit, wie sie durch die Lösung sehr rechenintensiver neuer Aufgaben erforderlich wird, ist nur durch Übergang zu neuen Rechnerarchitekturen denkbar (Parallelverarbeitung).

5. Die Rechner mit der traditionellen von-Neumann-Architektur sind zur Verarbeitung von nicht-numerischen Informationen (Bilder, Grafiken, menschliche Sprache) wenig geeignet.

Alle genannten Widersprüche führen zur Notwendigkeit, daß die Computer der 5. Generation die Technologie der Wissensverarbeitung realisieren. In bezug auf die flexible Automatisierung besteht die Bedeutung von Rechnern der 5. Generation als neuer ökonomischer Faktor mit globaler Dimension /6.13/ in folgendem:

1. Die Planung von Arbeitskräften wird zunehmend unabhängig von den demographischen Gegebenheiten, da Roboter für die verschiedenen Bereiche der Volkswirtschaft bereitstehen werden, die mit Sinnesorganen und künstlicher Intelligenz ausgestattet und in der Lage sind, ihre Aufgaben zu "verstehen", Eigendiagnose und -reparatur auszuführen.

2. Die Nachbildung der Qualifikation von Spezialisten verschiedener Berufsgruppen mit hohem Anteil der schöpferischen Arbeit ist durch Einbeziehung ihrer Erfahrungen in Expertensysteme möglich, die auch Bestandteil von CAD/CAM sein können.

3. Das nationale wissenschaftlich-technische Potential wird durch

- Schaffung von rechnergestützten Arbeitsplätzen mit intelligenter Software auf der Basis von leistungsfähigen Personalcomputern,
- breite Anwendung von maschinellen Experimenten,
- Zugriff zu den nationalen und internationalen Informationsressourcen mittels Rechnernetzen auf beiden Ebenen

erhöht.

4. Die weitere Automatisierung von Leitungsaufgaben wird durch Entwicklung und Einsatz von Systemen erleichtert, die die menschliche Sprache analysieren und synthetisieren können.

Neue Züge in der Dialektik von Software und Hardware mit offenbar gravierenden Auswirkungen auf die Softwaretechnologie lassen sich am Beispiel des Entwurfs von VLSI-Schaltkreisen nachweisen. Ausschlaggebend für die Erhöhung des Integrationsgrades auf 10^6 ... 10^7 Elemente pro Chip sind Systeme zur automatischen Projektierung (CAD VLSI). Mehrere Jahre lang war der Schaltkreisentwurf ein Engpaß in der Halbleiterindustrie (Aufwand mitunter 50 ... 100 Mann-Jahre). Der traditionelle Unterschied zwischen Komponentenherstellern und den Herstellern von Systemen verschwindet. Auch große Systeme werden heutzutage durch VLSI-Schaltkreise realisiert. Die Projektierung von VLSI-Schaltkreisen für spezielle Anwendungen hat sich in Form von Projektierungsfirmen verselbständigt, die lediglich über eine CAD-Arbeitsstation mit Grafik-Software zur Simulation von Struktur und Funktion von VLSI-Schaltkreisen verfügen. Diese Firmen leiten ihre fertigen Projekte an die Produzenten weiter, die die Rolle einer "Siliziumgießerei" übernehmen - dieser Terminus soll auf die Flexibilität des Produktionsprozesses hinweisen. VLSI-CAD-Systeme und Siliziumgießereien weisen auf offensichtliche Analogien zwischen der flexiblen Automatisierung im Maschinenbau und in der Schaltkreisherstellung hin.

Mit der breiten Anwendung von VLSI-Schaltkreisen für eine große Zahl von Spezialanwendungen entstand ein Projektierungsengpaß.

Hier setzten Mitte der 70er Jahre Systeme zur automatisierten Projektierung von VLSI-Schaltkreisen an. Ende der 70er Jahre entstand der erste Silicon Compiler - ein Programmpaket, mit dem man die Funktion von VLSI-Schaltkreisen mittels einer problemorientierten Sprache beschreiben kann und das dann die Übersetzung dieser Funktionsbeschreibung über verschiedene Zwischenstufen bis zur Steuerinformation für technologische Ausrüstungen ausführt. Die Projektierungszeit von VLSI-Schaltkreisen läßt sich auf diese Weise um bis zu zwei Zehnerpotenzen verringern.

VLSI-CAD und Silicon Compiler sind Marksteine in der flexiblen Automatisierung der Chip-Produktion. Es läßt sich bereits heute absehen, daß der dabei beschrittene Weg im Prinzip vom Maschinenbau nachvollzogen wird.

Ein weiteres Beispiel für die überragende Bedeutung von Software in der flexiblen Automatisierung ist das Programmpaket SPICE (Simulation Program with Integrated Circuit Emphasis), in dem zehnjährige Grundlagenforschungen direkt praxiswirksam geworden sind.

Inzwischen ist es bereits gelungen /6.39/, Ergebnisse der Forschungsrichtung Künstliche Intelligenz auf die Projektierung von VLSI-Schaltkreisen anzuwenden. Dabei wurde eine enorme Reduktion des Entwicklungsaufwandes erzielt. Zwischen der Projektierung von VLSI-Schaltkreisen und der Softwaretechnologie werden Analogien aufgedeckt, deren heuristisches Potential noch zu erschließen ist. Gleichzeitig zeigt sich in der Wechselwirkung von Hardware und Software eine neue Qualität. Es ist nicht mehr nur so, daß die Software vor allem in den Zeiträumen zwischen dem Erscheinen neuer Generationen informationsverarbeitender Technik dominiert; Software wird mehr und mehr zur notwendigen Voraussetzung, damit neue Generationen von Hardware überhaupt entstehen können.

6.6. Strategische Softwareprogramme des Monopolkapitals

Auf einige der im Abschnitt 6.5. aufgeworfenen strategisch bedeutungsvollen Probleme der Softwareproduktion für die flexible Automatisierung nehmen großangelegte Softwareprojekte des Monopolkapitals Bezug. Da es in der Produktivkraftentwicklung organisatorische und wissenschaftlich-technische Gesetzmäßigkeiten gibt, die relativ unabhängig vom Gesellschaftssystem gelten, ist ihre Analyse (vgl. /6.28/) in deren sozialökonomischen Kontext für die sozialistischen Länder bedeutungsvoll. Eine Auswahl der strategischen Softwareprojekte zeigt die Tabelle 6.2. Im einzelnen können aus der Analyse folgende Schlußfolgerungen gezogen werden:

Software - ein Industriezweig

Die Softwareproduktion profiliert sich in allen entwickelten imperialistischen Ländern als eigenständiger Industriezweig und gewinnt eine Schlüsselrolle für viele Hochtechnologien, darunter auch die flexible Automatisierung. Software ist einer der am schnellsten expandierenden Industriezweige, der sich auf ein riesiges, gegenwärtig in seinen Dimensionen kaum zu ermessendes Bedarfsfeld orientiert.

Strategische Software-Programme

Das Monopolkapital verfolgt auf Software-Innovationen basierende strategische Software-Programme zur Eroberung und dauerhaften Sicherung der neuen Profitquelle "High Tech"; diese Software-Programme sind in umfassendere, den Synergieeffekt berücksichtigende Strategien eingebettet, zielen u.a. auch auf den Wachstumsmarkt der rechnerintegrierten Fertigung und erfordern gemeinsame Anstrengungen von mitunter großen Gruppierungen des Monopolkapitals.

Verschmelzung von Hochtechnologien

Führende Monopole orientieren ihre Forschungs- und Entwicklungsstrategien auf die Verschmelzung verschiedener Hochtechnologien, beispielsweise der Computer- und der Softwaretechnologie und der künstlichen Intelligenz.

Land/ Träger	Projekt	Zeit- raum	Aufwand (Mio US $)
USA Pentagon	Software Technology for Adaptable Reliable Systems (STARS)	1983 Anfang 90er Jahre	Anstieg von 20 (1982) auf 100 (1987) und Folgejahre
USA/ Pentagon	Software Engineering Institute (SEI)	Ende 1984 gegründet	103 (1985-89) 89 Angestellte (1986) etwa 250 Spezialisten (Ende der 80er Jahre)
USA/ Microelectronics and Computer Technology Corporation (MCC)	Software Technology Program (STP)	Mitte 1984 gegründet	50-60 Angestellte (im STP) (MCC 1985 insgesamt 390)
USA/ 15 Firmen der Luft- und Raumfahrt	Software Productivity Consortium (SPC)	1985 gegründet	Jahresbudget: 15 135 Angestellte
USA/ Pentagon	Strategic Computing Initiative	1984 - 1994	750 ... 1000 Hardware und Software
USA/ NASA	Weltraumstation	1984 - 1994	8000 Gesamtprojekt
USA/ General Motors und weitere Unternehmen	Manufacturing Automation Protocal (MAP)	1985 ...	nicht verfügbar
Japan/MITI Institute for New Generation Computer Technology (ICOT)	Japanisches Projekt Rechner der 5. Generation (JFGCSP)	1982 - 1991	mehrere 1000 (etwa 500 vom MITI)
Japan/MITI (Ministry for Trade and Industry)	Wissenschaftliche Höchstgeschwindigkeitscomputersysteme	1981 - 1988	200 vom MITI Hardware und Software

(wird fortgesetzt)

Tab. 6.2: Software-Strategien im Überblick (Auswahl)

Japan/MITI Information Technology Promoting Agency	Software Industrialized Generation and Maintenance Aids (SIGMA)	Oktober 1985 - März 1990	25 Mrd. Yen; 40 Programmierer
EWG	European Strategic Programme for Research and Development in Information Technology (ESPRIT)	1984 - 1993	1300 (1984-88) Gesamtprojekt 50 % von 12 Monopolen); 100 (1984-88) für Software
Großbritannien/ Ministerium für Informationstechnologie	Advanced Information Technology (AIT) Alvey Software Engineering Programme	1983 - 1988	114 (1983-88) für Software 500 Gesamtprojekt
Frankreich	Fünfjahrplan Elektronik/ Software-Programm	1983 - 1987	685 (Regierung)
Frankreich	Marisis	1983 - 1986	15 (Regierung) Hardware und Software
BRD/ Bundesministerium für Forschung und Technologie	Rationalisierung der Softwareproduktion (RASOP)	1985 - 1988	nicht verfügbar
Singapore	Joint Software Engineering Program (JSEP)	nicht verfügbar	36 Spezialisten (1985) 80 Spezialisten (1990)
Brasilien	Software Plant Project (SPP)	nicht verfügbar	nicht verfügbar

(Fortsetzung von Tab. 6.2)

Bedeutung der Grundlagenforschung

Der globale Konkurrenzkampf bezieht schrittweise die Forschung und Entwicklung ein; heutzutage machen Monopolgruppen bereits mit Programmen der Grundlagenforschung Ansprüche auf einen ihrem ökonomischen Potential und den Forschungsaufwendungen entsprechenden Anteil am zukünftigen Weltmarkt geltend.

Neue Möglichkeiten

Die sich ständig vertiefende Spezialisierung in der Forschung und Entwicklung, aber auch in anderen Phasen des Reproduktionsprozesses, sowie die am Beispiel der Softwareproduktion für die flexible Automatisierung nachweisbare Dynamik bieten vielen Staaten die Möglichkeit, auf bestimmten Gebieten mit den führenden Ländern zu konkurrieren.

Software der dritten Generation

Die Softwareentwicklung steht offensichtlich unmittelbar vor dem Eintritt in die Phase des schnellen Wachstums der Basisinnovation Künstliche Intelligenz. Die künstliche Intelligenz entfaltet sich in der Wechselwirkung von Hardware und Software zur Grundlage für die Informations- und Kommunikationstechnologien der 90er Jahre und wird allem Anschein nach zu tiefgreifenden, den der Mikroelektronik vergleichbaren Umwälzungen des gesamten Systems der Produktivkräfte führen und insbesondere die Produktionsautomatisierung durchdringen.

Verstärkung der Kooperation

Zur Bewältigung des komplexen Softwareproblems streben die Monopole nach einer Verstärkung der Kooperation mit Einrichtungen der Grundlagen- und angewandten Forschung, mit kleinen wissenschaftsintensiven Firmen, aber auch untereinander. Die Gewinnung wissenschaftlich, technisch und ökonomisch potenter Kooperationspartner ist zu einem strategisch wichtigen Faktor im Kampf um hohe Anteile am CIM-Markt geworden.

6.7. Schlußfolgerungen und Ziele weiterer Forschungsarbeiten

Die Forschungsarbeiten zur Strategienbildung auf dem Gebiet der Software für Lösungen der flexiblen Automatisierung befinden sich gegenwärtig im Anfangsstadium. Die bisherigen Erkenntnisse führen zu folgenden Schlußfolgerungen:

1. Notwendigkeit strategischer Software-Programme

Die Notwendigkeit, strategische Software-Programme als Bestandteil umfassender Strategien zur Entwicklung und zur kurzfristigen und breiten Einführung sowohl der Informations- und Kommunikationstechnologien als auch der flexiblen Automatisierung in den sozialistischen Ländern zu erarbeiten und zu verwirklichen, stellt eine außerordentliche Herausforderung an Gesellschafts-, Natur- und Technikwissenschaftler dar. Software für die flexible Automatisierung wird zunehmend zur Inkarnation neuester Ergebnisse aus einer Vielzahl sich stürmisch entwickelnder Wissenschaftsdisziplinen.

2. Profilierung der Informatikindustrie

Die Informatikindustrie (Informations- und Kommunikationsindustrie) muß auch in der DDR als eigenständiger Industriezweig profiliert werden. Das vorrangige Wachstum und die beschleunigte Steigerung der Arbeitsproduktivität gerade in der Informatikindustrie wird in Zukunft einen entscheidenden Beitrag zur langfristig stabilen Effektivitätsentwicklung in der gesamten Volkswirtschaft der DDR leisten, gehen von ihr doch Katalysatorwirkungen für die Mehrzahl der anderen Zweige und Bereiche aus.

3. Schaffung spezialisierter Softwarebetriebe

Die noch wirksamere Förderung der Softwareproduktion ist an die weitere planmäßige Ausgestaltung der sozialistischen Produktionsverhältnisse gebunden /6.40/. Die Spezifik der Softwareproduktion, die fortgeschrittene Softwaretechnologie sowie die vorgenommene Analyse der internationalen Trends unterstreichen insbesondere die Notwendigkeit, neben den Softwarekapazitäten in den Kombinaten, Betrieben und Wissenschaftsbereichen eine gewisse Zahl von spezialisierten und selbständigen Softwarebetrieben zu bilden, die ein den internationalen Maßstäben gerecht werdendes Niveau in der Forschung und Entwicklung, der gerätetechnischen Ausstattung und der Technologie erreichen können.

4. Verstärkung der RGW-Zusammenarbeit

Das in der DDR verfügbare Potential für die Entwicklung von Lösungen der flexiblen Automatisierung und die Breite der notwendigen Vorleistungen erfordern es, die Softwarestrategien von vornherein auf den nationalen und internationalen Rahmen auszurichten. Dafür sind im Komplexprogramm des wissenschaftlich-technischen Fortschritts der RGW-Länder bis zum Jahre 2000 maßgebliche Orientierungspunkte gesetzt.

5. Entwicklung computergestützter Software-Strategiemodelle

Die strategisch relevanten Faktoren - die ebenfalls weiterer Analyse bedürfen - sowie der gegenwärtige international erreichte Stand der Quantifizierung der Entwicklungstendenzen unterstützen die Auffassung, daß unkomplizierte Modelle vom Typ "what - if", wie sie in der Forschungsgruppe "Flexible Automatisierung" der Akademie der Wissenschaften zur Realisierung auf Mikrorechnern erarbeitet werden, problemadäquat sind.
Das im Rahmen des im 2. Kapitel entwickelten Szenario-Systems erarbeitete und rechentechnisch realisierte Szenario SOW führt in seiner ersten Entwicklungsstufe zu den in Tabelle 6.3 dargestellten Eingabe- und Ausgabedaten, die in Verbindung mit den FMS- und CAD/CAM-Szenarien bereits wesentliche Aussagen für strategische Software-Entscheidungen enthalten. Es besteht aus den Bausteinen /6.41/:

- Ermittlung des erforderlichen und des vorhandenen Softwarepotentials in den Rechenzentren und den Fachabteilungen der Kombinate und Betriebe zur Realisierung neuer FMS- und CAD/CAM-Lösungen sowie zur Wartung und Weiterentwicklung vorhandener Projekte,

Eingabedaten (Auswahl)		Ausgabedaten (Auswahl)	
Lfd. Nr.:	Bezeichnung	Lfd. Nr.	Bezeichnung
1	Anzahl einzusetzender FMS, Industrieroboter und CAD/CAM-Stationen (nach den Szenarien FMS und CAS)	1	Erforderliches Softwarepotential für FMS, Industrieroboter und CAD/CAM-Stationen
2	Softwareaufwand je FMS, Industrieroboter und CAD/CAM-Station	2	Vorhandenes jährliches Softwarepotential
3	Softwareaufwand für Projektwartung	3	Mögliche Potentialerweiterung in Rechenzentren und Fachabteilungen
4	Anzahl der Software-Entwickler in Rechenzentren und Fachabteilungen	4	Bilanzierung und Bewertung des Softwarepotentials
5	Kapazität je Software-Entwickler	5	Softwareproduktion/Jahr
6	Koeffizient der extensiven Potentialerweiterung	6	Erforderlicher Qualifizierungsumfang in Rechenzentren und Fachabteilungen
7	Koeffizient der intensiven Leistungssteigerung in Rechenzentren und Fachabteilungen		

Tab. 6.3: Wesentliche Ein-/Ausgabedaten des Szenarios SOW

- Berechnung der möglichen Kapazitätserweiterung durch computergestützte Softwareentwicklung, durch Qualifizierung von Kadern in Rechenzentren und in Fachabteilungen sowie durch Einsatz weiterer Softwareentwickler mit Bilanzierung und Bewertung dieser Potentiale,
- Ausweis des Umfangs der erforderlichen Ausbildungs- und Weiterbildungsmaßnahmen zur Deckung des Bedarfs an Software für FMS- und CAD/CAM-Projekte (vgl. Abschnitt 2.4.).

Schwerpunkt der weiteren Arbeit wird es daher sein, die als strategisch erkannten Faktoren der Softwareentwicklung unter besonderer Beachtung ihrer ökonomischen Dimension weiter zu untersuchen, um mit computergestützten Modellen Strategievarianten abzuleiten und in enger Forschungskooperation von Wissenschaft und Praxis realisierbare günstige Varianten auswählen zu können.

Hierzu wurde ein Modellkonzept entwickelt, das sowohl auf Kombinatsebene als auch auf der Ebene der Volkswirtschaft nutzbar ist (Bild 6.9).

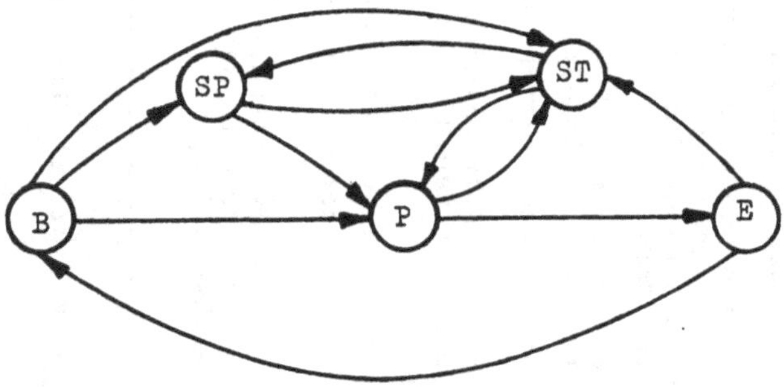

Bild 6.9: Modellsystem für CIM-Softwarestrategien

Es besteht aus 5 Elementen, die durch die dargestellten Beziehungen miteinander verbunden sind:

- Bedarfsblock B zur Ermittlung des Inland- und Exportbedarfs an CIM-Hardware und -Software,
- Software-Potentialblock SP zur Bestimmung und Strukturierung des Arbeitskräfte- und Arbeitsmittelpotentials (Computer, Datenbanken, Kommunikationstechnik, Software-Werkzeuge),
- Software-Technologieblock ST zur Identifizierung und Bewertung der technischen Leistungsparameter und der sozialökonomischen Wirkungen von Softwaretechnologien und Softwareinnovationen in ihrer Auswirkung auf die Effektivität von CIM-Lösungen,
- Produktionsblock P zur Bilanzierung von Bedarf und Produktion von CIM-Software, wobei die Produktion wesentlich von den Restriktionen des Software-Potentials bestimmt wird,
- Effektivitätsblock E zur Bestimmung des Einflusses der Software auf die sozialökonomischen Ziele und Wirkungen der flexiblen Automatisierung einschließlich der Rückkopplung auf die Bedarfsentwicklung.

Das Modellsystem befindet sich in der Phase seiner schrittweisen Realisierung, beginnend mit den Modellen der Bedarfs- und der Potentialentwicklung.

7. Forschungsstrategien für die 3. Robotergeneration

7.1. Innovationsfeld 'Roboter'

Roboter sind automatische Systeme, die entwickelt werden, um in den verschiedensten gesellschaftlichen Bereichen die Umwelt durch Manipulation von Objekten zu verändern und auf diese Weise menschliche Tätigkeiten zu unterstützen bzw. zu ersetzen (vgl. Kapitel 4).

Roboter unterscheiden sich in bezug auf den Grad der Verarbeitung von Umweltinformationen in folgender Weise:

Roboter der ersten Generation können keinerlei Information über das Operationsobjekt gewinnen. Das Programm wird unabhängig vom aktuellen Zustand der Umwelt abgearbeitet.

Roboter der zweiten Generation verfügen über ein sensorisches System zur Erfassung aktueller Umweltveränderungen. Das Arbeitsprogramm ist in vorgegebenen Grenzen variabel.

Roboter der dritten Generation verfügen zusätzlich über ein System der künstlichen Intelligenz. Auf der Grundlage eines dynamischen Umweltmodells können die Roboter ihre Handlungen planen und ändern.

Während Roboter der 1. Generation international bereits seit Jahren industriell verfügbar sind und Roboter der 2. Generation gegenwärtig in wachsendem Maße in die Industrie eingeführt werden, befindet sich die 3. Robotergeneration noch im Stadium der Forschung und Entwicklung.

Forschungsstrategien für die 3. Robotergeneration haben zum Ziel, zum gesellschaftlich notwendigen Zeitpunkt praktisch nutzbare Prototypen zur Verfügung zu stellen. Diese Strategien weisen eine Reihe von Merkmalen auf, die sich aus dem Charakter und Reifegrad des Innovationsfeldes 'Roboter' ergeben:

1) Das Innovationsfeld 'Roboter' bildete sich international vor rund zwei Jahrzehnten heraus und hat seitdem klare Konturen erhalten. Die Anwendungsfelder für Roboter der 1. und 2. Generation sind bestimmt. Die Anforderungen, die sich aus dem Charakter dieser Anwendungsfelder und den Einsatzerfahrungen der Roboter ergaben, bestimmen eindeutig Inhalt und Umfang

der für die Vervollkommnung der 1. und 2. Robotergeneration zu leistenden Forschung und Entwicklung.

Gegenwärtig werden international die Anwendungsfelder für die 3. Robotergeneration bestimmt und die technischen sowie ökonomischen Anforderungen an intelligente Roboter abgeleitet, die zu Zielstellungen für entsprechende Forschungsstrategien führen. Damit sind Forschungsstrategien zur 3. Robotergeneration in einen Rahmen gestellt, der durch den Reifeprozeß des Innovationsfeldes 'Roboter' determiniert ist und sich aus dem Verlauf der Innovationszyklen der 1. und 2. Robotergeneration ergibt.

2) Die 3. Robotergeneration ist eine Technologie hoher Komplexität, deren Struktur den Inhalt von Forschungsstrategien zur 3. Robotergeneration wesentlich bestimmt. In erster Näherung lassen sich folgende Dimensionen dieser Komplexität unterscheiden:

   - der Zusammenhang der Forschungsgebiete, deren Resultate die 3. Robotergeneration konstituieren. Das sind vor allem die Mechanik, die Antriebstechnik, die Sensortechnik sowie die Steuertechnik und die Mensch-Maschine-Kommunikation;
   - der Zusammenhang der Robotergenerationen, die sich nicht gegenseitig ablösen, sondern in Anwendungssystemen oft gemeinsam zum Einsatz kommen werden;
   - der Zusammenhang intelligenter Roboter mit ihrer Peripherie.

   Je nach dem Charakter der Roboter als Bestandteile computerintegrierter Fertigung (CIM) oder als autonome Einzelroboter ist dieser Zusammenhang als Integration des Roboters in ein Operationssystem oder als Adaption des Roboters an eine nicht steuerbare Umgebung zu gestalten.

Wie internationale Erfahrungen zeigen /7.1/,werden Forschungsstrategien zur 3. Robotergeneration im wesentlichen auf 3 Ebenen gebildet:

- auf der Ebene von Betrieben und Forschungsinstituten,
- im nationalen Rahmen als Bestandteil von Volkswirtschaftsstrategien,

- im internationalen Rahmen zur Kooperation mehrerer Länder.

Die weiteren Ausführungen konzentrieren sich auf nationale Strategien in ihrer Beziehung zu internationalen Strategien.

Der Prozeß der Bildung und Bewertung von Forschungsstrategien zur 3. Robotergeneration läßt sich in einem heuristischen Algorithmus nach Bild 7.1 modellieren, der den weiteren Darlegungen zugrunde gelegt wird.

7.2. Bestimmung des Strategieraumes '3. Robotergeneration'

Operator 1 des heuristischen Algorithmus ist die Bestimmung des Raumes, in dem sich die Forschungsstrategie bewegt. Die 3 Dimensionen dieses Raumes widerspiegeln folgende Determinanten innovationsorientierter Forschungsstrategien:

1. das Anwendungsfeld als der konkrete Ausdruck dessen, was allgemein als gesellschaftliches Bedürfnis artikuliert wird;
2. das Produktionsfeld als die Gesamtheit der Reproduktionserfordernisse zur Realisierung der betreffenden Innovation;
3. das Forschungsfeld als das interdisziplinäre Muster, das der betreffenden Forschung zugrundeliegt.

Der Strategieraum '3. Robotergeneration' ist
Bestandteil des Innovationsraumes 'Industrieroboter'.
Die Dimensionen des Innovationsraumes 'Industrieroboter' haben folgende Grundstruktur:

I. Produktionsfeld
Das Produktionsfeld umfaßt die Herstellung von Robotern in ihrer ganzen Variantenvielfalt und Anwendungsbreite. Roboter sind automatische Systeme, die in interschiedlichem Maße folgenden Anforderungen genügen sollen /7.2/:

1. Verändern der Umwelt durch Manipulation von Objekten
2. Erkennen der Umwelt
3. Adaption an Veränderungen der Umwelt
4. Leichte Umstellbarkeit auf neue Aufgaben
5. Fähigkeit zum Problemlösen und Entscheiden
6. Interaktion mit dem Bediener auf einem signifikanten Abstraktionsniveau.

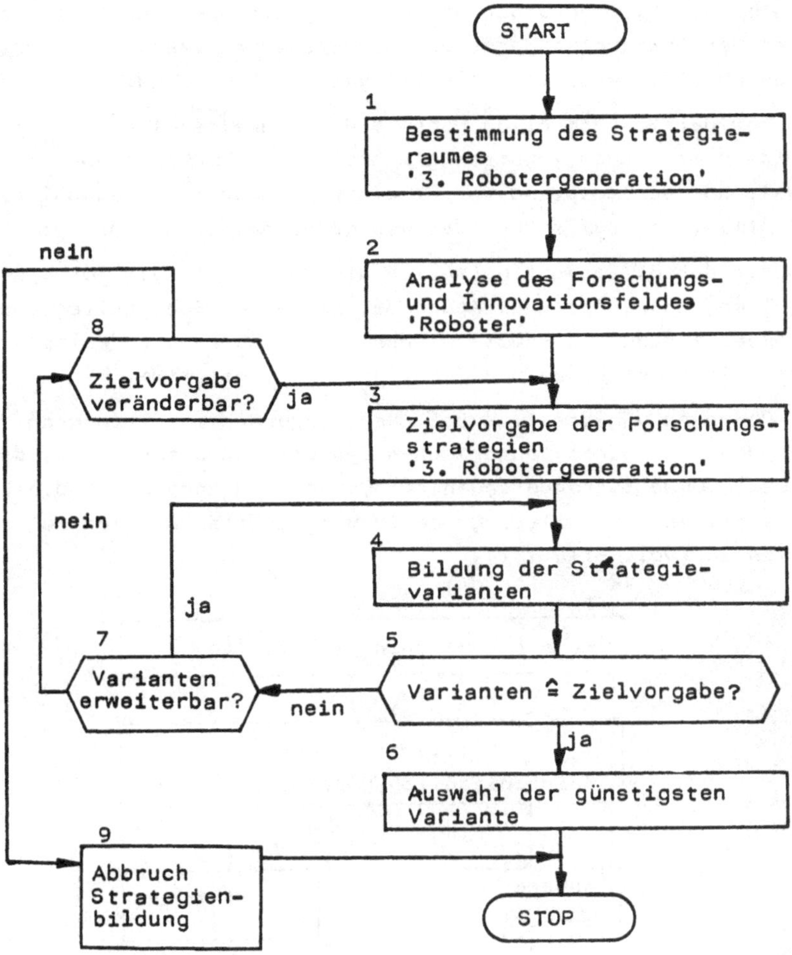

Bild 7.1: Algorithmus zur Bildung und Bewertung von Forschungsstrategien für die 3. Robotergeneration

Roboter der 1. Generation weisen lediglich die Fähigkeit 1 auf, wobei der Bewegungsapparat und die Steuerung stark auf einzelne zu automatisierende Technologien ausgerichtet sind.

Roboter der 2. Generation haben die Fähigkeiten 1 - 3 und in gewissem Maße auch 4; die Möglichkeiten der Wahrnehmung der Umwelt und der Adaption von Steuerprogrammen sind technologieorientiert und auf einen oder wenige Parameter beschränkt.

Roboter der 3. Generation sollen die Gesamtheit der Forderungen erfüllen, wobei die Ausprägung der einzelnen Fähigkeiten von der Zweckbestimmung des Roboters abhängt und durch die realisierbare Komplexität der einzelnen Funktionen bestimmt wird.

Der Übergang von der 1. zur 2. Robotergeneration ist durch das Vorhandensein eines sensorischen Systems charakterisiert, das aktuelle Umweltveränderungen erfaßt und den Roboter in die Lage versetzt, sein Arbeitsprogramm in vorgegebenen Grenzen zu variieren (vgl. Bild 7.2).

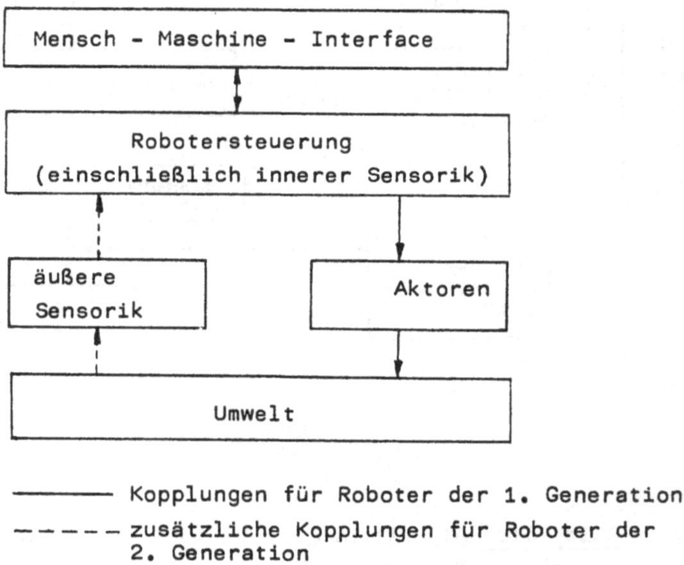

<u>Bild 7.2:</u> Funktioneller Aufbau von Robotern der 1. und 2. Generation /7.3/

Der Übergang von der 2. zur 3. Robotergeneration ist durch die Entwicklung eines Systems der künstlichen Intelligenz und durch ausgebaute sensorische Fähigkeiten charakterisiert. Die Grundstruktur eines Roboters der 3. Generation zeigt Bild 7.3.

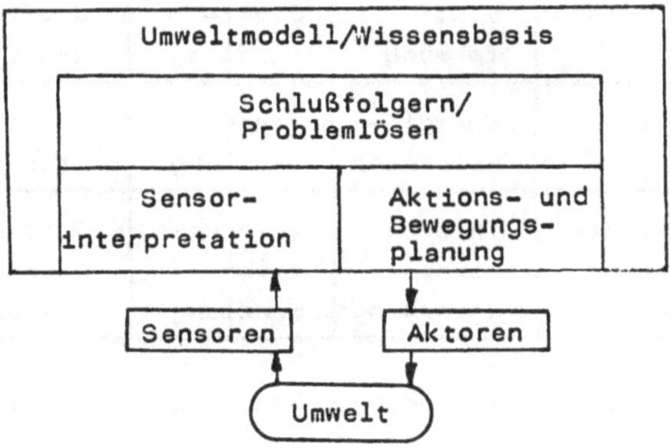

Bild 7.3: Grundstruktur eines Roboters der 3. Generation

Durchzuführende Aufgaben und aktuelle Umweltzustände werden über Sensoren erfaßt und in Wechselwirkung mit einem internen Umweltmodell und einer Wissensbasis interpretiert. In einem Problemlösevorgang werden die expliziten Aufgaben abgeleitet. Anschliessend werden die notwendigen Handlungen und Bewegungen im Detail geplant, simuliert und ausgeführt. Kernstück eines Roboters der 3. Generation und zugleich den höchsten Aufwand erforderndes Element ist die Wissensbasis. Sie muß die Repräsentation der betreffenden Objekte, Zustände, Relationen und Prozesse enthalten.

II. Anwendungsfeld

Im Rahmen des Systems der technologischen Vorgänge (vgl. Tab. 7.1) dienen Industrieroboter dazu, menschliche Tätigkeiten bei der Stofformung, beim Stofftransport sowie bei der Informationsumformung zu ersetzen. Im einzelnen handelt es sich um folgende technologische Operationen:

1. Stoffurformen und Stoffumformen (vor allem Pressen, Gießen): Dies ist ein bevorzugtes Anwendungsfeld der 1. Robotergeneration.

Lfd. Nr.	Art des Arbeitsgegenstandes	Art der Veränderung		
		Formänderung	Strukturänderung	Ortsänderung
1	Stoff	Stoffformung	Stoffwandlung	Stofftransport
2	Energie	Energieumformung	Energiewandlung	Energietransport
3	Information	Informationsumformung	Informationswandlung	Informationstransport

Tab. 7.1: System der technologischen Vorgänge /7.4/

2. Stoffügen (Montieren, Füllen, An- und Einpressen, Nieten, Schweißen, Kleben):
   Die Einsatzmöglichkeit der 1. Robotergeneration beschränkt sich im wesentlichen auf das Punktschweißen und das Farbspritzen, während der größere Teil der Fügeoperationen, vor allem die Montage, Roboter höherer Generationen erfordert.
3. Stofftrennen (Zerteilen, Spanen, Zerlegen):
   Einfache wiederkehrende Operationen können von Robotern der 1. Generation ausgeführt werden, während kompliziertere Prozesse sensorgeführte Roboter erfordern.
4. Stofftransport (Fördern, Übergabe, Be- und Entladung):
   Hier trifft das gleiche wie bei 3. zu.
5. Informationsumformung (dies betrifft Meß- und Prüfvorgänge in der Fertigung):
   Derartige Operationen erfordern Roboter der 2. Generation.

Die Integration der einzelnen technologischen Operationen in ein System computerintegrierter Fertigung bedingt ein Niveau der Informationsverarbeitung, das Roboter der 3. Generation erfordert. Sie sind dabei steuertechnisch in den gesamten Produktionsablauf eingebunden. Intelligente Steuerfunktionen sind auf den Ebenen der direkten Robotersteuerung, der Fertigungszellensteuerung und der Fertigungsprozeßsteuerung notwendig.

Die Fertigungsaufgabe wird auf dem Niveau der Produktionssteuerung vorgegeben und unter Nutzung von CAD-Dateien in Aufgaben für die Fertigungszellen dekomponiert. Bei diesem Dekompositionsprozeß werden die Kenntnisse über die Systemressourcen und früher erworbenes bzw. programmiertes Wissen über den Prozeß zugrundegelegt.

In gleicher Weise erfolgt die Detaillierung der Aufgaben auf dem Niveau der Fertigungszelle, wobei hier nur eingeschränktes Wissen über Ressourcen und Prozesse der Zelle und der unmittelbar mit ihr kooperierenden Teilkomponenten benötigt wird. Die Fähigkeiten des Roboters und der anderen Anlagen innerhalb der Zelle sind auf die Erfüllung konkreter Teilaufgaben eingeschränkt. Über Sensoren und Meßsysteme werden die notwendigen Steuerinformationen, Prozeß- und Qualitätskenngrößen ermittelt und die Systemfunktionen überwacht. Die Sensorsysteme müssen fähig sein, sämtliche Veränderungen im Produktionsprozeß zu erfassen und die Konfigurierung der für den weiteren Fertigungsablauf erforderlichen Software und Hardware auf allen Steuerebenen zu veranlassen (sensorgesteuertes Scheduling, sensorbasierte Fertigung) /7.5/.

Weitere Einsatzgebiete der 3. Robotergeneration werden sein:

- Eine Reihe von Produktionsprozessen, die perspektivisch wachsende Bedeutung gewinnen, so z. B. Bergbau in großen Tiefen, Erschließung des Meeresbodens und des Weltraumes für die materielle Produktion, weisen Bedingungen auf, die eine unmittelbare Wirksamkeit des Menschen nur in begrenztem Umfang ermöglichen. Die Arbeitsbedingungen für solche Systeme sind in hohem Maße unbestimmt und nicht beeinflußbar, so daß Roboter der 1. und 2. Generation nicht in der Lage sind, menschliche Tätigkeit unter diesen Bedingungen zu ersetzen. Hierzu werden Roboter benötigt, die anhand der vorliegenden Umweltsituation selbständig über den Einsatz der erforderlichen Mittel entscheiden, um ein vorgegebenes Operationsziel zu erreichen.

. Die Dienstleistungssphäre, so die medizinische und soziale Betreuung des Menschen, wird perspektivisch einen so großen Raum im gesellschaftlichen Leben einnehmen, daß sie mit dem gegenwärtig hohen Aufwand an lebendiger Arbeit die Möglichkeiten des Arbeitskräftepotentials übersteigen wird. Ein Ersatz menschlicher Tätigkeit auf diesem Gebiet durch Roboter erfordert ein Niveau der Steuerungstechnik und Mensch-Maschine-Kommunikation, das erst durch die 3. Robotergeneration erreichbar ist.

Das Anwendungsfeld für die einzelnen Robotergenerationen weist nach dem jetzigen Erkenntnisstand die Grundstruktur nach Bild 7.4 auf.

III. Forschungsfeld

Roboter sind technische Lösungen hoher Komplexität, in die Resultate der verschiedensten Wissenschaftsdisziplinen einfließen. Die hauptsächlichen Forschungsgebiete für Roboter sind Mechanik, Antriebstechnik, Sensortechnik und Steuertechnik.

Während bei der Vorbereitung der 1. Robotergeneration das Schwergewicht der Forschung auf den Gebieten der Mechanik und Antriebstechnik lag, konzentriert sich die Forschung für die 2. Robotergeneration auf die Sensortechnik. Bei der 3. Robotergeneration steht die Steuertechnik im Mittelpunkt der Forschung. Für die 3. Robotergeneration haben sich folgende technische Forschungsschwerpunkte herausgebildet:

1. Mechanik
   - Entwicklung mechanischer Strukturen in Leichtbauweise mit größerer Anzahl von Freiheitsgraden und hoher Steifigkeit,
   - Mobilität in ebenem und unebenem Gelände,
   - Greifmechanismen für die unterschiedlichsten Objekte.

2. Antriebstechnik
   - Entwicklung von Motoren mit dem Masse/Leistungsverhältnis menschlicher Muskulatur und Bremsenergierückspeisung,
   - Mikroantriebe hoher Leistung für Greifmechanismen,
   - Energiespeicher und -wandler hoher Leistungsdichte.

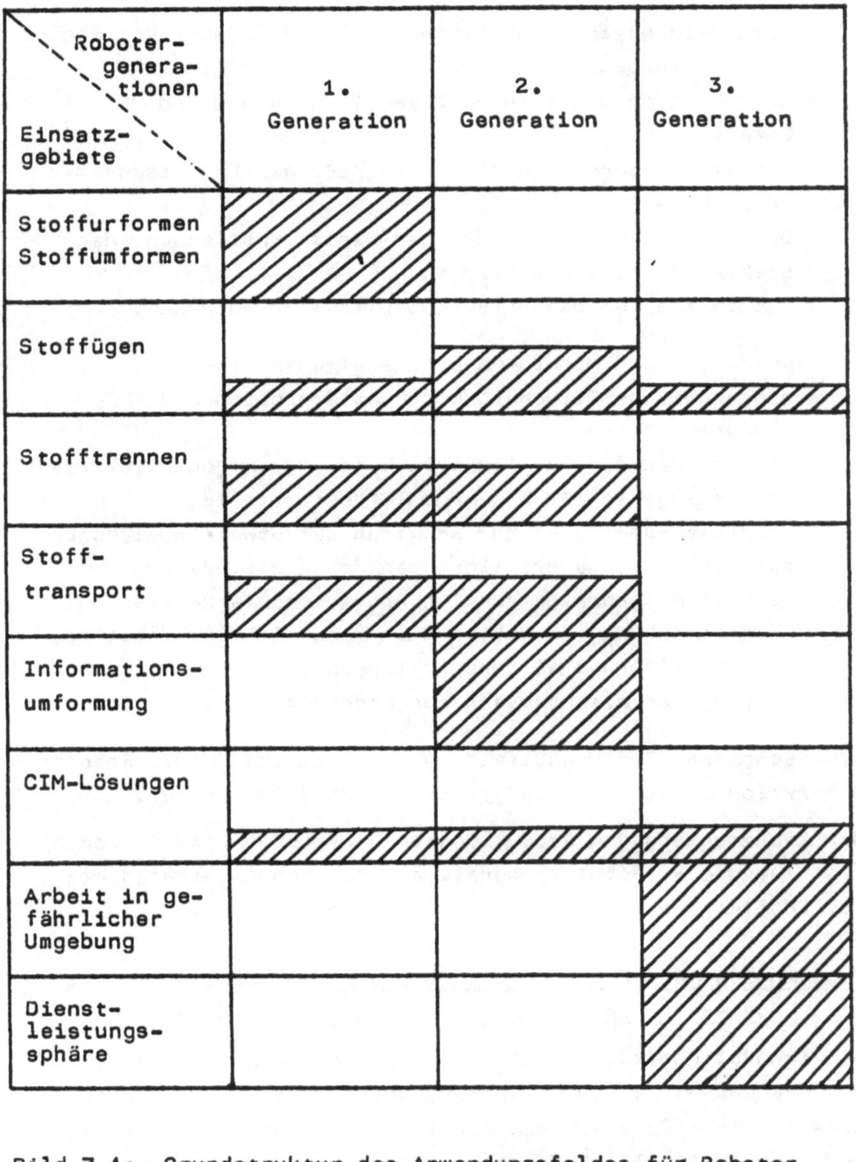

Bild 7.4: Grundstruktur des Anwendungsfeldes für Roboter

3. Sensortechnik
- Entwicklung visueller Systeme hoher Auflösung und großer Verarbeitungsgeschwindigkeit,
- 3D-Erkennung und Szenenanalyse technischer und natürlicher Umwelt,
- taktile Sensoren kleinster Baugröße als Einzelsensoren oder "künstliche Haut",
- Orientierungssensoren auf der Basis akustischer oder elektromagnetischer Felder,
- Meßsysteme für die unterschiedlichsten Aufgaben.

4. Steuerungen und Mensch-Maschine-Kommunikation
- Hierarchische Steuerung von Robotergruppen und Mehrarmsystemen,
- Algorithmen für komplizierte Bewegungsaufgaben (skills),
- Fehlerdiagnose für alle Roboterbestandteile,
- adaptive Funktionen zur Reaktion auf Umweltabweichungen,
- parallele Rechnerarchitekturen für die Steuerung,
- verbale Aufgabeninstruktion und automatische Planung,
- Programmierung von Robotern in einer CAD/CAM-Umgebung,
- Lernfunktion und Wissensanreicherung,
- Nutzung von Wissensbasen zur Programmierung und Steuerung.

Das technische Forschungsfeld in Vorbereitung der 3. Robotergeneration weist die Grundstruktur nach Bild 7.5 auf.

Der Zusammenhang von Produktions-, Anwendungs- und Forschungsfeld für die 3. Robotergeneration läßt sich im Strategieraum '3. Robotergeneration' nach Bild 7.6 modellieren.

7.3. Analyse und Prognose des Innovationsprozesses 'Industrieroboter' in seinem internationalen Erstverlauf

Das Innovationsfeld 'Roboter' bildete sich in den 60er Jahren mit der industriellen Einführung von Robotern der 1. Generation heraus. Diese Roboter, die nicht über Sensorsysteme verfügen und daher keinerlei Information über ihre Umwelt gewinnen können, werden in Prozessen eingesetzt, wo aktuelle Umweltveränderungen für den Prozeßablauf in der Regel nicht relevant sind.

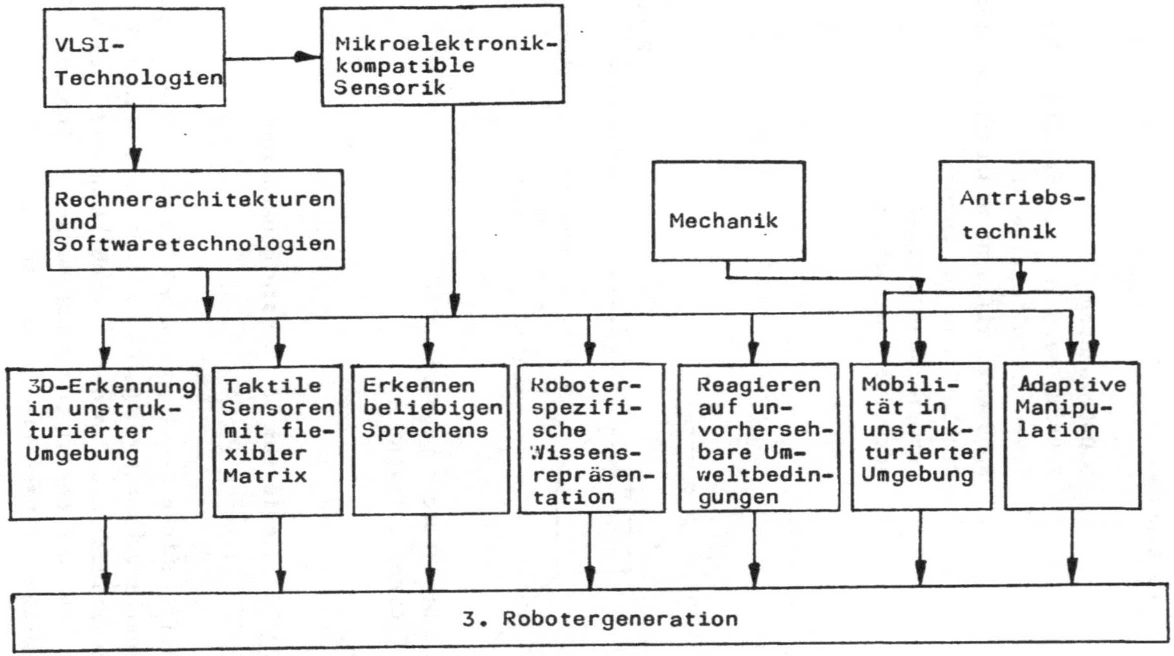

Bild 7.5: Technisches Forschungsfeld in Vorbereitung der 3. Robotergeneration

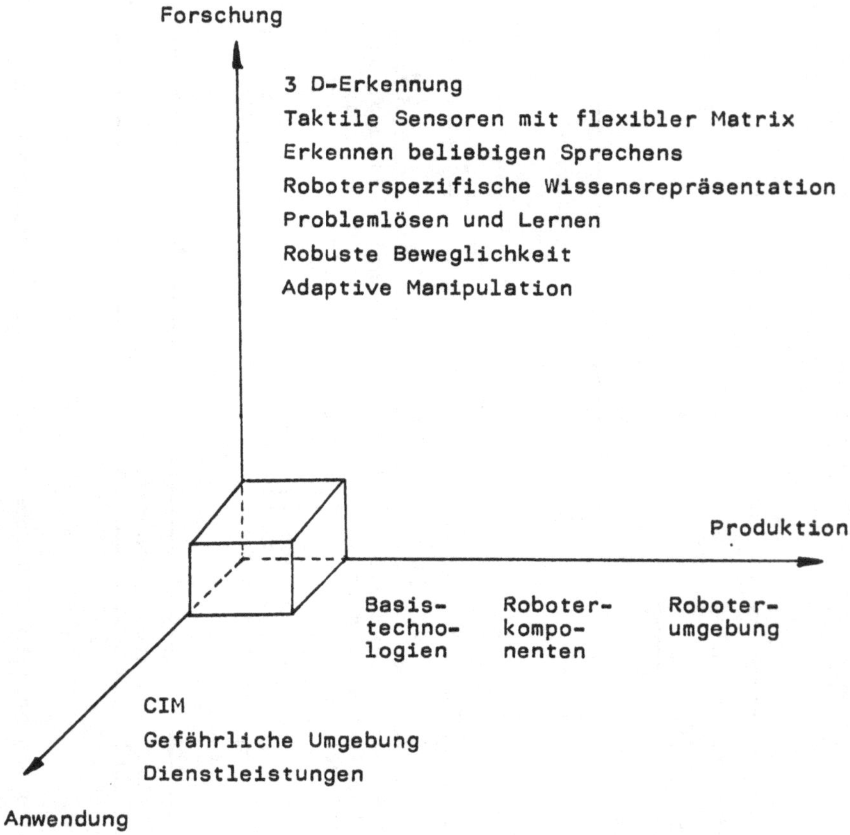

Bild 7.6: Strategieraum '3. Robotergeneration'

Das betrifft solche Arbeitsgänge wie Punktschweißen, Beschichten und Werkstückhandhabung. Dafür gibt es in einer Reihe von Industriezweigen, u.a. in der Automobilindustrie, viele Anwendungsgebiete. Der darauf beruhende Bedarf an Robotern der 1. Generation ist nach wie vor vorhanden.

Neben den bisher führenden Industrien der Metall- und Plastverarbeitung sowie Elektroindustrie sind jetzt die Textil-, Chemikalien-, Baustoff-, Papier- und Lebensmittelindustrie zu Bedarfsfeldern geworden.

Anzeichen deuten darauf hin, daß sich die 1. Robotergeneration in den fortgeschrittensten Ländern gegenwärtig in der Reifephase des Innovationszyklus befindet. So wird in Japan in der 2. Hälfte der 80er Jahre mit dem Übergang zur Sättigungsphase gerechnet /7.6/. Auch in den USA wird der Hauptschub im Roboterwachstum nicht mehr von der 1., sondern von der 2. Robotergeneration erwartet /7.7/. Roboter dieser Generation zeichnen sich durch ein Sensorsystem aus, mit dem aktuelle Umweltveränderungen erfaßt werden können. Dadurch wird es möglich, Arbeitsprozesse zu automatisieren, deren Ablauf in bestimmten Grenzen variabel sein kann. Das betrifft insbesondere Montageprozesse.

Fortschritte in der Bilderkennung und Steuertechnik haben zur Erschließung neuer Anwendungsfelder für den Robotereinsatz geführt. So ist die elektronische Industrie in Japan bereits zur Nr. 1 in der Roboteranwendung geworden und soll in den USA die größten Wachstumsraten aller Industriezweige bei der Roboteranwendung in den nächsten Jahren aufweisen /7.8/.

Es ist damit zu rechnen, daß die 2. Robotergeneration, die die Automatisierung von Montage-, Prüf- und Meßprozessen ermöglicht, in den nächsten Jahren in den auf diesem Gebiet führenden Ländern Japan und USA aus der Einführungsphase in die Phase des schnellen Wachstums übergehen wird.

Analysen und Prognosen des Innovationsprozesses der 1. und 2. Industrierobotergeneration in den USA ergeben das Bild nach Bild 7.7. Möglicherweise wird die abfallende Kurve für die 1. Robotergeneration in den 90er Jahren einen flacheren Verlauf annehmen, da sich auch für diese Generation neue Anwendungsfälle eröffnen können.

Zur Vorbereitung des Innovationsprozesses der 3. Robotergeneration wird in den in der Roboteranwendung führenden Ländern eine intensive Arbeit geleistet. Um die Vielzahl von Forschungsrichtungen und Problemlösungen zu der für die 3. Robotergeneration

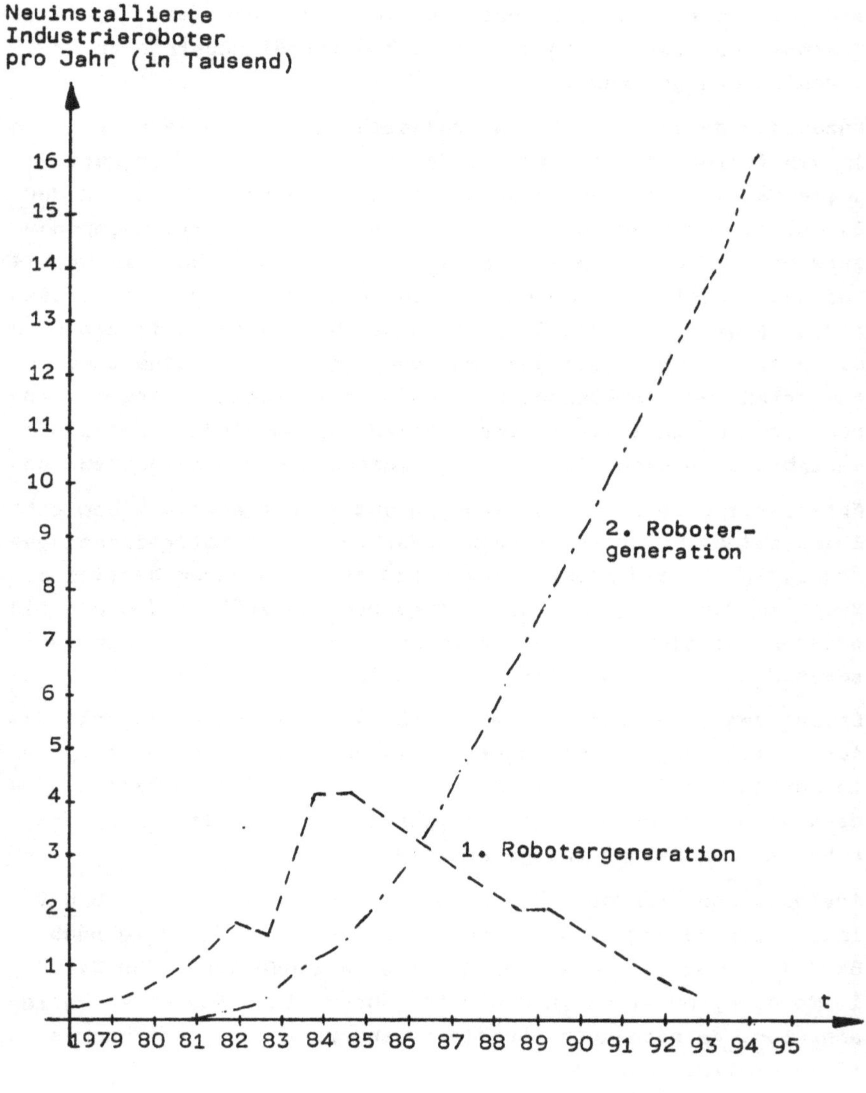

Bild 7.7: Neuinstallation von Industrierobotern der 1. und 2. Generation in den USA 1979 - 1995 /7.9/

erforderlichen Komplexität zu integrieren, wurde eine Reihe staatlicher Forschungsprogramme initiiert.

In Japan wurde 1983 das Projekt Jupiter (Juvenescent Pioneering Technology for Robot) ins Leben gerufen, das eine Laufzeit von 8 Jahren hat und zu fortgeschrittenen Roboterlösungen für die verschiedensten Anwendungsgebiete führen soll. Folgende Unterprojekte werden bearbeitet: Mobilität, Manipulation, Sensortechnik, Antriebstechnik, Steuertechnik. Seit Anfang 1984 arbeiten 19 japanische Unternehmen abgestimmt an der Realisierung dieser Projekte /7.10/.

In den USA erfolgt die staatliche Förderung der Forschung zur 3. Robotergeneration vor allem im Rahmen der von DARPA (Defense Advanced Research Projects Agency) verantworteten militärischen Forschung. Eines der Forschungsziele ist ein unbemanntes Fahrzeug, das unebenes Gelände überwindet, um einen vorherbestimmten Ort zu erreichen /7.11/.

In Frankreich wurde 1983 das RAM-Programm (Robots Autonomes Multiservices) zur Entwicklung von Robotern der 3. Generation für folgende Hauptanwendungsgebiete gestartet: Kernkraftwerke, Bergwerke, Meeresboden /7.12/.

Mit dem Gemeinschaftsprojekt ESPRIT (European Strategic Programme for Research and Development in Information Technology) verfolgen die westeuropäischen Länder das Ziel, ihre Anstrengungen auf dem Gebiet der Mikroelektronik, Computertechnologie und flexiblen Automatisierung zu vereinigen. Eines der Teilprojekte betrifft die Entwicklung von CIM-Lösungen mit Robotern der 3. Generation /7.13/.

Das 1985 initiierte EUREKA-Projekt (European Research Coordination Association) beinhaltet den Vorschlag eines Subprojekts zur Entwicklung von Robotern der 3. Generation. Bisher erfolgten multilaterale Abstimmungen zur Forschung für Personalroboter /7.14/.

Auf Initiative von Frankreich und Japan wurde 1984 das internationale Projekt ARP (Advanced Robotics Project) gestartet, das die Entwicklung von Robotern der 3. Generation zum Ersatz menschlicher Tätigkeit in gefährlicher Umgebung zum Ziel hat.

An diesem Projekt beteiligen sich die wichtigsten kapitalistischen Industrieländer.

Bisher wurden die Technologiefelder und Anwendungsbereiche bestimmt, in denen die Zusammenarbeit erfolgen soll. Die Technologiefelder sind: Systemarchitektur, Steuerung, Sensoren, Mensch-Maschine-Kommunikation, Manipulation, Mobilität und Aktoren. Für die Anwendungsbereiche wurden je ein oder zwei Länder benannt, die Arbeitsprogramme aufstellen und Initiativen auslösen sollen. Die Anwendungsbereiche mit den initiierenden Ländern sind:

Weltraum (Italien), Unterwasser (Frankreich, Japan), Kerntechnik (Frankreich, Japan), Bergbau (Frankreich, Großbritannien), Landwirtschaft (Frankreich), Bauwesen einschl. Schiffbau (BRD, USA), Anlagenbedienung (Frankreich, Italien), Feuerbekämpfung, Rettungsdienste (Japan, USA), Dienstleistungen (Frankreich, Italien) /7.15/.

Prognosen in den USA und Japan zum Innovationsprozeß der 3. Robotergeneration stimmen darin überein, daß mit der praktischen Anwendung dieser Robotergeneration in den 90er Jahren gerechnet werden kann /7.16/.

7.4. Zielbildung für Forschungsstrategien zur 3. Robotergeneration

Der Zielbildung für Forschungsstrategien zur 3. Robotergeneration wird der heuristische Algorithmus nach Bild 7.8 zugrundegelegt.

In Anwendung dieses Algorithmus auf die Zielbildung für Forschungsstrategien zur 3. Robotergeneration in der DDR lassen sich auf der Basis der Aufgaben des RGW-Komplexprogramms für die Entwicklung von Wissenschaft und Technik bis zum Jahre 2000 sowie der Direktive des XI. Parteitages der SED zur Entwicklung der Volkswirtschaft der DDR (Operator 1) folgende vorläufige Aussagen treffen:

Operator 2: Entscheidung der Notwendigkeit des Einsatzes der 3. Robotergeneration in der DDR

Der primäre und wichtigste Effekt des Einsatzes der 3. Roboter-

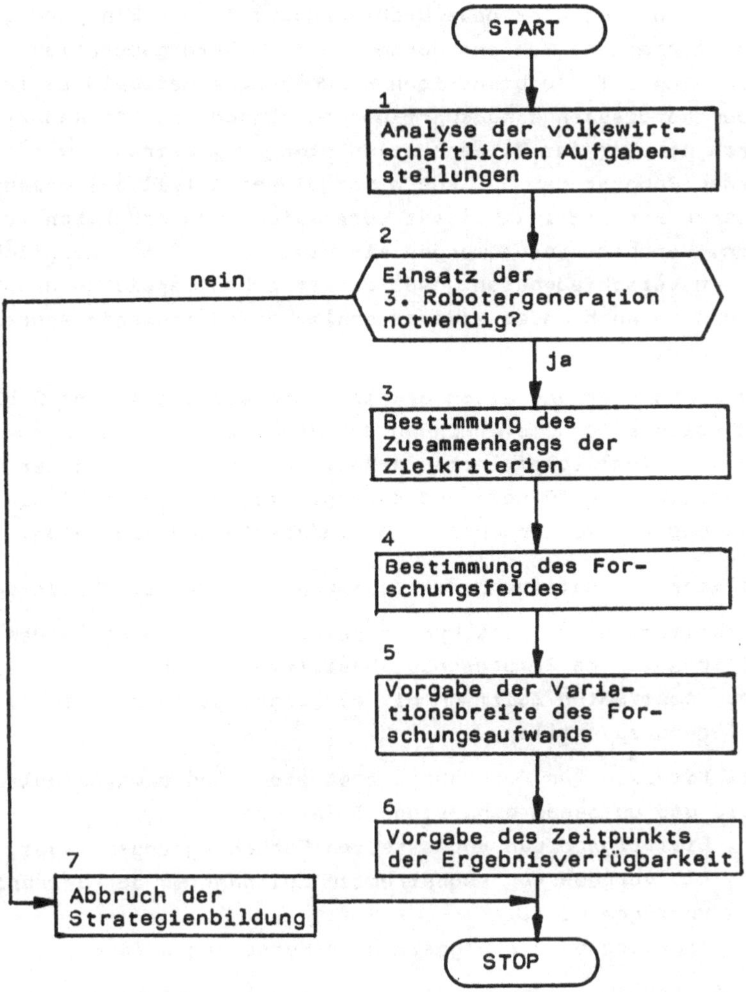

Bild 7.8: Subalgorithmus zur Zielbildung für Forschungsstrategien zur 3. Robotergeneration

generation ist eine neue Größenordnung in der Einsparung von Arbeitsplätzen. Während durch die 1. Robotergeneration lediglich etwa 3 % der bisherigen Handhabungsarbeitsplätze in Fertigungsprozessen eingespart werden können und die Reduktion durch Roboter der 2. Generation etwa 30 % betragen wird /7.17/, werden Roboter der 3. Generation diesen Anteil bei wesentlich höherer Einsatzflexibilität voraussichtlich erheblich vergrössern. Darüber hinaus werden sie viele neue Einsatzmöglichkeiten in den verschiedensten gesellschaftlichen Bereichen erschließen, so daß in wachsendem Maße menschliche Arbeitskraft ersetzt werden kann.

Die 3. Robotergeneration erweist sich somit als eine Schlüsseltechnologie für die Erhöhung der Produktivität und Effektivität der gesellschaftlichen Arbeit und muß daher von der DDR entsprechend gefördert und durchgesetzt werden, will sie ihre Stellung als fortgeschrittenes Industrieland behaupten.

Operator 3: Bestimmung des Zusammenhangs der Zielkriterien

Zielkriterien für Forschungsstrategien widerspiegeln das gesellschaftliche Erfordernis, bestimmte Forschungsergebnisse in einem bestimmten Zeitraum mit möglichst geringem Aufwand zur Verfügung zu stellen.

Zielkriterien für Forschungsstrategien sind demnach multifaktoriell und umfassen mindestens 3 Faktoren:

- Zielvorgabe des angestrebten Forschungsergebnisses,
- Zielvorgabe des angestrebten Zeitpunktes der Ergebnisverfügbarkeit,
- Zielvorgabe des angestrebten Forschungsaufwandes.

Der Zusammenhang dieser Zielkriterien läßt sich in folgender Weise charakterisieren: Je unentwickelter und komplizierter das dem angestrebten Forschungsergebnis zugrundeliegende Forschungsfeld ist, desto länger dauert der Forschungsprozeß und desto größer ist der erforderliche Forschungsaufwand. Forschungsstrategien reflektieren diesen Zusammenhang in zwei Richtungen, jeweils ausgehend von dem den Forschungsprozeß bestimmenden Forschungsfeld:

1. Zeitpunktorientierte Forschungsstrategien sind über die Variation des Forschungsaufwandes auf die Erreichung eines bestimmten Zeitpunkts der Verfügbarkeit der Forschungsergebnisse gerichtet.
2. Aufwandsorientierte Forschungsstrategien sind über die Variation der Dauer des Forschungsprozesses auf die Einhaltung eines bestimmten Forschungsaufwandes gerichtet (vgl. Bild 7.9).

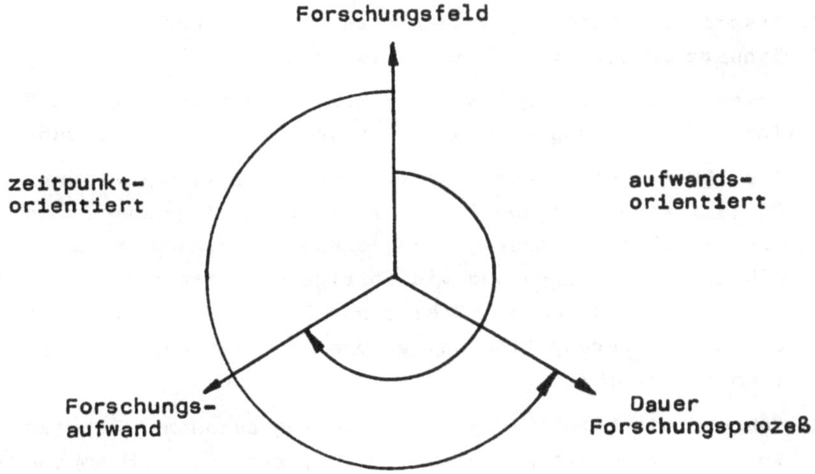

Bild 7.9: Zusammenhang der Zielkriterien von Forschungsstrategien

Die Zielbestimmung ist zeitpunktorientiert, wenn der Zeitpunkt der Verfügbarkeit der Forschungsergebnisse voraussehbar ist und/oder der Forschungsaufwand sich im Rahmen der volkswirtschaftlichen Möglichkeiten bewegt.

Die Zielbestimmung ist aufwandsorientiert, wenn der Zeitpunkt der Ergebnisverfügbarkeit nicht voraussehbar ist und/oder der Forschungsaufwand an die Grenzen der volkswirtschaftlichen Möglichkeiten stößt.

Aufwandsorientierte Zielbestimmungen betreffen ein solches aufwandsintensives Forschungsfeld wie Kernenergie, während zeitpunktorientierte Zielbestimmungen für die meisten anderen Forschungsfelder relevant sind, so auch für die 3. Robotergeneration.

Operator 4: Bestimmung des Forschungsfeldes

Wie im Abschnitt 7.2 erläutert wurde, zeichnen sich international folgende Hauptanwendungsgebiete der 3. Robotergeneration ab:

1. CIM-Lösungen,
2. Ersatz menschlicher Tätigkeit in gefährlicher Umgebung,
3. Einsatz in der Dienstleistungssphäre.

Für eine Favorisierung des Einsatzes von Robotern der 3. Generation in CIM-Lösungen sprechen in der DDR folgende Gründe:

1. Die DDR hat einen hohen Anteil von Einzel-, Klein- und Mittelserienfertigung in der metallverarbeitenden Industrie. Zur flexiblen Automatisierung dieser Fertigung wurden in der DDR gute Grundlagen und vielfältige Lösungen geschaffen. Das betrifft vor allem das Gebiet der Industrierobotersteuerung und der Steuerung flexibel automatisierter Fertigungsabschnitte /7.18/.

2. Während die Entwicklung und Anwendung autonomer Roboter eine integrierte Gesamtlösung erfordert, kann für CIM-Anwendungen, insbesondere im Bereich der Montage, mit der Einführung von Detaillösungen und der Kombination automatisierter Stationen mit Handarbeitsplätzen eine schrittweise Erhöhung der Leistungsfähigkeit und der Flexibilität erreicht werden. Roboter der 3. Generation werden deshalb in diesem Bereich am frühesten mit zunehmender Leistungsfähigkeit einsetzbar sein.

Wenn man von einer Favorisierung des Einsatzes von Robotern der 3. Generation in CIM-Lösungen in der DDR ausgeht, ergibt sich eine Modifizierung des in Bild 7.5 dargestellten allgemeinen Forschungsfeldes für die 3. Robotergeneration.

Die Mobilität in unstrukturierter Umgebung wird in CIM-Lösungen vorerst noch nicht erforderlich sein, während die Steuerung der Roboter in flexibel automatisierten Produktionssystemen als Forschungs- und Entwicklungsaufgabe hinzukommt.

Operator 5: Vorgabe der Variationsbreite des Forschungsaufwandes.

Als Richtwerte können Vorgaben in Ländern dienen, die in der Roboterforschung führend sind. Ihre Vergleichbarkeit ist jedoch begrenzt, insofern der Forschungsaufwand lediglich in finanziellen Ausgaben ausgedrückt wird. Bessere Vergleichsmöglichkeiten liefern Aussagen über den Aufwand in Mannjahren, wie sie z.B. zu den Subprogrammen von ESPRIT, aufgegliedert auf die Programmjahre, vorliegen /7.19/.

Die Begrenzung der Variationsbreite des Forschungsaufwandes nach oben ist durch die Einordnung der Roboterforschung in die Gesamtforschung zu Schlüsseltechnologien gegeben. Diese Einordnung erfolgt im Rahmen volkswirtschaftlicher Gesamtrechnungen.

Operator 6: Vorgabe des Zeitpunktes der Verfügbarkeit der Forschungsergebnisse

Als Richtwert kann der Vergleich mit der internationalen Entwicklung dienen. Ausgangspunkt ist die Bestimmung der Position der DDR in der Vorbereitung des Innovationsprozesses '3. Robotergeneration' im Vergleich zum internationalen Höchststand. Von R. Voß wurde eine Methode entwickelt, die es erlaubt, die Differenz von nationaler und internationaler Forschung sowohl in bezug auf den zeitlichen Abstand als auch in bezug auf die wichtigsten sachlich-inhaltlichen Entwicklungsetappen sichtbar zu machen (vgl. Bild 7.10).

In dem angenommenen Fall erfolgt zum Zeitpunkt t_{x2} international die Erstrealisierung der Innovation, während national die wissenschaftlich-technische Problemlösung vorliegt. Die Zeitdifferenz beträgt $t_{x1} \dots t_{x2}$.

Auf der Grundlage dieser Methode wurde bereits eine Reihe von Analysen durchgeführt /7.21/.

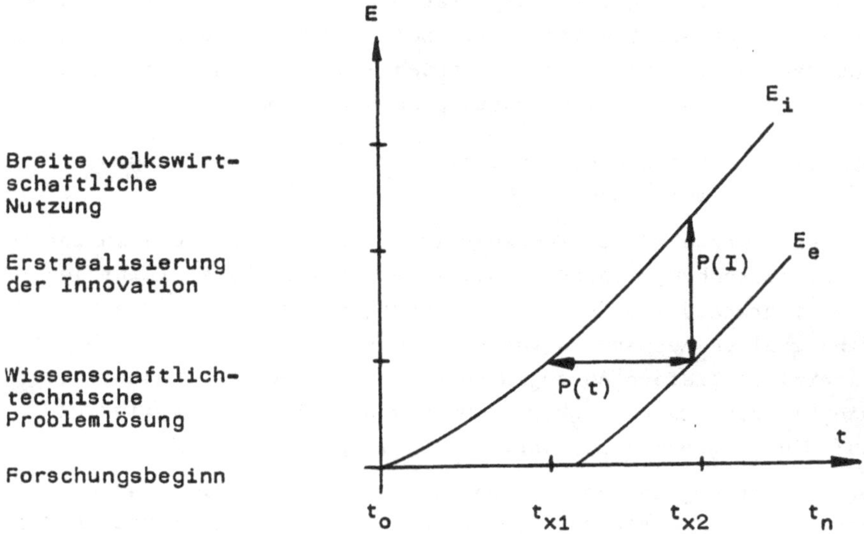

E_e; E_i	eigenes bzw. internationales Ergebnisniveau
P(I)	sachlich-inhaltliche Positionierung zu einem bestimmten Zeitpunkt
P(t)	zeitliche Positionierung zu einem bestimmten Zeitpunkt

Bild 7.10: Darstellung sachlich-inhaltlicher und zeitlicher Position nationaler Aktivitäten im internationalen Forschungs- und Innovationsprozeß /7.20/

Ausgehend von der Position der DDR im internationalen Forschungsprozeß läßt sich bei Zugrundelegung internationaler Prognosewerte der Dauer des Problemlösungsprozesses angeben, zu welchem Zeitpunkt Problemlösungen für die 3. Robotergeneration in der DDR vorliegen können, wenn internationale Bestwerte in bezug auf Potential und Zeitverlauf angenommen werden. Ob dies möglich ist, ergibt sich aus dem Operator 5.

7.5. Bildung und Bewertung von Strategievarianten

Der Bildung und Bewertung von Varianten für Forschungsstrategien zur 3. Robotergeneration wird der heuristische Algorithmus nach Bild 7.11 zugrundegelegt.

In Anwendung dieses Algorithmus auf die Bildung und Bewertung von Varianten für Forschungsstrategien zur 3. Robotergeneration in der DDR lassen sich folgende vorläufige Aussagen treffen:

Operator 1 und 2: Variation des Forschungsaufwandes mit dem Ziel, den vorgesehenen Zeitpunkt der Ergebnisverfügbarkeit zu erreichen.

Zwischen Forschungsaufwand und Zeitpunkt der Verfügbarkeit der Forschungsergebnisse existiert ein vielfach vermittelter Zusammenhang. Wesentliche Bindeglieder sind die Spezifik und Reife des Forschungsgebietes sowie die Position der eigenen Aktivitäten im internationalen Forschungsprozeß.

Die Spezifik des Forschungsgebietes bestimmt die Grundstruktur und das erforderliche Niveau des Forschungspotentials. Aus dem Bild 7.5 ist ersichtlich, daß das Forschungsgebiet in Vorbereitung der 3. Robotergeneration sehr komplex ist und Forschungspotentiale der verschiedensten naturwissenschaftlichen, technischen und gesellschaftswissenschaftlichen Disziplinen erfordert.

Die Reife des Forschungsgebietes bestimmt die Möglichkeiten und Grenzen innovativer Anwendungen der Forschungsresultate. Bezogen auf technische Innovationen gibt es international Versuche, einen Zusammenhang zwischen Forschungs- und Entwicklungsaufwand einerseits und Leistungsfähigkeit der Innovationen andererseits herzustellen /7.22/. Es wird dabei von folgenden Erfahrungen ausgegangen:

Die Vorbereitung von Innovationen erfordert über einen längeren Zeitraum beträchtliche Forschungs- und Entwicklungsaufwendungen. Auch in der Einführungsphase einer Innovation ist noch ein hoher Forschungs- und Entwicklungsaufwand erforderlich, um das technische Potential einer Innovation zu erschließen. Die Erhöhung der technischen Leistungsfähigkeit einer Innovation ist in der Regel mit geringeren Forschungs- und Entwicklungs-

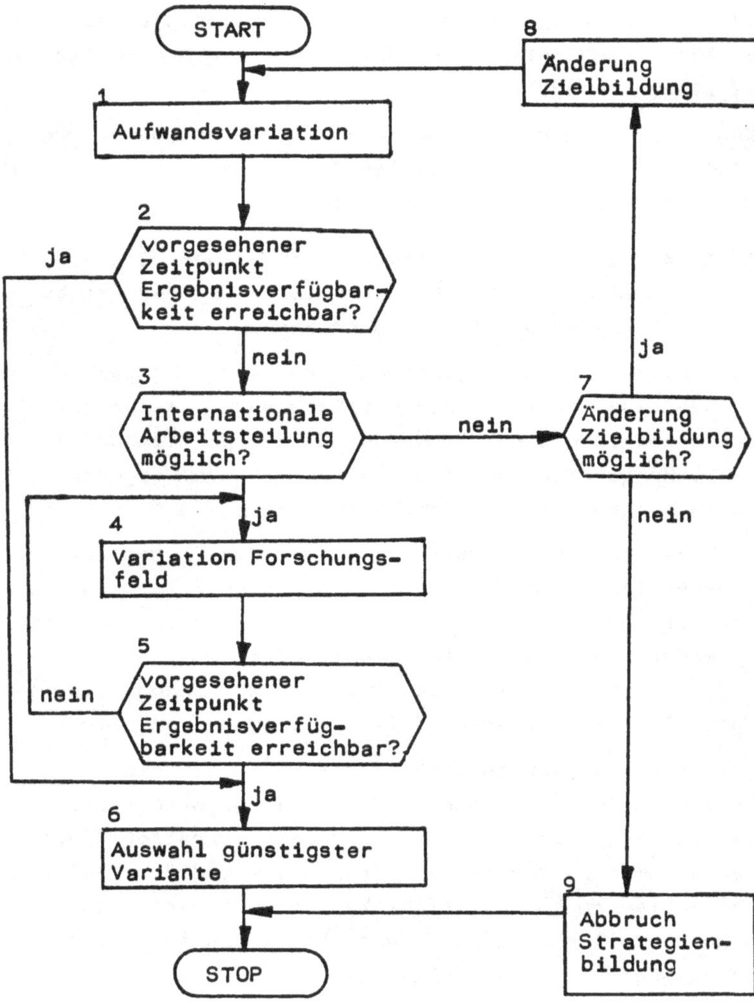

Bild 7.11: Subalgorithmus zur Bildung und Bewertung von Varianten für Forschungsstrategien zur 3. Robotergeneration

aufwänden bis zu jener Phase verbunden, wo sich das technische Potential der Innovation zu erschöpfen beginnt. Das noch verbleibende Restpotential erfordert einen ständig wachsenden Aufwand zu seiner Ausschöpfung.

Das Verhältnis von technischer Leistungsfähigkeit (technischem Wirkungsgrad) einer Innovation und Forschungs- und Entwicklungsaufwand stellt sich als S-Kurve (sog. Technologie-S-Kurve) dar (vgl. Bild 7.12).

Aus der Bestimmung der erreichten Position in der Technologie-S-Kurve läßt sich ersehen, ob es noch lohnt, Forschungs- und Entwicklungsaufwand für die Ausschöpfung des verbleibenden technischen Potentials einer gegebenen Innovation vorzusehen oder ob es sinnvoller ist, die Potenzen auf die Vorbereitung der voraussichtlich nächsten Innovation zu konzentrieren.

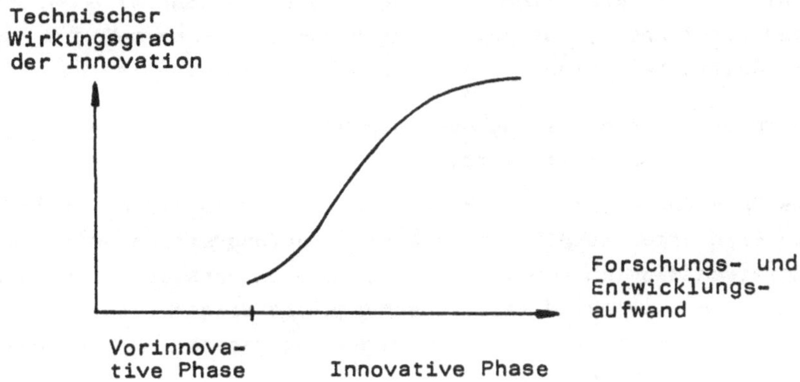

Bild 7.12: Verhältnis von technischer Leistungsfähigkeit einer Innovation und Forschungs- und Entwicklungsaufwand /7.23/

Wird der günstigste Zeitpunkt für die Neuorientierung des Forschungs- und Entwicklungspotentials verpaßt, so ergeben sich Zeitverluste im Forschungs- und Innovationsprozeß /7.24/.

Als wichtiges Bindeglied des Zusammenhangs von Forschungsaufwand und Zeitpunkt der Verfügbarkeit der Forschungsergebnisse erweist sich die Position der eigenen Aktivitäten im internationalen Forschungsprozeß. Ist eine Spitzenposition erreicht, so kann nur allgemein formuliert werden: Eine kritische Masse und Qualität des Forschungsaufwandes ist erforderlich, um Forschungsresultate in einem absehbaren Zeitraum überhaupt zu ermöglichen.

Wird die Spitzenposition im internationalen Forschungsprozeß von anderen eingenommen, so kann man sich auf deren Erfahrungswerte stützen. In diesem Falle lassen sich auf der Grundlage der in Bild 7.10 dargestellten Methodik Schätzwerte über mögliche Zeitpunkte der Verfügbarkeit der Forschungsresultate angeben.

Wenn unter Beachtung dieser Faktoren der Forschungsaufwand mit dem Ziel variiert wird, den vorgesehenen Zeitpunkt der Ergebnisverfügbarkeit zu erreichen, so ergeben sich folgende Alternativen: Entweder ermöglicht die gegebene Variantenbreite des Forschungsaufwandes, das Ziel zu erreichen, oder es muß die Möglichkeit internationaler Arbeitsteilung geprüft werden.

Operator 3: Entscheidung über die Möglichkeit internationaler Arbeitsteilung.

Das Forschungsfeld in Vorbereitung der 3. Robotergeneration ist ein Feld hoher Komplexität mit einem umfangreichen Umfeld von Basistechnologien (vgl. Bild 7.5). Wie internationale Erfahrungen der Arbeit auf diesem Forschungsfeld zeigen (vgl. Abschnitt 7.3.), ist multilaterale Arbeitsteilung geboten und in Ansätzen bereits vorhanden.

Auf der Grundlage des "Komplexprogramms des wissenschaftlich-technischen Fortschritts der Mitgliedsländer des RGW bis zum Jahre 2000" /7.25/ kann davon ausgegangen werden, daß die Vorbereitung der 3. Robotergeneration in Arbeitsteilung zwischen den Mitgliedsländern des RGW erfolgen wird.

Operator 4 und 5: Variation des Forschungsfeldes mit dem Ziel, den vorgesehenen Zeitpunkt der Ergebnisverfügbarkeit zu erreichen.

Die Variation des Forschungsfeldes erfolgt unter dem Gesichtspunkt, auf welchen Forschungsgebieten die günstigsten Möglichkeiten für die DDR liegen, ihren Beitrag im Rahmen einer internationalen Arbeitsteilung in Vorbereitung des Innovationsprozesses '3. Robotergeneration' zu leisten.

Es ergibt sich folgende Schrittfolge:

Erster Schritt: Analyse der Ausgangssituation auf dem jeweiligen Forschungsgebiet

- Im Rahmen der Zielbildung erfolgt in erster Näherung eine sachlich-inhaltliche und zeitliche Positionsbestimmung der DDR im internationalen Forschungsprozeß zur 3. Robotergeneration. Diese Positionsbestimmung bedarf bei der Variantenbildung einer Präzisierung derart, daß der Inhalt und Umfang der noch zu lösenden Probleme zu analysieren ist. Damit ist die Grundlage für die Einschätzung des erforderlichen Kaderpotentials und der notwendigen Forschungstechnik gegeben.
- Die Analyse des zur Bearbeitung des Forschungsgebietes eingesetzten Kaderpotentials beinhaltet vor allem die Einschätzung, inwieweit die Problemlösungsfelder in ihrem absehbaren Spektrum durch das jetzt vorhandene Kaderpotential ausreichend bearbeitbar sind. Bei der Bewertung des Kaderpotentials spielt eine Rolle, inwieweit noch Aufgaben der forschungsmäßigen Begleitung des Innovationsprozesses der 1. und 2. Robotergeneration die Aufmerksamkeit jenes Kaderpotentils erfordern, das für die Vorbereitung des Innovationsprozesses der 3. Robotergeneration vorgesehen ist.
- Die Analyse der auf dem Forschungsgebiet vorhandenen Technik konzentriert sich auf ihr Niveau nach dem Maßstab der in Vorbereitung der 3. Robotergeneration zu lösenden Probleme. Die Lösung dieser Probleme hat die technische Verfügbarkeit bestimmter Basistechnologien zur Voraussetzung (vgl. Tabelle 7.2).
- Die Analyse der Leitung, Planung und Organisation des Forschungsgebietes betrifft vor allem folgende Aspekte:

Technologiegebiet	Erforderlicher Entwicklungsstand für die 3. Robotergeneration
VLSI	Beherrschung von Submikrometertechnologien, 32 Bit-Prozessoren, Signalprozessoren
Sensoren/ Sensortechnologie	Sensorsysteme mit integrierter Vorverarbeitung, taktile Flächensensoren, sichere 3D-Erkennung in eingeschränkter Umwelt
Rechnerarchitektur	Parallelverarbeitung, verteilte Mikrorechnerstrukturen, KI-Rechner mit > 1 MLIPS
Software/ Softwaretechnologie	automatische Programmierung (implizite Programmierung), Problemlösen, generierbare Echtzeitbetriebssysteme
Mechanik	neue Werkstoffe (z.B. kohlefaserverstärkte Kunststoffe), Beherrschung mechanisch elastischer Glieder, mobile Strukturen für autonome Roboter
Antriebstechnik	Verringerung des Masse/Leistungsverhältnisses auf 1/3, gelenkintegrierte Antriebe

Tab. 7.2: Übersicht über einige Basistechnologien der 3. Robotergeneration

- Die Bearbeitung des Forschungsgebietes kann in unterschiedlicher Weise mit dem Volkswirtschaftsplan verbunden sein. Das Spektrum reicht von der Initiativforschung ohne unmittelbaren Bezug zum Volkswirtschaftsplan bis zum Staatsauftrag als wesentlichem Bestandteil des Volkswirtschaftsplanes.
- Die Beziehung der Forschung zur Entwicklung und Produktion kann in unterschiedlichem Maße eng sein. Die Möglichkeiten gehen von der autonomen Erkundungsforschung bis zu Forschung im Rahmen von Wirtschaftsverträgen.

Zweiter Schritt: Bestimmung des Zeitpunktes der Ergebnisverfügbarkeit bei Konzentration der Mittel auf das jeweilige Forschungsgebiet

Die Variantenbildung beruht darauf, daß die von der Volkswirtschaft für die forschungsmäßige Vorbereitung der 3. Robotergeneration zur Verfügung stehenden Mittel jeweils auf eines der Forschungsgebiete konzentriert werden.
Dabei sind folgende Faktoren zu berücksichtigen:

1. Kaderpotential
Es kann nicht um eine einfach zahlenmäßige Vergrößerung des Kaderpotentials gehen. Wesentlich für den Kadereinsatz ist das erreichte Entwicklungsstadium des Forschungsprozesses:

- In der Phase der Grundlagenforschung existieren oft unterschiedliche Konzepte, Herangehensweisen, Lösungsmöglichkeiten, deren Wettbewerb potentialmäßig ermöglicht werden sollte;
- Ist eine Problemlösung gefunden und im Experiment verifiziert, so ist es zweckmäßig, das Potential in einer solchen Richtung auszuweiten, die die Beziehung zwischen Grundlagenforschung, angewandter Forschung und Entwicklung sichert. In diesem Stadium ist auch das erforderliche Potential für die Erstrealisierung der Innovation aufzubauen.

2. Forschungstechnik
Entsprechend dem in der DDR erreichten Entwicklungsstand der Basistechnologien für die 3. Robotergeneration wird der für die

Forschungstechnik erforderliche Aufwand erheblich differieren. Ist vor allem die nationale Rechentechnik so weit entwickelt, daß sie Forschungen für die 3. Robotergeneration ermöglicht, so wird der damit verbundene Aufwand wesentlich geringer sein, als wenn die DDR über diese Rechentechnik noch nicht selbst verfügt.

3. Leitung, Planung und Organisation
Folgende Bedingungen sind für eine hohe Effektivität des Forschungsprozesses wesentlich:

- Einbindung aller wesentlichen Forschungsgebiete der 3. Robotergeneration einschließlich der Basistechnologien in einen Staatsauftrag;
- Zusammenfassung allen für die Vorbereitung des Innovationsprozesses erforderlichen Potentials von Forschung, Produktion und Anwendung im Rahmen von Wirtschaftsverträgen.

Im Ergebnis ist einzuschätzen, zu welchem Zeitpunkt unter den angenommenen Voraussetzungen der Aufwandskonzentration Problemlösungen auf dem jeweiligen Forschungsgebiet vorliegen können.

Dritter Schritt: Variantenbewertung auf der Grundlage der erreichbaren Zeitpunkte der Verfügbarkeit der Forschungsergebnisse

Bewertungsmaßstab ist das internationale Spitzenniveau. Auf den einzelnen Forschungsgebieten liegen Prognosen über den voraussichtlichen Zeitpunkt der Ergebnisverfügbarkeit der Problemlösungen vor (vgl. Tabelle 7.3).

Die Bewertung der Varianten erfolgt so, daß die Einschätzung der möglichen Zeitpunkte nationaler Ergebnisverfügbarkeit auf den einzelnen Forschungsgebieten in Beziehung zu den internationalen Prognosewerten gesetzt werden. Jene Varianten sind zu favorisieren, die die günstigste Position im Vergleich mit den internationalen Bestwerten prognostizieren.

Problemlösungsfeld	Voraussichtlicher Zeitpunkt internationaler Erstverfügbarkeit der Problemlösungen
3D-Erkennung in unstrukturierter Umgebung	Ende der 80er Jahre
Sprecherunabhängige Erkennung kontinuierlichen Sprechens	Anfang der 90er Jahre
Roboterspezifische Wissensrepräsentation und -nutzung	Mitte der 90er Jahre
Lernen aus Fehlhandlungen und Reagieren auf unvorhersehbare Umweltbedingungen	Mitte der 90er Jahre
Aktoren mit dem Masse-/Leistungsverhältnis menschlicher Muskeln	Anfang der 90er Jahre
Robuste Beweglichkeit in unstrukturierter Umgebung	Ende der 80er Jahre
Adaptive Effektoren hoher Zuverlässigkeit	Ende der 80er Jahre
Einsatz keramischer Werkstoffe für Roboter	Anfang der 90er Jahre

Tab. 7.3: Prognose des Zeitpunktes der internationalen Erstverfügbarkeit von Problemlösungen für die 3. Robotergeneration /7.26/

8. Sozialökonomische Wirkungen und Innovationseffekte der flexiblen Automatisierung

8.1. Sozialökonomische Grundlagen der Effektivitätsbestimmung

Entscheidende Bezugspunkte für die Bestimmung der Effektivität der flexiblen Automatisierung bilden die konkreten sozialökonomischen Ziele der sozialistischen Gesellschaftsentwicklung sowie die Bedingungen und Erfordernisse des hierfür notwendigen sozialistischen Typs der intensiv erweiterten Reproduktion, vor allem die ökonomischen, sozialen, Ressourcen- und Umwelterfordernisse.

In früheren Entwicklungsperioden, in denen solche Schlüsseltechnologien wie die Maschinerie oder die traditionelle Elektrotechnik zum Einsatz kamen, reichte es aus der Sicht der Effektivität im wesentlichen aus, wenn mit ihrer Hilfe Arbeitsproduktivität, Profit bzw. Nationaleinkommen gesteigert sowie Umfang der Produktion und Marktanteile erweitert werden konnten. In welchem Ausmaß dabei negative Auswirkungen für die Menschen und ihre Umwelt verbunden waren, begrenzte natürliche Ressourcen sowie Arbeitskräfte in Anspruch genommen wurden - solchen Fragen wurde nur eine zweit- oder drittrangige Bedeutung beigemessen. Unter diesen Bedingungen waren auch die Effektivitätskriterien auf einige wenige Kennziffern zu beschränken.

Grundsätzlich anders stellt sich die Effektivitätsbestimmung unter den Bedingungen der sozialistischen intensiv erweiterten Reproduktion für die flexible Automatisierung dar, weil sie ebenso wie jede andere Basisinnovation unserer Zeit in komplexer Weise vielfältigen Effektivitätserfordernissen entsprechen muß. Dies ergibt sich aus einem mit dem gesellschaftlichen Fortschritt sich ständig verändernden Bedürfnisspektrum - einem quantitativ und qualitativ steigenden real existierenden bzw. latent vorhandenen Bedarf - aber auch aus ständig sich verändernden ökonomischen, sozialen, ökologischen und anderen Reproduktionserfordernissen.

Diese Veränderungen werden gegenwärtig von drei Herausforderungen entscheidend geprägt. Dazu gehören:

- die anspruchsvollen Ziele des Sozialismus in der Einheit von Wirtschafts- und Sozialpolitik, deren Realisierung nur auf einer Produktionsbasis möglich ist, die bei der Priorität sozialer Effekte auf weiteres Wachstum der Produktion, der Arbeitsproduktivität, des Nettoprodukts bzw. Nationaleinkommens sowie auf Qualitätsverbesserungen und Innovationseffekte orientiert sein muß;
- Erfordernisse, die sich aus der Energie-, Rohstoff-, Ressourcen- und Umweltsituation ergeben und außerordentlich hohe Anforderungen an die Nutzbarmachung neu zu erschließender Energieträger, an die Entwicklung umweltfreundlicher Technologien, an sparsamen Material- und Energieeinsatz sowie an die höhere Veredelung von Rohstoffen stellen;
- die wissenschaftlich-technische Revolution, deren Errungenschaften neue Effektivitätsmaßstäbe setzen, die organisch mit den Zielen des Sozialismus und seinen Vorzügen verbunden werden müssen.

8.2. Hauptwirkungsrichtungen der flexiblen Automatisierung

Aus der Tatsache, daß zwischen Wachstum des verfügbaren Nationaleinkommens, ökonomischem und sozialökonomischem Fortschritt enge Wechselbeziehungen bestehen, ergibt sich, daß für die strategische Orientierung der flexiblen Automatisierung der Zuwachs des verfügbaren Nationaleinkommens bei gleichzeitigem absoluten oder relativen Rückgang des Produktionsverbrauchs das entscheidende Effektivitätskriterium sein muß. Dieser Zuwachs muß zugleich bei verbesserten sozialen Bedingungen erreicht werden.

Die flexible Automatisierung leistet hierzu ihren Beitrag über drei eng miteinander verbundene Hauptwirkungsrichtungen:

1. Einsparung an lebendiger und vergegenständlichter Arbeit

Die erste Hauptrichtung ist darauf gerichtet, die "Schöpfung des Reichtums weniger von der Arbeitszeit und dem Quantum angewandter Arbeit" abhängig zu machen "als von der Macht der Agentien, die während der Arbeitszeit in Bewegung gesetzt werden und die selbst wieder ... abhängig vom allgemeinen Stand der Wissenschaft und dem Fortschritt der Technologie oder der Anwendung dieser Wissenschaft auf die Produktion" /8.1/ sind. Diese Hauptrichtung ist auf das engste mit sozialökonomischen Erfordernissen (z. B. Befreiung von körperlich schwerer Arbeit) und dem Gesetz der Ökonomie der Zeit verbunden, mit ihr verbinden sich gegenwärtig vielfältige Einsparungen, sowohl an lebendiger als auch vergegenständlichter Arbeit. Denn auf Grund der inzwischen eingetretenen Ressourcensituation muß erweiternd hierzu auch die Forderung gesehen werden, "die Schöpfung des Reichtums" immer weniger von solchen Ressourcen abhängig zu machen, die als vergegenständlichte Arbeit ökonomisch immer aufwendiger werden, zu ihrer Bereitstellung oder ihrem Erwerb im internationalen Austausch als Äquivalent einen in der Tendenz immer größeren Fonds an Arbeitszeit erfordern oder die sogar in absehbarer Zukunft überhaupt nicht mehr ausreichend zur Verfügung stehen werden.

Die Wirkungsrichtung der flexiblen Automatisierung, die Schöpfung des wirklichen Reichtums weniger von der Arbeitszeit abhängig zu machen, vollzieht sich vorrangig über die Entwicklung produktiverer Automatisierungsmittel (Produktinnovationen) und deren Anwendung in den gesellschaftlichen Arbeitsprozessen (Prozeßinnovationen). Einen wesentlichen Beitrag hierzu leistet die Mikroelektronik, die auf einem bestimmten Niveau der Entwicklung von hoch- und höchstintegrierten Schaltkreisen, Mikroprozessoren sowie Sensoren den qualitativen Sprung von der Einzweckautomatisierung zur flexiblen Automatisierung ermöglichte, die damit ein wesentlich größeres automatisierwürdiges Potential schuf – automatisierungswürdig im Sinne eines Potentials, das vom Standpunkt der Entwicklung der Technik und ihres Nutzens für die soziale Entwicklung der Gesellschaft sowie vom Standpunkt der ökonomischen Effektivität automatisierungswürdig ist.

Eine Grundtendenz, die sich mit der flexiblen Automatisierung hierbei verstärkt, betrifft die Übertragung menschlicher Arbeitsfunktionen an Maschinen und andere technische Mittel. Mit dieser Tendenz verbindet sich auch nach Marx die "direkt aus der Wissenschaft entspringende Analyse und Anwendung mechanischer und chemischer Gesetze, welche die Maschine befähigt, dieselbe Arbeit zu verrichten, die früher der Arbeiter verrichtete" /8.2/.

Im Prozeß der flexiblen Automatisierung werden wachstumsbegrenzende Abhängigkeiten von der lebendigen sowie von der vergegenständlichten Arbeit beseitigt:

- direkt durch Übertragung von immer mehr menschlichen Arbeitsfunktionen auf produktivere technische Mittel sowie deren Auslastung,
- indirekt durch ständige Vervollkommnung (Qualitätsverbesserung) der Automatisierungsmittel und Erhöhung ihrer Zuverlässigkeit, verbunden mit Einsparungen beim Materialeinsatz und Energieverbrauch, bei Verschleißteilen, beim Reparatur- und Wartungsaufwand.

Tendenzen der Übertragung menschlicher Arbeitsfunktionen sowie die Schwerpunktverlagerung werden in Tabelle 8.1 dargestellt. Diese Schwerpunktverlagerungen betreffen insbesondere

- den verstärkten Einsatz von Robotern in Montageprozessen, der künftig mehr als ein Drittel der Einsatzgebiete umfaßt,
- die Strukturveränderungen in Schweißprozessen durch die Erhöhung des Anteils des Lichtbogenschweißens und den Rückgang des Punktschweißens.

Lfd. Nr.	Tätigkeiten	1981	1990
1	Punktschweißen	40	3
2	Handhabung	29	32
3	Oberflächenbehandlung	11	4
4	Montage	6	35
5	Lichtbogenschweißen	6	16
6	Sonstige	8	10
7	Summe	100	100

Tab. 8.1: Prognostizierte Entwicklung des Anteils der Roboter-Funktionen im EG-Bereich /8.3/

Einsparungen nicht nur lebendiger Arbeit, sondern auch vergegenständlichter Arbeit zeigt ein realisiertes Projekt aus dem japanischen Werkzeugmaschinenbau (Tab. 8.2).

Hierbei ist besonders bemerkenswert, daß

- die Anzahl der Werkzeugmaschinen in der flexibel automatisierten Fertigung um 52 %, d. h. um mehr als die Hälfte verringert werden konnte,
- nur noch 20 % der Arbeitskräfte insgesamt erforderlich waren,
- eine wesentliche Veränderung der Arbeitskräftestruktur in der Hinsicht eintrat, als die Anzahl der Arbeitskräfte für die Fertigung auf 21 % sank und die Anzahl der Arbeitskräfte für die Steuerung und Überwachung auf mehr als das Achtfache stieg,
- die Durchlaufzeit auf ein Drittel verringert wurde,
- der Flächenbedarf für die automatisierte Fertigung auf reichlich ein Drittel sank.

Lfd. Nr.	Beziehung	4 Flexible Fertigungssysteme	Konventionelle Fertigung gleicher Kapazität
1	Anzahl der Werkzeugmaschinen	43	90
2	Anzahl der Beschäftigten	39	195
	darunter:		
2a	für Fertigung	36	170
2b	für Steuerung/ Überwachung	3	25
3	Bearbeitungszeit	3 Tage	35 Tage
4	Baugruppenmontagezeit	7 Tage	14 Tage
5	Erzeugnismontagezeit	20 Tage	42 Tage
6	gesamte Durchlaufzeit	30 Tage	91 Tage
7	Flächenbedarf	6 600 m^2	16 500 m^2

Tab. 8.2: Vorzüge flexibler Fertigung im Vergleich zur konventionellen Fertigung bei Yamazaki, Minokamo /8.4/

Reduzierung von Ausfallzeiten bedeutet vor allem Erhöhung der Nutzungszeiten. Nach einer Befragung von 13 Nutzern flexibler Fertigungssysteme in der BRD ergab sich ein durchschnittlicher Nutzungsgrad von etwa 86 Prozent /8.5/. Die Verlustzeiten hatten verschiedene Ursachen (Tab. 8.3).

Lfd. Nr.	Bezeichnung	Streubreite	Mittelwerte
1	Nutzungsgrad	67...95	86
2	Verlustzeiten durch		
2a	.organisatorische Mängel	1...10	4
2b	.Maschinenausfall	2...15	5
2c	.Steuerungs- und Rechnerausfall	1...6	2
2d	.Transportsystemausfall	1...4	2
2e	.Handhabungsgerätausfall	1...3	1

Tab. 8.3: Nutzungsgrad und Verlustzeiten flexibler Fertigungssysteme (%)

Als Verbesserungen wurden angegeben:

Lfd. Nr.	Bezeichnung	Extremwerte	Mittelwerte
1	Durchlaufzeit	- 30, - 90	- 70
2	Nutzungszeit	+ 30, + 30	+ 30
3	Maschinenanzahl	- 60, - 84	- 70
4	Umlaufkapital	- 15, - 60	- 30
5	Fertigungskosten	- 5, - 55	- 25

Tab. 8.4: Durch flexible Fertigungssysteme erzielte Verbesserungen (%)

Der qualitative Fortschritt, der gegenüber der Einzweckautomatisierung mit der flexiblen Automatisierung bei der Übertragung menschlicher Arbeitsfunktionen an technische Mittel erreicht wurde, zeigt sich zunächst daran, daß in nahezu allen Bereichen der gesellschaftlichen Arbeit das automatisierwürdige Potential beträchtlich erweitert werden konnte. Zudem lassen sich mit modernen Automatisierungsmitteln nicht nur Prozesse einfacher Arbeit in Massenproduktion, sondern zunehmend auch komplizierter Arbeit in Mittel- und Kleinserienproduktion automatisieren. Dabei werden - wie Untersuchungen zeigen - nicht nur direkt und indirekt Abhängigkeiten von lebendiger und vergegenständlichter Arbeit beseitigt,,sondern zugleich bilden sich auch qualitativ neue Abhängigkeiten für ein zu erlangendes Effektivitätsniveau heraus.

Effekte, die sich aus der ersten Hauptwirkungsrichtung der flexiblen Automatisierung ergeben, beziehen sich vor allem auf

- Innovationseffekte (vgl. Abschnitt 8.3) bei der Produktion von Automatisierungsmitteln und deren Anwendung unter Ausnutzung von Zeitgewinnen bzw. des Zeitfaktors,
- Einsparung an lebendiger und vergegenständlichter Arbeit,
- Gewinnung von Arbeitskräften und Fonds für zusätzliche Produktion oder Produktionen anderer Art bzw. für Aufgaben in produktionsvorbereitenden oder nichtproduktiven Bereichen.

Diesen Effekten, die auch Indikatoren dafür sind, wie, d.h. mit welchen Arbeitsmitteln gearbeitet wird, stehen in der Regel zusätzliche Aufwendungen bei einmaligen Aufwendungen sowie im Produktionsverbrauch gegenüber. Entscheidend ist dabei, daß sich volkswirtschaftlich im Gesamtaufwand der Produktion das Verhältnis zwischen nationaleinkommensbildenden Bestandteilen wie Lohn, Beitrag zu gesellschaftlichen Fonds, Gewinn und zentralisierten Reineinkommen des Staates auf der einen und dem

Produktionsverbrauch auf der anderen Seite verbessert, so daß sich für die Gesellschaft ein Zuwachs an Nationaleinkommen ergibt.

Unter den Bedingungen der wissenschaftlich-technischen Revolution hat die Übertragung menschlicher Arbeitsfunktionen an technische Mittel zweifellos ein qualitativ höheres Niveau erreicht; sie wird auch als Kriterium des wissenschaftlich-technischen Fortschritts sowie als Kriterium für die Bestimmung des qualitativ neuen Techniktypes in der industriellen Revolution sowie unter den Bedingungen der wissenschaftlich-technischen Revolution angesehen. In /8.6/ heißt es hierzu: "Der wesentliche Inhalt der industriellen Revolution kann nur bestimmt werden, wenn vom allgemeinen Inhalt des technischen Fortschritts überhaupt ausgegangen wird: er ist nichts anderes als vor allem der fortschreitende, endlose Prozeß der Übertragung menschlicher Arbeitsfunktionen auf technische Mittel".
Die Überwindung von "Begrenzungen des physischen Leistungsvermögens des Menschen" wird hierbei als grundlegende Wirkung der industriellen Revolution angesehen, während der von der wissenschaftlich-technischen Revolution hervorgebrachte neue Techniktyp auf die informationsverarbeitende Technik bezogen wird, "die gewissermaßen die geistigen Kräfte des Menschen vervielfacht, weil sie die Arbeitsprozesse von bestimmten Begrenzungen des geistigen Arbeitsvermögens löst" /8.7/.

Zweifellos haben die Beziehungen zwischen lebendiger Arbeit und Arbeitsmitteln eine zentrale Bedeutung für den ökonomischen Fortschritt. In diesen Beziehungen werden durch Ausnutzung biologischer, physikalischer, chemischer und anderer Gesetzmäßigkeiten nicht nur menschliche Arbeitsfunktionen auf technische Arbeitsmittel übertragen, sondern darüber hinaus technische Mittel in die Lage versetzt, Funktionen zu realisieren, die der Mensch überhaupt nicht so rasch, nicht so zuverlässig und exakt bzw. die der Mensch überhaupt nicht oder nicht unter den gegebenen natürlichen Bedingungen vollziehen könnte. Um aber das Wesen der wissenschaftlich-technischen Revolution bestimmen oder die "Frage nach dem dominierenden Prozeß der wissenschaftlich-technischen Revolution" /8.8/ beantworten zu können, müssen ihre Errungenschaften vor allem als "Gradmesser der Entwicklung der menschlichen Arbeitskraft, ... auch (als) Anzeiger der gesellschaftlichen Verhältnisse, worin gearbeitet wird" /8.9/, verstanden werden. Neben der Frage: "Welche Funktionen des Menschen übernimmt bzw. vollzieht die Technik?", muß vor allem die Frage gestellt werden: Was hat sich unter den Bedingungen der wissenschaftlich-technischen Revolution im Funktionsbereich des Menschen als Hauptproduktivkraft in seinem Stoffwechsel mit der Natur /8.10/, bei der Aneignung des Natürlichen für menschliche Bedürfnisse /8.11/ qualitativ verändert bzw. erweitert, was hat ihn überhaupt befähigt, neben anderen Errungenschaften einen qualitativ neuen Techniktyp hervorzubringen?" Es dürfte kein Zweifel darüber bestehen, daß bei der Beantwortung dieser Frage von der Produktivkraft Wissenschaft nicht abstrahiert werden kann. Das gilt auch für die flexible Automatisierung, über deren Elemente die Produktivkraft Wissenschaft zur Wirksamkeit gebracht wird, die mitbestimmend dafür ist, wie und was produziert, gearbeitet bzw. konsumiert wird. Der sich verstärkende Übergang, mehr und mehr auf der Grundlage wissenschaftlicher Erkenntnisse und Informationen den gesamten Arbeits- und Lebensprozeß qualitativ zu verändern, Gesetze der Natur und der Gesellschaft zu erforschen und bewußt in den Dienst der menschlichen Gesellschaft zu stellen (über Produkt- und Prozeßinnovationen, die Entwicklung neuer Technik, Technologie, Software, aber auch über neue Konsumgüter, neue sozialökonomische Beziehungen und Verhaltensweisen) sollte als der eigentliche dominierende Prozeß der wissenschaftlich-technischen Revolution angesehen werden. Daß dieser in seinen Wirkungsrichtungen durch die jeweiligen Produktionsverhältnisse maßgeblich bestimmt wird, darf selbstverständlich dabei nicht übersehen werden. Die flexible Automatisierung ist aufs engste mit diesem "dominierenden Prozeß" der wissenschaftlich-technischen Revolution verbunden, was vor allem auch die folgenden zwei ihrer Hauptwirkungsrichtungen (siehe Abschnitt 8.2) zum Ausdruck bringen.

Als Errungenschaft der wissenschaftlich-technischen Revolution hat sie in ihrer ersten Hauptwirkungsrichtung einerseits weiteres Produktionswachstum weniger abhängig zu machen vom Quantum angewandter Arbeit, andererseits aber begründet sie auf höherem Niveau neue Abhängigkeiten von der lebendigen Arbeit. Diese beziehen sich vor allem

- auf Qualifikationsvoraussetzungen bei den Werktätigen (siehe Abschnitt 8.4.);
- auf wissenschaftlich-kreative Potenzen, um durch effektivere wissenschaftlich-technische Problemlösungen weitere Produkt- und Prozeßinnovationen mit den flexiblen Fertigungssystemen zu realisieren und den ansteigenden Softwarebedarf abzudecken;
- auf Vorleistungen und Zulieferungen anderer - vor allem wissenschaftsintensiver - Bereiche für die flexible Automatisierung;
- auf ein höheres Niveau der Organisiertheit der Arbeit sowie der Informiertheit der Werktätigen, deren rasches Reagieren auf Bedingungen und Erfordernisse bei vielen entscheidenden Operationen noch vor der Technik notwendig ist.

Ohne Beachtung dieser neuen Abhängigkeiten von der lebendigen, schöpferischen Arbeit lassen sich die Effektivitätspotenzen der flexiblen Automatisierung nicht umfassend nutzen. Dabei kann nicht übersehen werden, daß international in den Bereichen, die der flexiblen Automatisierung die entscheidenden Impulse verleihen, der Anteil qualifizierter Arbeit rasch zugenommen hat (Tab. 8.5).

Selbstverständlich werden auch diese neu sich herausbildenden Abhängigkeiten von der lebendigen Arbeit unter den Bedingungen der wissenschaftlich-technischen Revolution nicht als unabänderlich zur Kenntnis genommen. Durch weitere Qualifizierung der Elemente der flexiblen Automatisierung, Neuerschließung von automatisierungswürdigen Potentialen, vor allem in informationsverarbeitenden Prozessen, vollzieht sich auch hier ein ständiger Wandel im Abhängigkeitsverhältnis zur lebendigen Arbeit und ihren Funktionen. Das zeigt sich gegenwärtig beson-

Lfd. Nr.	Bezeichnung	Elektronik-industrie	Industrie-Durchschnitt
1	Manager	13	6,6
2	Ingenieure/ Forscher/ Programmierer	27	
3	Techniker	14	9,8
4	Büroangestellte	16	11,5
5	Facharbeiter	7	
6	Angelernte	20	72,1
7	Hilfsarbeiter	3	
8	Summe	100	100

Tab. 8.5: Arbeitskräftestrukturen in den USA (%) /8.12/

ders deutlich an der raschen Entwicklung der CAD-Lösungen mit Produktivitätssteigerungen auf das 2 ... 10fache und darüber hinaus.

Die flexible Automatisierung, die zu dem neuen Techniktyp gerechnet werden muß, der von der wissenschaftlich-technischen Revolution hervorgebracht wurde, würde in ihrer gesellschaftlichen Wirksamkeit zweifellos unterschätzt, würden wir sie lediglich in ihrer Bedeutung für die Übertragung menschlicher Arbeitsfunktionen auf technische Mittel sehen. Enorme Bedeutung erlangt sie darüber hinaus in den Prozessen, in denen es um die "Erweiterung der bestehenden Konsumtion; ... Produktion neuer Bedürfnisse und Entdeckung und Schöpfung neuer Gebrauchswerte" /8.13/ geht. Es sind jene wissenschaftlich-schöpferischen Arbeitsprozesse, in denen im Mittelpunkt steht die "Exploration der Erde nach allen Seiten, sowohl um neue brauchbare Gegenstände zu entdecken, wie neue Gebrauchseigenschaften der alten ... die Entwicklung der Naturwissenschaft daher zu ihrem höchsten Punkt ..." /8.14/.

2. Intensivierung und Beschleunigung von Innovationsprozessen

Die zweite Hauptrichtung der Wirksamkeit der flexiblen Automatisierung ist an den Erfordernissen orientiert, die sich aus der wissenschaftlich-technischen Revolution für Produkt- und Prozeßinnovationen und ihrer raschen Realisierung ergeben. Bei dieser Hauptrichtung steht vor allem die Frage im Vordergrund, was mit Hilfe der flexiblen Automatisierung produziert werden muß und welche entscheidenden Bedingungen hierfür erforderlich sind. Schon die Verwirklichung der zuerst genannten Hauptwirkungsrichtung der flexiblen Automatisierung erfordert viele neuartige, produktivere Automatisierungsmittel mit ständig besser werdenden Gebrauchseigenschaften, die unter dem ersten Aspekt vorrangig auf Aufwandsminimierungen orientiert sind. Dabei müssen Automatisierungslösungen und Automatisierungsmittel rasch und zum richtigen Zeitpunkt produktionswirksam werden. Bei einer ansonsten gleichbleibenden Erzeugnisstruktur für den produktiven und konsumtiven Bereich würde das Wachstum der Produktion und des Nationaleinkommens mit der Abdeckung des hierfür latent vorhandenen bzw. realen Bedarfs schon bald auf Grenzen stoßen, wäre die menschliche Gesellschaft nicht in der Lage, Produkte mit neuen Gebrauchseigenschaften für die Produktion, aber auch für die individuelle und gesellschaftliche Konsumtion zu entwickeln, "in einem stets sich erweiternden und umfassenden System von Arbeitsarten, Produktionsarten, denen ein stets erweitertes und reicheres System von Bedürfnissen entspricht" /8.15/.

Ebenso würde das Wachstum des Nationaleinkommens auf Grenzen stoßen oder sogar rückläufige Tendenzen zeigen, wäre die Wissenschaft nicht in der Lage, an Stelle sich erschöpfender Ressourcen und Energieträger andere Kräfte , Energie- und Rohstoffquellen aufzuspüren, um neue Problemlösungen, Ersatzlösungen oder Substitutionen zu ermöglichen. In dieser Richtung wurden die Kernenergetik, die moderne Festkörperelektronik, die Lasertechnik, die Werkstoffwissenschaften, Entwicklungen auf dem Gebiet synthetischer Faserstoffe bzw. anderer hochpolymerer

Materialien und neuerdings vor allem die Gentechnologie in zunehmendem Maße wirksam gemacht.

Unter den Bedingungen der wissenschaftlich-technischen Revolution kann auf Grund ihrer innovativen Wirkungen "das Nationaleinkommen, welches heute mit einer bestimmten Produktion realisiert wird, morgen mit der gleichen Produktion nicht mehr realisiert werden" /8.16/. Erst recht sind neue Erzeugnisse erforderlich, wenn weiteres Wachstum und Bedürfnisbefriedigung auf einem qualitativ höheren Niveau erreicht werden sollen. Der überwiegende Teil unseres Nationaleinkommens wird gegenwärtig in Bereichen der Produktion erzeugt, deren Produkte wissenschaftlichen Erkenntnissen und Entdeckungen sowie darauf beruhenden Innovationen zu verdanken ist, die es im vorigen Jahrhundert, in früheren Jahrzehnten bzw. zum Teil in den letzten Jahren überhaupt noch nicht gab. Andere in ihrer Art schon in früheren Entwicklungsperioden hergestellte Produkte sind entweder vom Markt verschwunden, weiterentwickelt worden oder haben (z. B. landwirtschaftliche Erzeugnisse) auf der Grundlage wissenschaftlicher Erkenntnisse und darauf aufbauender Produktivkraftelemente durch Innovationen bedeutende Wachstumsimpulse erhalten.

Die flexible Automatisierung hat dabei enorme Bedeutung für das gesamte Innovationsgeschehen, womit sie der Einzweckautomatisierung bei weitem überlegen ist: sie besitzt einen vom jeweiligen Entwicklungsniveau abhängigen Grad an Flexibilität und Reaktionsfähigkeit der Automatisierungsmittel. Was früher bei Produktveränderungen, Veränderungen im Materialeinsatz, Maschinen- und Werkzeugwechsel sowie zeitaufwendigen Umrüstungen an Arbeitsaufwand erforderlich war, kann heute vielfach ohne menschliches Zutun in wesentlich kürzeren Zeiten bewältigt werden. Dies hat generelle Effektivitätsbedeutung, insbesondere aber für Innovationsprozesse auf Grund der Wirkungsweise des Zeitfaktors. Erfahrungen besagen, daß eine 6monatige Verspätung bei Innovationen in der Regel zu 22 Prozent Gewinnverlust führt.

Die von der flexiblen Automatisierung erwartete Stimulierung der Innovationsraten und Innovationseffekte erfordern wissenschaftlich-schöpferische Vorleistungen. Es ist deshalb kein Zufall, daß Innovationsanforderungen in industriell entwickelten Ländern gegenwärtig aufs engste mit Fragen

- zu Bildung und Wissenschaft,
- zur Zusammenarbeit von Produktion und Wissenschaft,
- zur internationalen wissenschaftlich-technischen Zusammenarbeit

verknüpft werden.
So war eine EG-Kommission beauftragt worden, einen Vorschlag für einen Beschluß über ein Aktionsprogramm der Gemeinschaft zur Aus- und Weiterbildung im Technologiebereich auszuarbeiten. Besorgt wies man darauf hin, daß in den westeuropäischen Ländern der bestehende und zu erwartende Bedarf an Humanressourcen für die neuen Spitzentechnologien (Ingenieure, Wissenschaftler, höhere Techniker) ..., eindeutig sowohl quantitativ als qualitativ die derzeitige Zahl der Hochschulabgänger (übersteigt). Untersuchungen von drei Instituten ergaben, daß bei 55 Prozent der befragten Firmen der BRD ein Mangel an Mikroelektronikspezialisten festgestellt. In Großbritannien lag die Quote bei 45 Prozent und in Frankreich bei 51 Prozent. Dieser Mangel wird als noch schwerwiegender empfunden als der Mangel an Finanzkapital. Qualifikationsdefizite werden auf Qualitätsmangel in der Ausbildung und auf fehlende Quantitäten zurückgeführt. In Japan wird ebenfalls mit einem steigenden Fehlbedarf an qualifizierten Kadern gerechnet. Ähnliche Qualifikationsdefizite werden auch aus den USA gemeldet.

Bei richtiger Einschätzung der Bedeutung der flexiblen Automatisierung für den Innovationsprozeß in der Volkswirtschaft wird erkennbar, daß "das Nationaleinkommen, das gestern und heute in weniger forschungsintensiven Zweigen produziert wurde - bedingt durch die wissenschaftlich-technische Revolution - morgen in forschungsintensiveren Zweigen produziert werden (muß) /8.17/.

Die Ausnutzung der Möglichkeiten der flexiblen Automatisierung zur Beschleunigung von Innovationsprozessen haben deshalb Konsequenzen für die Prozesse von Forschung und Entwicklung. International ist eine bedeutende Zunahme der Forschungsintensität sichtbar.

Das RGW-Komplexprogramm der wissenschaftlich-technischen Entwicklung bis zum Jahr 2000 gibt der flexiblen Automatisierung sowie dem gesamten Innovationsgeschehen in der DDR bedeutende Entwicklungsimpulse, weil es einen umfassenden, integrativen Charakter trägt und konkrete Wege seiner Realisierung enthält. Für die DDR ergibt sich dabei die günstige Möglichkeit, im Rahmen der internationalen Arbeitsteilung die eigenen Kräfte und Mittel auf die Schwerpunktgebiete zu konzentrieren, deren beschleunigte Entwicklung für die Intensivierung der gesamten Wirtschaft, das Erreichen des Höchstniveaus an der ganzen Front des wissenschaftlich-technischen Fortschritts und den Eintritt in die neue Ära des 21. Jahrhunderts bestimmt ist.

In der zweiten Hauptwirkungsrichtung der flexiblen Automatisierung werden diese Prozesse vor allem Auswirkungen haben auf

- die Innovationseffekte,
- die Innovationsraten,
- Beschleunigungseffekte und Zeitgewinne,
- das Wachstum des verwendungsfähigen Nationaleinkommens bzw. Nettoprodukts (gebrauchswertmäßig und wertmäßig).

Begleitende Auswirkungen werden sich vor allem in den Bereichen der Bildung sowie in Forschung und Entwicklung bemerkbar machen. Es ist deshalb kein Zufall, daß das RGW-Komplexprogramm es für erforderlich erachtet, der kadermäßigen Absicherung des Programms verstärkte Aufmerksamkeit zu widmen. Dazu werden auch durch die interessierten Länder abgestimmte Maßnahmen für die weitere Entwicklung der Zusammenarbeit zur Aus- und Weiterbildung von Kadern ausgearbeitet und durchgeführt.

3. Soziale Wirkungen der flexiblen Automatisierung

Die dritte Hauptrichtung der Wirksamkeit der flexiblen Automatisierung im gesellschaftlichen Reproduktionsprozeß ist schließlich auf die Reproduktion des Menschen selbst als allseitig entwickelte Persönlichkeit in seinen vielfältigen gesellschaftlichen Beziehungen gerichtet. "Betrachten wir die Gesellschaft im großen und ganzen", schreibt Marx, "so erscheint immer als letztes Resultat des gesellschaftlichen Reproduktionsprozesses die Gesellschaft selbst, d. h. der Mensch selbst in seinen gesellschaftlichen Beziehungen. Alles, was feste Form hat, wie Produkte etc. erscheint nur als Moment, verschwindendes Moment in dieser Bewegung" /8.18/. Demzufolge muß alles, was vorher in den ersten beiden Hauptrichtungen an Wirksamkeiten der flexiblen Automatisierung herausgestellt wurde, im Hinblick auf die Entwicklung des Menschen selbst und die Entwicklung seiner sozial-ökonomischen Beziehungen bewertet werden.

Das erfordert im Sozialismus eine Effektivitätssicht, die nicht nur das ökonomische Aufwand-Nutzen-Verhältnis in Betracht zieht, sondern die Zielrealisierung des Sozialismus in sich einschließt. Dieses Herangehen ist unmittelbar verbunden mit der Notwendigkeit, durch die Verbindung von wissenschaftlich-technischem, ökonomischem und sozialem Fortschritt die nur dem Sozialismus wesenseigenen Triebkräfte unserer Gesellschaft auf immer höherer Stufenleiter zu erschließen. Vor allem geht es darum, den Nutzeffekt der lebendigen Arbeit der hochqualifizierten Werktätigen in neuen Dimensionen zu erschließen.

Das setzt in unserer Gesellschaft voraus, daß die Menschen mit dem wissenschaftlich-technischen Fortschritt und damit auch mit der flexiblen Automatisierung positive soziale Erfahrungen machen.

Darin kommt nicht nur ein wesentlicher Bestandteil der Zielrealisierung des Sozialismus zum Ausdruck, sondern das ist zugleich eine unabdingbare Voraussetzung für die Weiterentwicklung des bewußten Leistungsverhaltens der Werktätigen, wie es gerade für die effektive Nutzung so hoch entwickelter Technologien wie der flexiblen Automatisierung erforderlich ist.

Zur praktischen Realisierung von sozialem Fortschritt in Einheit mit dem wissenschaftlich-technischen und dem ökonomischen Fortschritt durch und für das Arbeitsvermögen, d. h. konkret durch und für die Werktätigen, ist es notwendig, das "Soziale" im Arbeitsprozeß praktikabel, d. h. nachweisbar, bewertbar und so systematisch gestaltbar zu untersetzen, denn soziale Fortschritte wirken erst dann handlungsmotivierend, wenn sie als soziale Erfahrungen /8.19/ im Sinne der subjektiv erlebten, objektiv vorhandenen Interessenübereinstimmung zwischen Individuum und Gesellschaft von den Werktätigen angeeignet werden.

Somit kann folgender Ausgangspunkt der wissenschaftlich-produktiven Analyse bei der konkreten Gestaltung sozialer Fortschritte durch wissenschaftlich-technische Neuerungen - wie der flexiblen Automatisierung - zugrunde gelegt werden:

Soziale Effekte sind die Wirkungen, die bei der Realisierung des wissenschaftlich-technischen Fortschritts im Arbeitsprozeß auf den Menschen, seine Beziehungen zur Gesellschaft, sein Wohlbefinden, auf die Entwicklung seiner Leistungsvoraussetzungen, seiner Persönlichkeit und seines Leistungsverhaltens Einfluß haben. Soziale Effekte führen so zu qualitativen und quantitativen Veränderungen der Struktur, der Nutzung und der Weiterentwicklung des Arbeitsvermögens /8.20/ ... /8.23/.

Diese Begriffsbestimmung, die bereits bei der Analyse von Elementen der flexiblen Automatisierung, wie des Einsatzes von Industrierobotern und Personalcomputern, erfolgreich angewandt wurde, kann voll inhaltlich auf Prozesse der flexiblen Automatisierung in ihrer Gesamtheit übertragen werden. Das gilt auch für die Wirkungsrichtung, den Zeitpunkt des Auftretens und die Beziehungen der sozialen Effekte untereinander sowie zu den ökonomischen Effekten, wie sie im folgenden dargestellt sind.

In die /8.21/ herausgearbeiteten 3 Verwendungsarten des "Sozialen", die in die Dialektik von Allgemeinem, Besonderem und Einzelnem eingeordnet werden, ist aus der Sicht der Entwicklung und Nutzung des Arbeitsvermögens die dem Einzelnen zuzuordnende Bestimmung des "Sozialen" zugrundezulegen – dies jedoch unter Beachtung dieser Dialektik, die eine umfassendere Bestimmung des "Sozialen" aus der Sicht des "Gesellschaftlichen", der "sozialen Verhältnisse", damit der "Sozialstruktur", insbesondere aber der "Lebensweise" /8.22/ einschließt.
Gegenstand der arbeitswissenschaftlichen Untersuchung ist, eingeordnet in diese Dialektik, die Analyse, Bewertung und Gestaltung des "Sozialen" im Arbeitsprozeß aus der Sicht des "Einzelnen", wie in /8.21/ formuliert:
"Hier wird dann über ökonomisch und politisch determinierte Arbeits- und Lebensbedingungen der sozialen Entwicklung des menschlichen Individuums zur Persönlichkeit gesprochen. Im Mittelpunkt stehen dabei Beziehungen von Arbeitskraft und Arbeitsprozeß sowie Arbeitsbedingungen, die Herausbildung von Fähigkeiten und Fertigkeiten des Arbeiters (u. a. auch des Künstlers), Arbeits- und Lebenstätigkeit sowie Beziehungen zwischen dem Individuum und den sozialen und politischen Gemeinschaften und Organisationen".
Aus dieser Bestimmung des "Sozialen" ist dann praktikabel abzuleiten, welche "sozialen Effekte" des wissenschaftlich-technischen Fortschritts und damit der flexiblen Automatisierung in den Mittelpunkt des Nachweises, der Bewertung und der Gestaltung im Arbeitsprozeß zu stellen sind:

1. Soziale Effekte des wissenschaftlich-technischen Fortschritts treten in der Regel zeitverschoben zu seiner Realisierung auf. Das erfordert ihre Analyse, Bewertung und Beeinflussung von der Vorbereitung einer Maßnahme (z. B. der Projektierung einer flexiblen Automatisierungslösung) über ihre Realisierung bis zur Nutzungsphase und die wiederholte Bewertung nach bestimmten Zeitabschnitten der Nutzung, da soziale Effekte in Beziehung zur Zeitdauer der Nutzung stehen.

2. Soziale Effekte können eine positive, aber auch eine negative Wirkungsrichtung haben. Die sozialistische Gesellschaft hat aufgrund ihrer Vorzüge der Planmäßigkeit, der grundsätzlichen Interessenübereinstimmung, der hohen Qualifikation der Werktätigen bei der Realisierung des Ziels der Gesellschaft alle potentiellen Voraussetzungen, um bewußt positive Effekte bei hohem technischen Niveau und wachsender ökonomischer Leistungskraft herbeizuführen. Dies unterliegt jedoch keinem Selbstlauf, sondern erfordert unbedingt ein langfristig koordiniertes interdisziplinäres Herangehen in Theorie und Praxis bei der beschleunigten Durchsetzung des wissenschaftlich-technischen Fortschritts.

3. Soziale Effekte sind untereinander verflochten. Es bestehen z. B. dialektische Wechselbeziehungen zwischen Arbeitsinhalt und Qualifikation, die bei der Analyse, Bewertung und Beeinflussung dieser Effekte zu durchdringen sind.

4. Soziale Effekte stehen mit den ökonomischen Effekten in enger Wechselbeziehung, wobei zwischen

   . direkten kausalen Beziehungen (wenn z. B. durch Rückgang von Unfällen und Berufskrankheiten im Ergebnis des Einsatzes neuer Technik direkt Kosten für die Krankenbetreuung gespart oder Ausfallzeiten deutlich gesenkt werden können) und

   . indirekten Abhängigkeiten (z. B. bei der Steigerung der Leistungsfähigkeit und Leistungsbereitschaft der Werktätigen im Ergebnis der Gestaltung progressiver Arbeitsinhalte)

   unterschieden werden muß, weil für den aus sozialen Effekten entstehenden ökonomischen Nutzen noch weitere Einflußfaktoren - z. B. Fragen der Stimulierung und der Leitungstätigkeit - zu beachten sind.

In Auswertung von Erfahrungen bei der Bewertung der Effekte komplexer Automatisierungslösungen lassen sich folgende Gruppierungen objektiver sozialer Effekte vornehmen, die mit arbeitswissenschaftlichen und soziologischen Methoden quantifiziert bewertbar sind:

. Wirkungen der Veränderung des Charakters und des Inhalts der Arbeit (Tab. 8.6).

Lfd. Nr.	Wirkungsrichtung	Wirkungsart: Wirkungen der Veränderung des Charakters und des Inhalts der Arbeit
1	positive, anzustrebende Wirkungen	. Verringerung von körperlich schwerer, gesundheitsgefährdender und anforderungsarmer Arbeit durch Automatisierung bestimmter Arbeitsfunktionen . Erhöhung des Anspruchsniveaus aus der Realisierung der Arbeitsinhalte an Qualifikation und Verantwortung der Werktätigen durch Bereicherung oder Erweiterung von Arbeitsinhalten mit geistigen Arbeitsfunktionen (z. B. der Kontrolle und Überwachung automatisierter Systeme sowie mit planenden und selbstorganisierenden Funktionen) . Erhöhung des Anteils schöpferischer Arbeit durch Vergrößerung des Handlungsspielraumes beim Arbeitsvollzug insbesondere bei kollektiven Organisationsformen der Arbeit und Substitution von Routinetätigkeiten durch automatisierte Systeme
2	negative, zu verhindernde Wirkungen	Verlagerung der Beanspruchung auf überwiegend psychonervale Belastung (z. B. Fehlbeanspruchung bestimmter Sinnesorgane bei Daueraufmerksamkeitsleistungen, insbesondere bei Bildschirmarbeit)

Tab. 8.6: Wirkungen der Veränderung des Charakters und des Inhalts der Arbeit

Der Nachweis dieser Gruppe sozialer Effekte kann mit den bekannten Methoden der quantifizierten Bewertung von Arbeitsinhalten (Verfahren der Technischen Universität Dresden, Methodik der Hochschule für Ökonomie "Bruno Leuschner", Wissenschaftsbereich Arbeitsökonomie) erfolgen.
Das Verfahren der Technischen Universität Dresden erfaßt und bewertet insbesondere die Persönlichkeitsförderlichkeit von Arbeitsinhalten und ist psychologisch orientiert. Die Methodik der Hochschule für Ökonomie ermöglicht die Darstellung des Niveaus von Arbeitsinhalten mittels Kennzahlen der wissenschaftlichen Arbeitsorganisation sowie Rückschlüsse auf das erforderliche Qualifikationsniveau. Zugleich liefert sie aufgrund einer grafischen Darstellung der Struktur des Arbeitsinhaltes die Ableitung von notwendigen Veränderungsrichtungen für die Arbeitsgestaltung.

. Wirkungen der Veränderung der Arbeits- und Lebensbedingungen

Diese Gruppe sozialer Effekte läßt sich - so haben empirische Untersuchungen ergeben - mit dem Kennzahlensystem der wissenschaftlichen Arbeitsorganisation nachweisen, insbesondere bei Anwendung der Methoden, die zur Einführung der Standardarbeitsplatzkarte /8.24/ erforderlich sind und auf diese Weise der Leitung und Planung sowie dem Leistungsvergleich zugänglich machen.
Das betrifft insbesondere die Komplexe

- Unfallsicherheit,
- arbeitshygienische Bedingungen,
- Arbeitserschwernisse,
- Arbeitsplatzgestaltung.

Lfd. Nr.	Wirkungsrichtung	Wirkungsart: Wirkungen der Veränderung der Arbeits- und Lebensbedingungen
1	positive, anzustrebende Wirkungen	. Verbesserung der physischen und chemischen Arbeitsumwelteinflüsse (Reduzierung von Lärm, Hitze, Staub, Dampf), indem bevorzugt solche Arbeitsfunktionen automatisiert werden, die von Menschen Arbeit unter erschwerten Bedingungen erfordern . Verringerung der Unfallgefahr durch Automatisierung von den Menschen gefährdenden Arbeitsfunktionen . Verbesserung der Arbeitsplatzgestaltung bei der Entwicklung flexibler Fertigungssysteme . Erhöhung des Einkommensniveaus der Werktätigen durch Übernahme von Arbeiten, die höhere Qualifikation und Verantwortung erfordern
2	negative, zu verhindernde Wirkungen	. zu starke Bindung des Menschen an das technologische Regime des automatisierten Systems . Verringerung der Kommunikationsbeziehungen zwischen den Menschen auch durch Verlagerung auf den Mensch-Maschine-Dialog . Vereinzelung des Menschen bei bedienerarmer Fertigung an automatisierten Systemen.

Tab. 8.7: Wirkungen der Veränderung der Arbeits- und Lebensbedingungen

- Wirkungen der Veränderung der Qualifikationsanforderungen und der Qualifikationsnutzung

Die Ermittlung von Veränderungen in den Anforderungen an Qualifikation und Verantwortung, einschließlich der Er-

Lfd. Nr.	Wirkungsrichtung	Wirkungsart: Wirkungen der Veränderung der Qualifikationsanforderungen und der Qualifikationsnutzung
1	positive, anzustrebende Wirkungen	. Minimierung von Arbeiten, die keine Facharbeiterqualifikation erfordern infolge Übernahme von anforderungsarmen Arbeitsfunktionen durch flexibel automatisierte Systeme . Verbesserung der sozialökonomischen Nutzung der Qualifikation und Entstehung neuer höherer Qualifikationsanforderungen bei Erschließung der Potenzen, die in der Breite und Tiefe der Qualifikation liegen (Disponibilitätsqualifikation) infolge Bereicherung der Arbeitsinhalte durch Funktionen der Kontrolle und Überwachung flexibler Fertigungssysteme
2	negative, zu verhindernde soziale Effekte	Sinken der Qualifikationsanforderungen und der Qualifikationsnutzung bei unzureichender Arbeitsinhaltsgestaltung (z. B. Trennung von Bedien-, Überwachungs- und Kontrollfunktionen)

Tab. 8.8: Wirkungen der Veränderung der Qualifikationsanforderungen und der Qualifikationsnutzung

mittlung der von diesen veränderten Anforderungen bestimmten Wirkungen auf das Einkommensniveau der Werktätigen, kann durch die weitgehende Nutzung der Methodik der Arbeitsklassifizierung für Produktionsarbeiter Teil A erfolgen /8.25/.

Hierbei ist ebenso wie bei der Bewertung der anderen sozialen Effekte zu beachten, daß diese Methoden zunächst allgemein für Arbeiten in der materiellen Produktion entwickelt wurden und z. Z. für die Prozesse der flexiblen

Automatisierung weiterentwickelt und modifiziert werden.

Diese drei Gruppen objektiver sozialer Effekte beeinflussen die Leistungsvoraussetzungen und letztlich das Leistungsverhalten der Werktätigen und treten so als subjektive soziale Effekte in Erscheinung.

Unter der Voraussetzung, daß die unter den genannten drei Gruppierungen aufgeführten sozialen Fortschritte, die vermittelt über die materiell-sachlichen Bedingungen im Arbeitsprozeß bei der Realisierung von flexiblen Automatisierungslösungen entstehen, realisiert werden, sind objektive Voraussetzungen dafür gegeben, daß sich als subjektive soziale Effekte die Verhaltensweisen der Werktätigen entsprechend den Erfordernissen der Ausgestaltung der sozialistischen Gesellschaft weiterentwickeln. Allerdings sind dazu weitere objektive und subjektive Voraussetzungen notwendig, die jedoch unter den Bedingungen der sozialistischen Gesellschaft zu realisieren sind. Dazu zählen:

. eine hohe Qualität der politischen und fachlichen Leitung,

. eine hohe Qualität der Beziehungen im Arbeitskollektiv,

. eine leistungsgerechte Stimulierung.

Wenn diese Faktoren in Zusammenhang mit den aufgezeigten 3 Gruppen positiver objektiver sozialer Effekte bei der Realisierung der flexiblen Automatisierung im Arbeitsprozeß zur Wirkung kommen, sind nachgewiesenermaßen positive Wirkungen auf die Verhaltensweisen der Werktätigen im Sinne der Aktivierung ihrer Triebkräfte des Handelns zu erwarten /8.26/. Das kommt insbesondere zum Ausdruck in einer Aktivierung

- der Beteiligung am sozialistischen Wettbewerb,
- der Beteiligung an der Leitung und Planung der Arbeitsprozesse,
- der Mitwirkung bei der Arbeitsgestaltung,
- der Beteiligung an der Neuererarbeit,
- der Wahrnehmung gesellschaftlicher Funktionen,

- der Verbesserung der Qualifikationsbereitschaft und der Nutzung der Qualifikation (Erhöhung der Selbstbeanspruchung),
- der Herausbildung kollektiver Verhaltensweisen,
- von Arbeitsmotivation und Arbeitszufriedenheit.

Die quantifizierte Bewertung der subjektiven sozialen Effekte bei der Einführung der flexiblen Automatisierung erfordert den Einsatz soziologischer Methoden. In Auswertung von empirischen Analysen zu Elementen der flexiblen Automatisierung wurden dafür standardisierte Fragebögen und Methoden der Darstellung der Ergebnisse mittels Niveau-Kennzahlen der wissenschaftlichen Arbeitsorganisation und grafischer Darstellung erarbeitet /8.27/.

Die Realisierung von flexiblen Fertigungssystemen erfordert neben den genannten die Beachtung weiterer spezifisch sozialistischer Bedingungen für die Entwicklung und Nutzung des Arbeitsvermögens. Das betrifft die Strategie der Arbeitskräftegewinnung ebenso wie die Organisationsformen der Arbeit an flexiblen Fertigungssystemen.

Aufgrund der Tatsache, daß an flexiblen Fertigungssystemen komplexe Arbeitsaufgaben gelöst werden, die ein übergreifendes arbeitsteiliges und kooperatives Handeln der daran beteiligten Werktätigen auf höherem Niveau erfordern, muß die Struktur und der Umfang der Produktionskollektive aus der Sicht der Realisierung eines gemeinsamen Endproduktes neu durchdacht werden.

So sollten Arbeitskräfte aus dem Hauptprozeß mit solchen des Transport-, Umschlag- und Lagerprozesses, des Prüfens, der Qualitätskontrolle und der Instandhaltung zu einem Arbeitskollektiv zusammengeschlossen werden und auch entsprechend materiell stimuliert werden, um das gemeinsame Handeln auf das gemeinsame durch das flexible Fertigungssystem zu produzierende Erzeugnis zu orientieren.

Insgesamt ist zu beachten, daß die Rolle des subjektiven Faktors durch die Komplexität der Aufgaben, die steigende Verantwortung für den hohen Wert der Grundmittel und das reibungslo-

se Funktionieren des Produktionssystems wächst. Das gilt sowohl für die Nutzung der Disponibilität und ihre Ausprägung durch zielgerichtete Weiterbildung als auch für ganz spezifische Verhaltensqualitäten wie hohe Selbstdisziplin und kollektivorientiertes Handeln.
Der Entwicklung dieser Fähigkeiten, Kenntnisse, Fertigkeiten und Verhaltensweisen muß im Prozeß der Aus- und Weiterbildung und in der politisch-ideologischen Arbeit bei der Vorbereitung, Realisierung und Nutzung flexibler Automatisierungslösungen größte Aufmerksamkeit geschenkt werden.
Das gilt auch insbesondere und nicht zuletzt für die Beachtung der Erfordernisse der Strategie der Arbeitskräftegewinnung im Sozialismus im Zusammenhang mit der Einführung von flexiblen Fertigungssystemen und CAD/CAM-Systemen.

Für die Strategienbildung der flexiblen Automatisierung unter den Bedingungen des Sozialismus ist es unabdingbar notwendig, daß die Zielbestimmung der flexiblen Automatisierung auch aus der Sicht der Entwicklung und Nutzung des vorhandenen sozialistischen Arbeitsvermögens erfolgt. Hierbei muß von der Arbeitskräftestrategie der sozialistischen Gesellschaft ausgegangen werden, in deren Mittelpunkt die weitere Ausgestaltung der Vollbeschäftigung in Verbindung mit wachsender Wirksamkeit des Arbeitsvermögens bei fortschreitendem Leistungswachstum der Volkswirtschaft unter den Bedingungen der umfassenden Intensivierung steht.
Entscheidungen zur Strategienbildung der flexiblen Automatisierung haben deshalb hinsichtlich des Arbeitsvermögens grundlegend andere Eingabegrößen und Ziele zu berücksichtigen als unter den Bedingungen kapitalistischer Gesellschaftssysteme.
Das kommt unter anderem darin zum Ausdruck, daß das Arbeitsvermögen der sozialistischen Gesellschaft über ein höheres Qualifikationsniveau verfügt und daß das Anspruchsniveau dieser Werktätigen an die Gestaltung von Arbeitsinhalten und Arbeitsbedingungen bei kontinuierlicher Gewährleistung der sozialen Sicherheit grundsätzlich anders und qualitativ höher ist als das der Werktätigen im Kapitalismus. Daraus und nicht zuletzt aus der Tatsache, daß das hohe Qualifikationspotential

der Werktätigen der DDR ein großes ökonomisches Potential verkörpert, folgt die unabdingbare Notwendigkeit, bei der Strategienbildung der flexiblen Automatisierung Arbeitsvermögen als Eingangs- und Zielgröße bei der Entscheidungsfindung ebenso zu berücksichtigen wie Erfordernisse des technischen Welthöchststandes und vielfältige ökonomische Ziele. Dies gilt zunächst für die Werktätigen, deren Arbeitsprozesse im Rahmen der Durchsetzung der flexiblen Automatisierung verändert werden. Dabei sind die Arbeitskräfte einbezogen, die im Ergebnis veränderter Arbeitsanforderungen neue Arbeitsinhalte und Arbeitsbedingungen erhalten und demzufolge gegebenenfalls Aus- und Weiterbildungsprozesse verschiedener Art realisieren müssen. Weiterhin ist die Gruppe der Arbeitskräfte zu berücksichtigen, deren Arbeitsaufgaben an Maschinen bzw. Maschinensysteme übertragen werden.

Im Gegensatz zu kapitalistischen Produktionsverhältnissen besteht unter sozialistischen Bedingungen die Notwendigkeit und Möglichkeit, diese Arbeitskräfte an neuen Arbeitsplätzen ökonomisch und sozial effektiv wieder einzusetzen.
Dieser Prozeß muß entsprechend der sozialistischen Arbeitskräftestrategie planmäßig gestaltet werden, weshalb unter den Bedingungen des Sozialismus auch von Prozessen der Arbeitskräftegewinnung als Einheit von Arbeitskräftefreisetzung und Arbeitskräftewiedereinsatz gesprochen wird.

Dabei wird primär auf den Wiedereinsatz im eigenen Betrieb bzw. im Territorium, in dem die Werktätigen leben, orientiert. Die dazu geschaffenen gesetzlichen Bestimmungen zur Ausarbeitung langfristiger Konzeptionen zum Einsatz und zur effektiven Nutzung des gesellschaftlichen Arbeitsvermögens /8.28/ sowie die Qualifizierung der Arbeitskräfteplanung durch Reproduktionsrechnungen zum Arbeitsvermögen /8.29/ bieten dafür gute Bedingungen.

Die Realisierung dieser sozialistischen Arbeitskräftestrategie wird jedoch entscheidend dadurch beeinflußt, ob bereits in der

Phase der Strategienbildung diese Erfordernisse zur Reproduktion des Arbeitsvermögens berücksichtigt werden.

Dabei ist die Kenntnis über die Zahl der Arbeitskräfte, ihrer Geschlechts- und Altersstruktur, aber auch ihres vorhandenen Qualifikationspotentials und ihres Anspruchsniveaus von wesentlichem Einfluß darauf, welche Variante der Strategie der flexiblen Automatisierung aus ökonomischer und sozialer Sicht effektiv realisiert werden kann. So ist es zum Beispiel notwendig, für ein Arbeitsvermögen mit vorhandenem hohen Qualifikationsniveau andere Formen der Funktionsteilung Mensch-Maschine bzw. der Arbeitsteilung zwischen den Menschen zu projektieren und letztendlich so Voraussetzungen für ein hohes Niveau der Arbeitsinhalte und der Qualifikationsnutzung zu schaffen, als das bei einem Arbeitsvermögen mit relativ niedrigem Qualifikationsniveau oder artfremder Qualifikation möglich ist.

Bereits bei der Strategienbildung werden somit die Weichen für die künftige ökonomische und soziale Effektivität der flexiblen Automatisierungslösung gestellt, denn - das beweisen alle bisherigen Erfahrungen bei der Durchsetzung des wissenschaftlich-technischen Fortschritts - die projektierende Arbeitsgestaltung bietet wesentlich größeren Spielraum und ist entscheidend weniger aufwendig als die korrigierende Gestaltung der Beziehungen zwischen Mensch und materiell-sachlichen Bedingungen des Arbeitsprozesses.

Das Arbeitsvermögen, seine Reproduktionserfordernisse und Reproduktionsbedingungen werden so zu einer wesentlichen Eingangsbedingung und Zielgröße der Strategienbildung. Ein vom Arbeitsvermögen abstrahiertes Herangehen kann zu technizistischen und gesellschaftsneutralen Lösungen führen, deren Realisierung die für den Sozialismus unabdingbar notwendige Einheit von ökonomischer und sozialer Wirksamkeit des wissenschaftlich-technischen Fortschritts nicht gewährleistet.

Deshalb müssen bei der Strategienbildung zu flexiblen Automatisierungslösungen eine Reihe von Faktoren und Fragestellungen berücksichtigt werden:

1. Das erforderliche Arbeitsvermögen für das flexible Fertigungssystem nach Zahl, Geschlecht und Berufs- und Qualifikationsstruktur (gegebenenfalls weitere Charakteristika wie Disponibilität).
2. Das für den Einsatz in der Automatisierungslösung vorhandene Arbeitsvermögen nach Zahl, Geschlecht und Berufs- und Qualifikationsstruktur (gegebenenfalls weitere Charakteristika wie Disponibilität).
3. In Gegenüberstellung vom 1. und 2. die Beantwortung folgender Fragen:
   a) Ist das vorhandene Arbeitsvermögen für den Einsatz notwendig und geeignet?
   b) Sind für dieses Arbeitsvermögen Aus- und Weiterbildungsmaßnahmen und in welchem Umfang erforderlich?
   c) Für welche Arbeitsprozesse werden die nach Realisierung der Automatisierungslösungen nicht mehr benötigten Arbeitskräfte gewonnen?
   d) Welche Arbeitskräfte müssen aus anderen Deckungsquellen (zum Beispiel Jungfacharbeiter, Absolventen, Arbeitskräfte aus anderen Betrieben) für den Betrieb der flexiblen Automatisierungslösung gewonnen werden?
   e) In welcher Art und Weise und in welchem Umfang müssen Arbeitsinhalte, Arbeitsbedingungen, Kollektivbeziehungen und die moralische und materielle Stimulierung für den Betrieb der flexiblen Automatisierungslösung mit dem Ziel eines ökonomisch und sozial effektiven Arbeitskräfteeinsatzes gestaltet werden?

Bei der Einordnung der Erfordernisse der Reproduktion des Arbeitsvermögens in die Strategienbildung zu flexiblen Automatisierungslösungen und der Gestaltung entsprechender Reproduktionsbedingungen durch positive soziale Effekte geht es letztlich immer darum, das Optimum von Rationalität und Humanität, das heißt von ökonomischer Effektivität und sozialem Fortschritt als konkreten Ausdruck der Fortführung der Hauptaufgabe in ihrer Einheit von Wirtschafts- und Sozialpolitik zu finden, um die in der Realisierung dieses dialektischen Zusammenhangs innewohnenden spezifisch sozialistischen Triebkräfte des Handelns zur ständigen Steigerung von Produktivität und Effektivität der Arbeit auf immer höherer Stufenleiter zu erschließen.

8.3. Die Spezifik der Innovationseffektivität

Innovationen werden von 3 Faktoren bestimmt:

- latent vorhandene Bedürfnisse und gesellschaftliche Erfordernisse bzw. ein realer volkswirtschaftlicher Bedarf;
- wissenschaftlich-technische Problemlösungsprozesse und Problemlösungen (Inventionen), die auf eine rationelle bzw. effektivere Befriedigung dieses Bedarfs orientiert sind;
- Realisierungsprozesse, ihre Bedingungen und Faktoren, in denen wissenschaftlich-technische Problemlösungen in entsprechenden Produkt- oder Prozeßinnovationen realisiert werden.

Die Konsequenzen aus dieser für Innovationen wesentlichen Einheit von Bedarf, wissenschaftlich-technischen Problemlösungen und Realisierungsbedingungen betreffen bei der flexiblen Automatisierung vor allem

- das innovationsstrategische Vorgehen, bei dem Forschungs-, Produktions- und Einsatzstrategien eine Einheit bilden und sowohl hinsichtlich ihrer Zielstellungen als auch hinsichtlich ihrer Realisierungsbedingungen abgestimmt sein müssen. Dort, wo die Realisierung von Strategien zur flexiblen Automatisierung mit wesentlichen Konsequenzen in weiteren Bereichen der Gesellschaft verbunden ist, müssen sie rechtzeitig aufgezeigt werden. Das gilt vor allem für notwendige bildungspolitische Konsequenzen, die internationale Arbeitsteilung, die Konzentration bedeutender Potentiale der Grundlagenforschung auf solche Schlüsseltechnologien wie die Mikroelektronik und gilt nicht zuletzt für wichtige Entscheidungen in der Export-Importstrategie;

das Innovationsgeschehen selbst, das bei der flexiblen Automatisierung nicht nur darin zum Ausdruck kommen darf, mit einem neuartigen Techniktyp nur Bekanntes auf effektivere Weise zu produzieren, sondern das eine wesentliche Belebung vor allem dadurch erfahren muß, mit neuer Technik auch neuartige Erzeugnisse in ausreichender und bedarfsgerechter (kundenspezifischer) Vielfalt zu produzieren. Die Innovationsrate dürfte hierbei ein wichtiges Kriterium sein.

Gerade die flexible Automatisierung zeigt sehr deutlich, daß sie nicht nur schlechthin Wirkungen im gesellschaftlichen Reproduktionsprozeß hervorbringt, sondern daß man hierbei von einer neuen Qualität von Wirkungen sprechen muß, die man mit dem Begriff "Innovationseffekte" bezeichnet.
Dazu gehören

- die Entwicklung qualitativ neuer Effektivitätspotentiale,
- die Entwertung vorhandener Produktivkraftelemente,
- die Herausbildung neuer Bedürfniskomplexe und veränderter volkswirtschaftlicher Bedarfsstrukturen.

Entwicklung qualitativ neuer Effektivitätspotentiale

Erstens muß die Spezifik von Innovationseffekten darin gesehen werden, daß durch Innovationen neue Effektivitätspotentiale hervorgebracht werden und mit diesen neue Bedingungen, Möglichkeiten und Voraussetzungen für die Erzielung von ausnahmsweiser Produktivkraft und die Effektivitätsentwicklung, also für Wachstumseffekte, Einsparungseffekte und andere sozialökonomische Effekte. Dieser Herausbildungsprozeß setzt schon im Vorfeld der eigentlichen Innovation ein, beschleunigt sich zunehmend mit dem Phasenverlauf der Innovation bis zur Bedarfsdeckung oder Ablösung durch effektivere Potentiale. Bei der flexiblen Automatisierung werden diese neuen Effektivitätspotentiale repräsentiert vor allem durch

- vielfältige wissenschaftlich-technische Problemlösungen zur effektiven Herstellung und Anwendung flexibler Automatisierungsmittel und ihrer Bauelemente;
- vielfältige wissenschaftlich-technische Problemlösungen zur Herstellung neuer Erzeugnisse, mit denen flexible Automatisierungsmittel effektiver genutzt werden können;
- qualifizierte Kader auf den Gebieten der Mikroelektronik, Fertigungs- und Informationstechnik, der Projektierung, Programmierung und Organisation automatisierter Systeme;
- die materiell-gegenständlichen Automatisierungsmittel (NC-/CNC-Maschinen, Roboter, Fertigungszellen, Computer, Transport-, Lager-, Meß- und Prüftechnik);
- Systemunterlagen und Datenbanken;
- einen höheren Grad der Organisiertheit der Volkswirtschaft.

All diese qualitativ neuen Effektivitätspotentiale zählen zu den Elementen der flexiblen Automatisierung. Sie bewirken im Produktivkräftesystem zwei entgegengesetzt verlaufende Prozesse: einerseits bewirken sie bei einer Reihe vorhandener Produktivkräfte eine Aufwertung. Dies war z. B. überall dort der Fall, wo Maschinen und Anlagen durch Einbau von Mikroprozessoren und Sensoren effektiver gestaltet und damit aufgewertet wurden. Dies ist auch dort der Fall, wo neue Produktivkräfte sich weitestgehend in das bestehende Produktivkraftsystem integrieren lassen, vorhandene Produktivkräfte modernisieren und damit das Gesamtsystem auf ein höheres Effektivitätsniveau anheben. Andererseits bewirken sie bei einer Reihe bis dahin genutzter Produktivkraftelemente Entwertungen.

Entwertung vorhandener Produktivkraftelemente

Die Entwertung vorhandener Produktivkraftelemente tritt zunächst immer dann ein, wenn sich die qualitativ neuen Effektivitätspotentiale mit den vorhandenen nicht integrieren lassen bzw. wenn die Kompatibilität zwischen ihnen nicht gegeben ist. Um derartigen Entwertungen entgegenzuwirken, sind wir immer mehr dazu gezwungen, bei Innovationen den Fragen der Kompatibilität größere Aufmerksamkeit zu schenken. Dadurch kann die Gefahr vermieden bzw. verringert werden, daß mit jeder neuen Generation vorangegangene Generationen mit ihrem Umfeld (Peripherie, Software, Orgware) ausgesondert werden müssen bzw. nicht mit einsetzbar sind. Die Kompatibilität bezieht sich horizontal auf nationale und internationale Anschlußpotentiale materieller und personeller Art und vertikal auf zukünftige nationale und internationale Entwicklungen. Mit der Kompatibilität steigen nicht nur Absatzchancen für den Produzenten, sondern auch Sicherheiten beim Anwender, denn er ist in der Generationsfolge, bei der Peripherie und bei Ersatzlieferungen weniger abhängig von einem Produzenten und weniger belastet durch den moralischen Verschleiß.

International ist man zu der Erkenntnis gekommen, daß es nicht ausreicht, nur den Grad der Automatisierung zu erhöhen, da die Vorteile der Automatisierung einzelner Abschnitte zwar bedeutend seien, sich aber erst dann effektiv auswirken können, wenn alle Prozesse integriert sind (CIM-Konzept). Eine derart computerintegrierte Fertigung stößt z. B. im Großkonzern General Motors (GM) deshalb auf Schwierigkeiten, weil die 40 000 einzelnen intelligenten Einrichtungen in allen GM-Werken - darunter 3 000 Industrieroboter und 20 000 programmierbare Steuerungen - miteinander noch nicht 'reden' können. In fünf Jahren rechnet man mit über 200 000 Datenstationen. Bisher sind aber nur 15 Prozent aller Automaten in der Lage, nach außen zu kommunizieren - unter anderem deshalb, weil sie von unterschiedlichen Herstellern stammen /8.30/. Dies soll durch eine Übereinkunft der wichtigsten Steuerungshersteller geändert werden.

Entwertungen vorhandener Produktivkraftelemente treten vor allem dann ein, wenn sie den von neuen Effektivitätspotentialen neu gesetzten Effektivitätsmaßstäben nicht mehr gerecht werden. So hat die Mikroelektronik zunächst die Elektronenröhre auf vielen Einsatzgebieten verdrängt und damit entwertet, zugleich aber auch jene Erzeugnisse (z. B. Radio-, Fernseh- und Tonbandgeräte, EDV-Anlagen), die mit diesen Röhren bestückt wurden. Der in solchen Erzeugnissen vergegenständlichte Aufwand fand nunmehr als Wert keine gesellschaftliche Anerkennung mehr. Ähnlich erging es später dem Transistor sowie den ersten integrierten Schaltkreisen. Der Entwertungsprozeß der Erzeugnisse erfaßt aber auch einen Großteil der Grundmittel, die für deren Herstellung erforderlich waren.

Diese zu Entwertungen führenden innovativen Wirkungen werden oft bei strategischen Entscheidungen und Effektivitätsberechnungen nicht mit berücksichtigt. Da sie ökonomisch gesehen wie Aufwendungen wirken - wenn beispielsweise vorhandene, noch nicht abgeschriebene Arbeitsmittel ausgesondert werden müssen - ist es notwendig, diese negativen Effekte bei Effektivitätsberechnungen als einmalige Aufwendungen zu erfassen. Ähnliche Zusammenhänge der Entwertung zeigen sich auch dort, wo von Werktätigen erworbene Qualifikationen an Bedeutung verlieren, die durch aufwendige Qualifizierungsmaßnahmen kompensiert werden müssen.

Es bestehen jedoch - bezogen auf Arbeitsmittel - vielfältige Möglichkeiten, Entwertungen auf ein Minimum zu beschränken, ihnen entgegenzuwirken bzw. sie gänzlich zu verhindern. Solche Möglichkeiten sind immer dann gegeben, wenn neue effektivitätsbestimmende Potentiale in vorhandene Produktivkraftelemente einsetzbar sind (das gilt z. B. in vieler Hinsicht für die Mikroelektronik) oder wenn rechtzeitig die Kompatibilität zu vorhandenen und nachfolgenden Generationen berücksichtigt wird. Die durch Innovationen hervorgerufenen Entwertungen sind vor allem dann vermeidbar, wenn im Innovationszyklus die effektivsten Phasen für einen raschen Rückfluß der Aufwendungen für Investitionen und wissenschaftlich-technische Vorleistungen genutzt werden können.

Aus der historischen Bedingtheit solcher Kategorien wie Wert, Kosten und Preis, deren gesellschaftliche Anerkennung vom Phasenverlauf von Innovationen abhängt, ist letztlich auch der effektivitätsbestimmende Zeitfaktor zu erklären.

Von Bedeutung ist im Zusammenhang mit der Entwertungsproblematik die Tatsache, daß durch Innovationseffekte die historische Bedingtheit der ökonomischen Kategorien von Wert und Gebrauchswert sehr deutlich zu Tage tritt. Nicht der individuelle oder betriebliche Aufwand, sondern das zur Herstellung eines gesellschaftlich anerkannten Gebrauchswertes bzw. zu seiner Reproduktion gesellschaftlich durchschnittliche Quantum an lebendiger und vergegenständlichter Arbeit bestimmt bekanntlich die Wertgröße. Der Gebrauchswert ist zwar nicht die Ursache des Wertes, wie Marx schreibt, aber der Träger des Wertes /8.31/. Waren "müssen ... sich als Gebrauchswerte bewähren, bevor sie sich als Werte realisieren können" /8.32/. Jedem historisch gesetzten Wert entspricht demzufolge auch ein historisch gesetzter Gebrauchswert. Für jede Wertgröße, aber auch für die gesellschaftlichen Gebrauchswerte, auf die sich die Werte jeweils beziehen, werden national und international durchschnittliche Normen gesetzt, die historisch bedingt sind.

Ausnahmsweise Produktivkraft wird immer dann erzielt, wenn die Aufwendungen unter und die neuen Gebrauchswerte über diesen Normen liegen. "Die Arbeit von ausnahmsweiser Produktivkraft", heißt es bei Marx, "wirkt als potenzierte Arbeit oder schafft in gleichen Zeiträumen höhere Werte als die gesellschaftliche Durchschnittsarbeit derselben Art" /8.33/. Die durch Innovationen erlangte "ausnahmsweise Produktivkraft" kann zwar nur in einem historisch begrenzten Zeitabschnitt realisiert werden, bis "die neue Produktionsweise sich verallgemeinert und die Differenz zwischen dem individuellen Wert der wohlfeiler produzierten Waren und ihrem gesellschaftlichen Wert verschwindet" /8.34/, aber mit dieser Verallgemeinerung bilden sich auf einem höheren Niveau neue gesellschaftliche Durchschnittsnormen und damit neue Effektivitätsmaßstäbe - bei verschiedenen Aufwand-Ergebnisrelationen, beim Masse-Leistungsverhältnis, bei Gebrauchswertparametern - heraus, wodurch zugleich vorhandene

Potentiale und Erzeugnisse vollständig oder teilentwertet werden - und zwar gebrauchswertmäßig und wertmäßig.

Herausbildung neuer Bedürfniskomplexe und veränderter volkswirtschaftlicher Bedarfsstrukturen

Drittens schließlich muß die spezifische Wirkung von Innovationen auch im Zusammenhang mit der Generierung von Bedürfnissen, mit der damit verbundenen Herausbildung von neuen Bedürfniskomplexen und veränderten volkswirtschaftlichen Bedarfsstrukturen gesehen werden. Eine über die Produktion realisierte Innovation "liefert dem Bedürfnis nicht nur ein Material, sondern sie liefert" - im Sinne von K. Marx-"dem Material auch ein Bedürfnis" /8.35/, welches das Bedürfnis nach neuen Erkenntnissen und wissenschaftlichen Problemlösungen einschließt. In dieser Wirkungsrichtung unterscheiden sich tatsächliche Innovationen von Pseudoinnovationen grundsätzlich.

Absatzschwierigkeiten auf dem Weltmarkt bei veralteten Erzeugnissen zeigen diese dritte spezifische Wirkung von Innovationen deutlich. Diese Wirkungsrichtung muß in einem engen Zusammenhang mit der Ausbreitungsphase von Innovationen gesehen werden. Innovationen, die nicht in ausreichender Menge zur Verfügung gestellt werden können, bewirken noch keine grundlegenden Änderungen in den volkswirtschaftlichen Bedarfsfeldern bzw. vermögen noch nicht, veraltete Erzeugnisse vorangegangener Generationen gänzlich vom Markt zu verdrängen.

8.4. Effektivitätsbestimmende Prozesse und Faktoren

Wie bereits einleitend festgestellt wurde, bringen Effekte der flexiblen Automatisiserung im gesellschaftlichen Reproduktionsprozeß stets Resultate bestimmter gesellschaftlicher Arbeitsprozesse, ihrer Bedingungen und Faktoren zum Ausdruck. Jede strategische Forderung zur Entwicklung der flexiblen Automatisierung und zur Erhöhung ihrer Effektivität ist zugleich eine Forderung

. zur Bestimmung der günstigsten Zeitpunkte der Einführung und Ausbreitung dieser Innovation;

. zur Gestaltung entsprechender Realisierungsbedingungen in den effektivitätsbestimmenden Prozessen;

. zur Nutzung aller Möglichkeiten zur Ausschöpfung dieses Produktivitäts- und Effektivitätspotentials.

Nach Bild 8.1 stehen hierbei Forschung (F), Produktion (P) und Anwendung (A) im Mittelpunkt. Die gesellschaftlichen Anforderungen und die hierfür erforderlichen kadermäßigen, wissenschaftlich-technischen, materiell-technischen und organisatorischen Realisierungsbedingungen werden zu diesen drei Bereichen entweder über R_1, R_3 und R_5 direkt vermittelt oder indirekt zwischen ihnen über die Beziehungen R_2, R_4, R_6.
Analoges gilt für die Ergebniswirksamkeit, die direkt an die Gesellschaft weitergegeben wird (über E_1, E_3, E_5) oder indirekt über E_2, E_4, E_6.

In Verbindung mit entsprechenden Anforderungen, Ziel- und Aufgabenstellungen werden über die R-Prozeßverbindungen folgende Realisierungsbedingungen geschaffen:

- Bereitstellung qualifizierter ausgebildeter Kader (R_1, R_3, R_5);
- Bereitstellung von Staatshaushaltsmitteln und Krediten sowie ihre materielle Absicherung für den Ausbau der materiell-technischen Basis, Ankauf wissenschaftlich-technischer Leistungen anderer und für Automatisierungsinvestitionen (R_1, R_3, R_5);
- Import von Automatisierungsmitteln (R_1, R_3, R_5)
- Bereitstellung von Staatshaushaltsmitteln zur Finanzierung der Grundlagenforschung sowie zur Bildung des Fonds Wissenschaft und Technik (R1, R3, R5)
- Bereitstellung von vertraglich gebundenen Mitteln des Fonds Wissenschaft und Technik zur Vorbereitung und Durchführung wissenschaftlich-technischer Aufgaben. (R2, R4, R6)

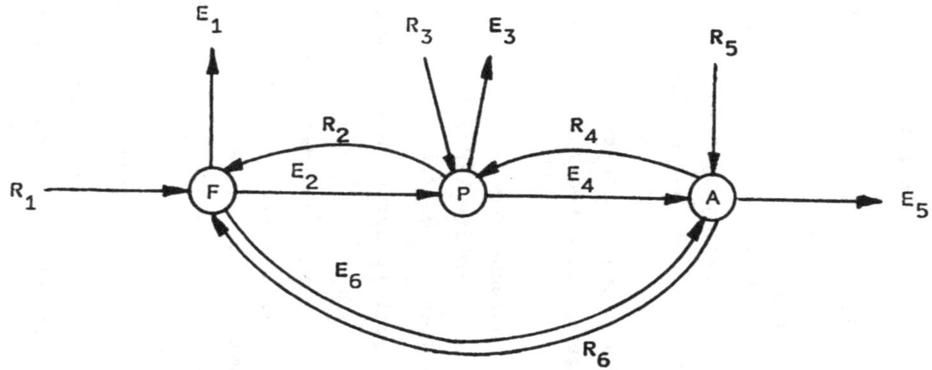

Bild 8.1: Effektivitätsbestimmende Prozeßverbindungen

Ein weiterer wesentlicher Teil der Realisierungsbedingungen muß in den Forschungs-, Produktions- und Anwendungsprozessen auf der Basis eigener Fonds sowie der Verwendung erwirtschafteter Gewinne selbst geschaffen werden.

Auf Grund der spezifischen Wirkungen der Basisinnovation flexible Automatisierung stellen sich der Wissenschaft - insbesondere der Grundlagenforschung - hohe Anforderungen. Aus der Wirksamkeit der ausnahmsweisen Produktivkraft ergeben sich dabei zwei wichtige Anforderungen an die Grundlagenforschung:

. die erste bezieht sich auf das erstmalige Hervorbringen und umfassende Nutzen der ausnahmsweisen Produktivkraft im internationalen Maßstab. Um eine solche Zielstellung zu verwirklichen, muß unter den Bedingungen der wissenschaftlich-technischen Revolution eine Volkswirtschaft als erste in der Lage sein, auf der Basis eines fundamentalen Erkenntnisfortschrittes in der Grundlagenforschung wissenschaftlich-technische Problemlösungen solcher Art hervorzubringen und sie in Produkt- oder Prozeßinnovationen zu realisieren, die eine höhere als die internationale Durchschnittseffektivität ermöglichen.

. die zweite Aufgabenstellung ergibt sich für die nationale Grundlagenforschung dann, wenn durch Erstrealisierungen wissenschaftlich-technischer Spitzenleistungen anderer Länder die Notwendigkeit entsteht, neuen Effektivitätsmaßstäben zu folgen, Monopolstellungen kapitalistischer Länder zu brechen sowie durch Verallgemeinerung einer neuen Produktionsmethode neue ökonomische Effekte zu erschließen.

Mit der Realisierung wissenschaftlich-technischer Problemlösungen der ersten Art sind bei Innovationen zweifellos vielfältige ökonomische Vorteile für den Erstanwender verbunden.

Bei der Realisierung von Aufgaben der zweiten Art treten zwei Erfordernisse für die Grundlagenforschung in den Vordergrund:

. rasches Reagieren auf international sich abzeichnende Innovationen, insbesondere bei Basisinnovationen, um sich den neuen Effektivitätsmaßstäben zu stellen,

Zugang zum internationalen Erkenntnisvorlauf der Grundlagenforschung und ihrer gesellschaftlichen Nutzung, da Erfahrung und Wissen anderer über neue wissenschaftlich-technische Problemlösungen in einem bestimmten Umfange Zeit, Forschungs- und Entwicklungsaufwendungen sowie Risiko ersparen können.

In den Forschungs-, Produktions- und Anwendungsprozessen trägt jeder gesellschaftliche Arbeitsprozeß eine spezifische Verantwortung im gesellschaftlichen Reproduktionsprozeß, die in einem oder mehreren spezifischen Ergebnissen ihren Niederschlag findet, an denen die Effektivität der jeweiligen Prozeßstufe gemessen werden muß.

Über die Beziehungen E_1, E_2 und E_6 werden hauptsächlich Informationen, wissenschaftlich-technische Studien und Prognosen, Weltstandsvergleiche, Schutzrechtsanalysen, wissenschaftlich-technische Problemlösungen für Automatisierungsmittel, Software bereitgestellt.

Über E_3 und E_4 werden der Gesellschaft die Automatisierungsmittel für den Einsatz in der eigenen Volkswirtschaft oder den Export bereitgestellt, deren Wirksamkeit über die E_3 und E_5 zum Ausdruck kommt.

Jede Prozeßstufe bringt aufwandsseitig und ergebnisseitig bzw. wert- und gebrauchswertmäßig die Effektivität vorangegangener Stufen und Prozesse der gesellschaftlichen Arbeit mit zum Ausdruck. Marx hat auf einen solchen Wirkungszusammenhang bei der Behandlung der Ökonomie des konstanten Kapitals hingewiesen, als er schrieb: "Der gesteigerte Profit, den ein Kapitalist dadurch erhält, daß Z.B. Spinnmaschinerie wohlfeiler geworden ist, ist das Resultat der gesteigerten Produktivität der Arbeit, zwar nicht in der Spinnerei, wohl aber im Maschinenbau" /8.36/. Und weiter heißt es: "Eine andere Steigerung der Profitrate entspringt nicht aus der Ökonomie der Arbeit, wodurch das konstante Kapital produziert wird, sondern aus der Ökonomie in der Anwendung des konstanten Kapitals selbst" /8.36/. Auch an anderen Stellen zeigt Marx derartige Wirkungszusammenhänge auf, z.B. dort, wo er die Entwicklung der Produktivkraft "in letzter Instanz" zurückführt auf den gesellschaftlichen Charakter der Arbeit, auf die Arbeitsteilung sowie "auf die Entwicklung der geistigen Arbeit, namentlich der Naturwissenschaft ... Es ist die Entwicklung der Produktivkraft der Arbeit in ihrer auswärtigen Abteilung, in der Abteilung, die Produktionsmittel liefert" /8.37/.

Über den gesellschaftlichen Gebrauchswert und seine Nutzung vollzieht sich der entscheidende Transformationsprozeß des Effektivitätsfortschritts vorangegangener Arbeitsprozesse. Der an konkrete Arbeitsergebnisse gebundene gesellschaftliche Gebrauchswert muß deshalb bei der Effektivitätsbestimmung aus volkswirtschaftlicher bzw. gesamtgesellschaftlicher Sicht einen zentralen Platz einnehmen. Von den Gebrauchswerteigenschaften der jeweiligen Resultate hängt nicht nur entscheidend ab, was technisch-technologisch real gegeben bzw. machbar ist, sondern auch, mit welchem Leistungsaufwand. Dies ist aber nicht die einzige Seite, in der sich der Produktivitätsfortschritt der "auswärtigen Abteilung" und damit der Forschung auf die Effektivität nachfolgender Arbeitsprozesse auswirkt.

Jedes Resultat vorangegangener Arbeitsprozesse und deren Effektivität findet neben dem Gebrauchswert auch in entsprechenden Aufwandsgrößen, Kosten und Preisen seinen wertmäßigen Ausdruck. "Die relative Verwohlfeilerung der Produktionsmittel", schreibt K. Marx, "schließt natürlich nicht aus, daß ihre absolute Wertsumme wächst ..." /8.38/. Vom Standpunkt der Effektivität ist jedoch entscheidend, daß "... ihr Wert nicht in demselben Grad wächst wie ihr Gebrauchswert" /8.39/. Daraus ergibt sich, daß der gesellschaftliche Nutzen, der über den Gebrauchswert vermittelt wird, in der Regel größer sein muß als der Nutzen, der über die Kategorie Wert zum Ausdruck kommt. In diesem Zusammenhang heißt es bei Marx: "Je geringer im Verhältnis zu seiner Wirksamkeit der Wert des capital fixe, desto mehr entspricht es seinem Zweck" /8.40/.

Das Zusammenwirken der drei vorher genannten Wirkungsbereiche erfordert eine hohe Qualität der leitungsmäßigen Beherrschung, ein hohes Maß an Reaktionsfähigkeit und Flexibilität sowie der Beherrschung des Gesetzes der planmäßigen proportionalen

Entwicklung der Volkswirtschaft. Mit der Anwendung der wirtschaftlichen Rechnungsführung in der Forschung und Entwicklung /8.41/ wurden wichtige Bedingungen geschaffen, um Forschung und Produktion enger miteinander zu verbinden und die Effektivität der Forschung an ökonomischen Kriterien messen zu können. Ähnliche Bedingungen würden ab 1986 auch für große Teile der Grundlagenforschung an Akademien, Universitäten und Hochschulen wirksam, wenn ihre Finanzierung zu ca. 60 Prozent über die Fonds Wissenschaft und Technik der Kombinate auf der Basis vertraglich vereinbarter Forschungsleistungen erfolgt.
Ein wichtiger Aspekt für das effektive Zusammenwirken von Forschung, Produktion und Anwendung betrifft die prozeßadäquate Faktoren- oder Potentialgestaltung sowohl innerhalb als auch zwischen den Prozeßstufen.

Prozeßadäquate Potentialgestaltung

Bei der prozeßadäquaten Potentialgestaltung geht es zum einen darum, Effektivitätsverluste zu verhindern, die durch fehlende Potentialelemente oder durch Disproportionen beim Potentialeinsatz entstehen könnten. Zum anderen geht es darum, durch prozeßadäquate Kombination der Elemente jene Produktivkraft wirksam zu machen, die Marx als "gesellschaftliche Produktivkraft der Arbeit oder Produktivkraft gesellschaftlicher Arbeit" /8.42/ bezeichnete.

Bekanntlich unterscheidet K. Marx bei den Faktoren des Arbeitsprozesses zwischen objektiven und subjektiven Faktoren, die sich als Produktionsmittel und Arbeitskraft unterscheiden /8.43/, wobei zu den Produktionsmitteln die materiell-gegenständlichen und die als Informationen (d. h. wissenschaftlich-technische Problemlösungen) fungierenden Arbeitsmittel und Arbeitsgegenstände gehören. Arbeitskräfte, Arbeitsmittel und Arbeitsgegenstände gehören zu den Grundfaktoren der gesellschaftlichen Arbeit. In ihnen manifestieren sich auch die Elemente der flexiblen Automatisierung. In Verbindung mit den Grundfaktoren der gesellschaftlichen Arbeit erlangt der Zeitfaktor eine effektivitätsbestimmende Bedeutung. Seine Existenz und Wirksamkeit beruht darauf, daß die effektivitätsbestimmende

Wirkung von Faktoren zeitlich begrenzt ist. Ihre Werte und Gebrauchswerte sind historisch bedingte Kategorien, deren Entwertungen von der Verallgemeinerung effektiverer Produkte und Verfahren sowie von anderen veränderten Reproduktionsbedingungen abhängen. Effektivitätsbestimmende Faktoren müssen demzufolge zum richtigen Zeitpunkt zum Einsatz gelangen, vor allem dann, wenn mit ihnen noch ausnahmsweise Produktivkraft realisiert werden kann.

Der prozeßadäquate Einsatz der Grundfaktoren bezieht sich sowohl auf Ziele und Aufgaben (Zieladäquatheit), d. h. darauf, was gearbeitet wird, als auch darauf, wie, mit welchen Mitteln, (Mitteladäquatheit) und unter welchen sozialökonomischen Bedingungen (Bedingungsadäquatheit) gearbeitet wird.

Die Beachtung der Prozeßadäquatheit sowie der gegenseitigen Abhängigkeiten der Faktoren ist nicht zuletzt deshalb wichtig, um die Proportionalität und Paßfähigkeit der flexiblen Automatisierung zu vor- und nachgelagerten Arbeitsprozessen zu gewährleisten. Gerade dann entstehen hohe Effektivitätsverluste, wenn vor- und nachgelagerte Prozeßstufen den sich neu herausbildenden Anforderungen (z. B. in Forschung und Entwicklung, bei Zulieferungen, in der Bearbeitung von Ausgangsprodukten oder beim Absatz u.a.m.) nicht gerecht werden, wenn Effektivitätsgewinne oder verkürzte Durchlaufzeiten in Teilprozessen von nachfolgenden Prozeßstufen wieder aufgehoben werden.

Aufwandsseitig sind mit dem Faktoreneinsatz die entscheidenden Aufwandsgrößen an lebendiger und vergegenständlichter Arbeit, an einmaligem und laufendem Aufwand verbunden. Aus volkswirtschaftlicher Sicht gibt es aber darüber hinaus weitere gesellschaftlich notwendige Aufwendungen, so daß sich bei der Basisinnovation flexible Automatisierung im wesentlichen drei Aufwandskomplexe ergeben:

- Aufwendungen für den Faktoreneinsatz, d. h. für die Grundfaktoren gesellschaftlicher Arbeitsprozesse;
- Aufwendungen, die durch "Entwertungen" von Produktivkräften oder Erzeugnissen entstehen (z. B. Aussonderungen von Grundmitteln);

- Aufwendungen, die zur Beseitigung eintretender negativer Auswirkungen oder durch zusätzliche Belastungen in nachfolgenden Arbeitsprozessen hervorgerufen werden könnten.

8.5. Bewertung der Effektivität der flexiblen Automatisierung

Bedürfnisse und Erfordernisse sowie die daraus abgeleiteten Ziele des Sozialismus bilden die objektive Grundlage für die Bestimmung der Effektivität der flexiblen Automatisierung und ihrer Effektivitätsmaßstäbe. Dabei kann den verschiedenen Effektivitätserfordernissen ein differenzierter Stellenwert eingeräumt werden. Dem Grundgesetz des Sozialismus entsprechend geht es gegenwärtig vor allem darum,

- die für wachsende Bedürfnisbefriedigung - materieller, geistiger und kultureller Art - notwendigen Voraussetzungen durch steigende materielle Produktion zu schaffen. Es geht dabei aber nicht schlechthin darum, das Produktionsvolumen zu erhöhen, sondern vor allem darum, den Neuwertanteil, also das für Konsumtion und Akkumulation wert- und gebrauchswertmäßig zur Verfügung stehende Nettoprodukt bzw. Nationaleinkommen, zu erhöhen. Die Kennziffern "Zuwachs an industrieller Warenproduktion" und "Zuwachs an Nettoproduktion" bringen eine solche zu unterscheidende Effektivitätsentwicklung zum Ausdruck, wobei letzterer ein höherer Stellenwert zukommt;
- mit der Nettoproduktion einen hohen Gewinnanteil zu realisieren, der für die Finanzierung steigender gesellschaftlicher Aufgaben zur weiteren Entwicklung der Produktivkräfte, für die Akkumulation und die gesellschaftliche Konsumtion notwendig ist (Kennziffer "Zuwachs an Gewinn");
- einen notwendigen Zuwachs an Konsumgütern und exportfähigen Erzeugnissen zu sichern (Kennziffern "Zuwachs an Konsumgüterproduktion", "Zuwachs an SW- und NSW-Export");

- ein solches Wachstum nicht extensiv mit zusätzlichen Arbeitskräften, stark steigenden Fonds und mit veralteten Erzeugnissen, sondern intensiv entsprechend den genannten Hauptwirkungsrichtungen zu erreichen, die sich vor allem über Produkt- und Prozeßinnovationen durch Realisierung von ausnahmsweiser Produktivkraft und Extraneuwert durchsetzen.

Über diese innovativen Hauptwirkungsrichtungen der flexiblen Automatisierung muß das Wachstum realisiert werden, und zwar

. mit quantitativ weniger, aber qualifizierteren Arbeitskräften (ausgedrückt in den Kennziffern "Arbeitszeiteinsparung", "Arbeitskräftegewinnung", "Arbeitsproduktivität");

. mit quantitativ geringerem Produktionsverbrauch je Erzeugniseinheit (ausgedrückt in den Kennziffern "Material- und Energieeinsparung", "Grundfondsquote", "Grundfondsrentabilität");

. mit geringeren Selbstkosten je Erzeugniseinheit (ausgedrückt in der Kennziffer "Selbstkostensenkung");

. mit hochwertigen neuen Erzeugnissen, die bessere Gebrauchseigenschaften aufweisen, durch die Bedürfnisse besser befriedigt werden und Extragewinne aus Preiszuschlägen, höhere Devisenerlöse sowie verschiedene Anwendungseffekte bei ihrer Nutzung erzielt werden können (ausgedrückt in den Kennziffern "Industrielle Warenproduktion neuentwickelter Erzeugnisse", "Innovationsrate,Erneuerungsgrad", "Zuwachs an industrieller Warenproduktion mit dem Gütezeichen Q", "Exportrentabilität" sowie "SW- und NSW-Devisenertrag");

. durch die Verkürzung der Entwicklungs- und Überführungszeiten sowie die rasche Ausbreitung von Neuerungen, wodurch in volkswirtschaftlichen Dimensionen das Effektivitätsniveau gehoben, hohe einmalige Vorleistungen bzw. Aufwendungen umfassender effektivitätswirksam werden und rascher zurückfließen können (Kennziffern "Zeitdauerverkürzung", "Ausbreitungsrate Verbreitungsgrad", "Rückflußdauer");

Zugleich muß das Wachstum des Nationaleinkommens bzw. des Nettoprodukts realisiert werden

. mit ständig besser werdenden Arbeits- und Lebensbedingungen der Werktätigen sowie bei Vermeidung bzw. Abbau von Umweltbelastungen, die in vieler Hinsicht zunächst aufwandsseitig ins Gewicht fallen, sich letztlich aber effektivitätsfördernd auswirken.

Aus den differenzierten Effektivitätszielen, den zu beachtenden Realisierungsbedingungen und Erfordernissen ergeben sich die verschiedenen Effektivitätskriterien und damit auch die Tatsache, daß die Effektivität der flexiblen Automatisierung nicht in einer einzigen Kennziffer ihren Ausdruck finden kann. Das schließt nicht aus, daß den verschiedenen Effektivitätskennziffern ein unterschiedlicher Stellenwert zukommt.

In der DDR wird bei der Anwendung der Kennziffern der Leistungsbewertung insbesondere der Nettoproduktion ein hoher Stellenwert eingeräumt, weil auf diese Weise der Beitrag jeder Wirtschaftseinheit zum Wachstum des Nationaleinkommens ausgedrückt werden kann. Daß mit dieser Kennziffer nicht alle Effektivitätsziele, Intensivierungserfordernisse und Verteilungserfordernisse zwischen zentralisierten Reineinkommen, Gewinn sowie Lohneinkommen sichtbar gemacht werden können, wurde bereits gesagt. Daher dürfen die anderen Kennziffern der Leistungsbewertung in ihrer Bedeutung nicht unterschätzt werden.

Zwischen den verschiedenen Kennziffern der Effektivität müssen volkswirtschaftliche Grundrelationen beachtet werden, die den gegenwärtigen Entwicklungserfordernissen entsprechen.
Dazu zählt für die Wachstumsraten Δ von Gewinn G, Nettoprodukt NP und industrielle Warenproduktion IWP die Beziehung (8.1)

$$\Delta G > \Delta NP > \Delta IWP \qquad (8.1).$$

Diese Grundrelationen werden von führenden Kombinaten in der DDR realisiert (Tabellen 8.9 und 8.10).

Lfd. Nr.	Kombinat	Zuwachs (auf %)					
		Gewinn	Netto-produkt	Waren-produktion	Arbeits-produktivität	Export	
						S W	NSW
1	Mikroelektronik Erfurt	254,9	138,7	130,4	134,0	110,9	103,7
2	Kabelwerk Ober-spree Berlin	125,6	113,1	...	113,6	104,5	...
3	Robotron Dresden	114,9	112,9	109,0	112,8	97,8	...
4	EAW Berlin	146,7	116,2	106,1	115,4	110,2	152,1
5	Automatisierungs-anlagenbau Berlin	135,0	113,3	105,8	111,9	114,4	130,0
6	Werkzeugmaschinen-bau "7. Oktober" Berlin	126,9	111,2	111,0	111,2	105,6	117,3
7	Keramische Werke Hermsdorf	111,8	109,5	105,3	108,7	107,3	...
8	NARVA Berlin	...	115,0	107,8	115,2	108,2	...
9	Elektronische Bau-elemente Teltow	...	115,7	109,8	...	107,6 (SU)	107,7

<u>Tab. 8.9:</u> Effektivitätssteigerungen 1985 gegenüber 1984 in einigen für die flexible Automatisierung wichtigen Kombinaten /8.44/

Lfd. Nr.	Kombinat	Zuwachs (auf %)					
		Netto-gewinn	Netto-produkt	Waren-produktion	Arbeits-produktivität	Export	
						S W	NSW
1	Keramische Werke Hermsdorf	210,3	181,4	131,3	...	153,1 (161,0)	...
2	EAW Treptow	...	168,9	149,7	166,4	110,4	161,5
3	Robotron Dresden	299,5	243,7	177,6	241,1	156,4	154,7
4	Werkzeugmaschinen "7. Oktober" Berlir	236,8	144,2	134,5	132,8	...	...
5	Qualitäts- und Edelstahl Brandenburg	282,2	259,3	...	...	132,6	225,9

Tab. 8.10: Effektivitätssteigerungen 1981 bis 1985 in einigen für die flexible Automatisiserung wichtigen Kombinaten /8.45/

Dabei zeigt sich, daß

- weit überdurchschnittliche jährliche Steigerungsraten im Hinblick auf Gewinn, Produktion und Produktivität nach Tabelle 8.8 von Kombinaten der Mikroelektronik, des Automatisierungsanlagen- und des Werkzeugmaschinenbaus erreicht wurden,
- sich der Nettogewinn der in Tabelle 8.10 aufgeführten Kombinate im Zeitraum von 1981 bis 1985 verdoppelt bis verdreifacht hat,
- der Export in das nichtsozialistische Währungsgebiet (NSW) langfristig eine steigende Tendenz aufweist.

Für die Steigerung der Effektivität der flexiblen Automatisierung und die Realisierung von ausnahmsweiser Produktivkraft gibt es im wesentlichen zwei Wege mit gegenseitiger Bedingtheit:

1. Erhöhung der Gebrauchswerte quantitativ und qualitativ je Einheit Aufwand an lebendiger und vergegenständlichter Arbeit;
2. Verminderung des Aufwandes an lebendiger und vergegenständlichter Arbeit je Gebrauchswerteinheit.

Für den ersten Weg haben vor allem Produktinnovationen, die höhere Veredelung der Rohstoffe sowie gebrauchswerterhöhende Maßnahmen entscheidende Bedeutung, für den zweiten Weg die darauf aufbauenden ressourcensparenden Prozeßinnovationen. Es ist offensichtlich, daß ohne den ersten Weg und seine qualitativen Veränderungen der zweite Weg immer dann seine Grenzen findet, wenn alle in den eingesetzten Produktivkräften sowie ihren Gebrauchswerten enthaltenen Möglichkeiten und Eigenschaften ökonomisch ausgenutzt sind bzw. wenn eine Erhöhung des technischen Wirkungsgrades nur noch mit einem nicht mehr zu vertretenden ökonomischen Wirkungsgrad möglich wäre, d.h., wenn bei der Steigerung der technischen Leistungsfähigkeit im Kostenverlauf ein Übergang der Gesamtkostenentwicklung von der Kostendegression zur Kostenprogression aufgrund eines steigenden Anteils fixer Kosten erfolgt. Die subjektiven, materiell-technischen, hard- und softwarebedingten Faktoren der flexiblen Automatisierung nehmen auf den dynamischen Kostenverlauf einen unterschiedlichen Einfluß.

Proportionale Kosten verändern sich im gleichen Verhältnis wie die Leistung; dazu gehören vor allem die Kosten für das Grundmaterial und Löhne für die Produktionsarbeiter.

Konstante oder fixe Kosten verhalten sich innerhalb bestimmter Leistungsgrenzen konstant. Dazu gehören vor allem Lohnaufwendungen für Leitungskader, einmalige oder auftragsspezifische Aufwendungen für Forschung, Entwicklung, Konstruktion, Einrichtungskosten, Grundmittel und Software. Die fixen Kosten verhalten sich gegenüber der jeweiligen Leistungseinheit variabel. Bei steigender Leistung bis zur Kapazitätsauslastung sinken sie - und damit auch die Selbstkosten - je Erzeugniseinheit. Bei der flexiblen Automatisierung erhöhen sich auf Grund des notwendigen Faktoreinsatzes Gewicht und Bedeutung der konstanten Kosten. Durch Wegfall oder Reduzierung einiger Kostenarten (z.B. Einrichtungs- und Umstellungskosten) sowie durch optimale Auslastung können diese Kosten - bezogen auf die Erzeugniseinheit - relativiert bzw. verringert werden.

Degressive Kosten steigen langsamer als die Leistungen. Dadurch fallen mit steigender Leistung die Kosten je Erzeugniseinheit. Eine solche Kostenentwicklung tritt vor allem dann ein, wenn der zusätzliche Aufwand für Prozeßinnovationen, Rationalisierung oder Produktverbesserungen kleiner ist als der Zuwachs an Nettoproduktion und Gewinn.

Progressive oder überproportionale Kosten steigen schneller an als der Leistungszuwachs. Derartige Kosten können auch durch überbeanspruchte Kapazität flexibler Automatisierungsmittel hervorgerufen werden.

Um die Kosten je Leistungs- bzw. Erzeugniseinheit im Prozeß der flexiblen Automatisierung zu senken, ist es vor allem wichtig, den Anteil der konstanten Kosten zu verringern. Ein Weg hierzu ist die Verbilligung der Automatisierungsmittel und die Erhöhung ihrer Leistungsparameter. Ein anderer Weg besteht in ihrer umfassenden Auslastung, um die konstanten Kosten auf möglichst viele Leistungs- bzw. Erzeugniseinheiten zu übertragen. Beide Wege gewinnen an Bedeutung insbesondere deshalb, weil moderne Automatisierungsanlagen einen relativ hohen Anteil konstanter Kosten verursachen. Die im Rahmen einer ökonomisch nutzbaren Kapazität durch Erweiterung des Produktionsvolumens möglichen Kosteneinsparungen sind in Tabelle 8.11 zusammengefaßt. Dabei wurde davon ausgegangen, daß sich progressiv ansteigende Kosten und degressive Kosten im Gleichgewicht befinden. Der Grad der Kosteneinsparung bei erweiterten Produktionsstückzahlen ist dabei umso größer, je höher zuvor der Anteil der konstanten Kosten war. So beträgt beispielsweise die Kostensenkung je Erzeugniseinheit bei Verdoppelung der Produktionsstückzahlen - ausgehend vom Verhältnis zwischen konstanten und proportionalen Kosten von 1 : 10 - etwa 4,55 Prozent, beim Verhältnis von 1 : 5 bereits 8,34 Prozent und beim Verhältnis von 5 : 1 über 41 Prozent. Jede Verdoppelung der Produktionsstückzahlen verändert zugleich die Relationen zwischen den fixen und variablen Kosten, so daß jede weitere Verdopplung immer geringere relative Kostensenkungen verursacht. Verdoppelungen der Leistungseinheit haben ohne Berücksichtigung der Kostenrelationen demzufolge nicht "gesetzmäßig" eine bestimmte Größe der Kostensenkung zur Folge.

Der dynamische Kostenverlauf bildet ein wesentliches Element für die Bestimmung der dynamischen Effektivität der flexiblen Automatisierung. Ein anderes Element besteht in der dynamischen Preisentwicklung entsprechend dem Innovationsverlauf. Es muß vor allem der Weg, durch Innovationen die Gebrauchswerte je Einheit Aufwand an lebendiger und vergegenständlichter Arbeit mit Hilfe der flexiblen Automatisierung zu erhöhen, als der entscheidende Weg der Effektivitätssteigerung angesehen werden. Dieser Weg ist - historisch gesehen - deshalb unbegrenzt gangbar, weil auch der wissenschaftliche Erkenntnisfortschritt keine absoluten Grenzen findet. Dabei muß der enge Zusammenhang zum zweiten Weg beachtet werden, weil der Effektivitätsfortschritt über mindestens zwei voneinander zu unterscheidende Arbeitsprozesse bzw. Reproduktionsstufen realisiert werden muß: dort, wo neue Gebrauchswerte erforscht, entwickelt sowie produziert werden und dort, wo diese sich "aus nur möglichen in wirkliche und wirkende Gebrauchswerte verwandeln" /8.46/, d.h.

Verhältnis konstanter zu variablen Kosten (Basisgröße)	Kostensenkung je Erzeugniseinheit bei Erweiterung der Produktionsstückzahlen (%)					
	Erweiterungsfaktor					
	2	4	5	10	20	100
1 : 10	4,55	6,82	7,27	8,18	8,64	9,00
1 : 5	8,34	12,50	13,34	15,00	15,84	16,50
2 : 5	14,29	21,43	22,86	25,71	27,14	28,29
1 : 2	16,67	25,00	26,67	30,00	31,67	33,00
3 : 5	18,75	28,12	30,00	33,75	35,62	37,12
2 : 3	20,00	30,00	32,00	36,00	38,00	39,60
1 : 1	25,00	37,50	40,00	45,00	47,50	49,50
4 : 3	28,57	42,86	45,71	51,43	54,29	56,57
3 : 2	30,00	45,00	48,00	54,00	57,00	59,40
2 : 1	33,34	50,00	53,33	60,00	63,33	66,00
3 : 1	37,50	56,25	60,00	67,50	71,25	74,25
5 : 1	41,67	62,50	66,67	75,00	79,17	82,50
10 : 1	45,45	68,18	72,73	81,82	86,36	90,00

Tab. 8.11: Kostensenkung je Erzeugniseinheit bei erweiterten Produktionsstückzahlen in Abhängigkeit vom Verhältnis konstanter zu variablen Kosten

Effekte verschiedener Art hervorbringen. Ebenso wie bei der Aufwandsanalyse aus volkswirtschaftlicher Sicht Folgelasten der flexiblen Automatisierung wie Aufwendungen ergebnismindernd behandelt werden sollten, ist es zweckmäßig, bei Effektivitätsbestimmungen nicht nur die unmittelbaren Erlöse, sondern auch die möglichen positiven Folgewirkungen in die Ergebnisrechnung beim Verursacher einzubeziehen. Die entscheidende Bezugsbasis hierfür ist der Gebrauchswert, dessen Erhöhung beim Produzenten sich effektivitätssteigernd auszahlen muß, dessen Veralterung durch entsprechende Preisgestaltung jedoch auch effektivitätsmindernde Folgen haben muß. Auf diese Weise kann der Vielschichtigkeit und Komplexität der Erfassung und Bewertung der Effektivität der Automatisierung Rechnung getragen werden.

Das Ziel weiterer Arbeiten auf diesem Gebiet besteht insbesondere darin, die wesentlichen

- technischen,
- ökonomischen,
- sozialen,
- innovativen

Ziele und Wirkungen der flexiblen Automatisierung in die computergestützten Szenarien und Modelle so zu integrieren, daß sie eine leitergerechte handhabbare Bewertung von Automatisierungsstrategien und Automatisierungsprojekten gestatten und somit ein praktikables Instrumentarium der Entscheidungsvorbereitung über Tempo, Breite und Effektivität der Einführung und Nutzung der Schlüsseltechnologie Flexible Automatisierung darstellen.

Dabei liegt der Schwerpunkt darin, eine möglichst begrenzte Zahl von Kenngrößen zu verwenden, die die wesentlichen technischen und sozialökonomischen Wirkungen des Einsatzes von flexiblen Fertigungssystemen, Industrierobotern und CAD/CAM-Systemen im Rahmen einer künftig computerintegrierten Fertigung entsprechend dem CIM-Konzept in ihren Wechselwirkungen derart erfassen, verarbeiten und speichern können, daß sie aus Datenbanken abrufbar und unter unterschiedlichen Bedingungen variierbar sind.

9. Schlußbemerkungen

Die Entwicklung der Schlüsseltechnologie Flexible Automatisierung vollzieht sich gegenwärtig in raschem Tempo. Es wachsen sowohl die Anzahl realisierter Automatisierungsprojekte verschiedener Größenordnungen in Form von flexiblen Fertigungssystemen, Industrierobotern und CAD/CAM-Systemen als auch die Forderungen nach komplexen Lösungen, die den ganzen Reproduktionsprozeß eines Betriebes, Kombinates oder eines Industriezweiges umfassen. Neue Konzepte entstehen, die diesen Forderungen Rechnung zu tragen versuchen, und es werden neuartige wissenschaftlich-technische Lösungen entwickelt, die wiederum Anlaß zur Überprüfung und Vervollkommnung bestehender Automatisierungsstrategien und ihrer Bewertung geben.

Vor allem 3 Problemkreise sind es, die in diesem Zusammenhang in das Blickfeld rücken:

- das CAI-Konzept der computergestützten Industrie,
- die Nutzung von Prinzipien der künstlichen Intelligenz durch den Einsatz von Expertensystemen,
- die Gestaltung effektiver Organisationslösungen durch die Entwicklung einer leistungsfähigen Orgware.

Das CAI-Konzept (CAI: Computer Aided Industry) stellt eine Verknüpfung der computerintegrierten Fertigung (CIM) mit dem computergestützten Leitungs- und Verwaltungsbereich (CAO: Computer Aided Office) dar /9.1/. Das CIM-Konzept wurde in den vorstehenden Kapiteln bereits dargestellt. Es umschließt in seinen in Bild 1.2 behandelten Integrationsformen bereits 2 wesentliche Verknüpfungen /9.2/:

- zum ersten die Integration der Automatisierung von Produktionsprozessen mit der Automatisierung von Informationsprozessen,
- zum zweiten die Integration von Vorfertigungs- und Montageprozessen untereinander und von diesen Fertigungsprozessen mit Transport- und Lagerprozessen einschließlich der Integration räumlicher Strukturen sowie von CAP- und CAD/CAM-Systemen untereinander einschließlich integrierter

Software und integrierter lokaler Rechnernetze.

Hierzu kommt nun

- zum dritten die Integration dieser computerintegrierten Fertigung mit den computergestützten Leitungs- und Verwaltungsprozessen von Marktforschung, Beschaffung, Absatz, Personalwesen und Rechnungswesen im Sinne einer prozeßorientierten Betrachtung des gesamten Reproduktionsprozesses des Industriekombinats und des Industriebetriebes als computergestützte Industrie (CAI) mit einem hochintegrierten Kommunikationsnetz.

Von besonderer Bedeutung ist dabei der sich durch diese Kommunikation ergebende große Handlungsspielraum des Menschen für die produktive Nutzung dieses Integrationskonzeptes und insbesondere für die effektive Gestaltung der Flexibilitätspotenzen für eine bedarfsgerechte Produktion und die Sicherung hoher Innovationsraten.

Eng verbunden hiermit ist die künftig verstärkte Nutzung von Prinzipien der künstlichen Intelligenz, die - wie bereits in den vorangegangenen Kapiteln ausgeführt - in Form von Expertensystemen zunehmend Eingang in Systeme der flexiblen Automatisierung finden /9.3/, /9.4/, /9.5/. Nach Bild 2.17 haben sich bereits heute eine Reihe von Anwendungsgebieten in CIM-Lösungen herausgebildet. Dazu zählen:

- Aufgaben der Produktionsüberwachung und Produktionssteuerung durch Interpretation und Diagnose von Betriebszuständen automatisierter Systeme einschließlich der Ableitung von Reparaturmaßnahmen,
- Aufgaben der Konstruktion und technologischen Produktionsvorbereitung durch Zusammenstellung und Entwurf von Entwicklungsunterlagen und Fertigungsplänen,
- Aufgaben der Prognose und der Strategienbildung.

Expertensysteme als wissensbasierte Systeme zur Planung, Projektierung und Nutzung flexibler Automatisierungslösungen sind in der Lage, das vielfach unstrukturierte und inkonsistente Wissen zu erfassen, aufzubereiten und zu ordnen, damit den Modellbildungsprozeß zu unterstützen und sowohl die erarbeiteten Lösungen als auch den Lösungsweg für den Nutzer verständlich werden zu lassen. Diese prinzipiell neuen Möglichkeiten haben nun erhebliche, wenn auch heute noch nicht im einzelnen vorhersagbare Konsequenzen für die Strategienbildung und die Effektivität der flexiblen Automatisierung /9.6/, /9.7/, /9.8/. Dies bezieht sich unter anderem auf den Grad der Integration und somit auf die Komplexität künftiger Automatisierungsprojekte, auf die Gestaltung der Informationssysteme und der Daten-, Modell- und Methodenbanken, auf die Auswirkungen auf den Investitionsumfang im Hinblick auf Hardware und Software sowie auf die veränderte Mensch-Maschine-Dialog-Führung bei Anwendung von Expertensystemen. Das wird bereits in dem wissensbasierten REMISA EXPERT-Konzept (Bilder 2.14 und 2.16) sichtbar. Auch an dieser Stelle wird erneut deutlich, daß der Prozeß der Bildung, Variation und Bewertung von Innovationsstrategien der flexiblen Automatisierung ein sich ständig auf höherer Stufenleiter und auf neuem Wissen vollziehender, iterativer Prozeß ist, in dem der Stellenwert bestimmter Faktoren wechselt und in den neue Faktoren einzubeziehen sind.

Letzteres trifft auf die Gestaltung effektiver Organisationslösungen durch die Entwicklung einer leistungsfähigen Orgware zu. Dieser Problemkreis hat bisher in Theorie und Praxis der flexiblen Automatisierung keine sehr wesentliche Rolle gespielt. Die Gründe hierfür sind vielfältiger Natur. Sie liegen sowohl in dem unzureichenden wissenschaftlichen Vorlauf auf dem Gebiet einer Theorie und Methodologie der industriellen computerintegrierten Organisation /9.9/ als auch in den bislang wenig komplexen, realisierten Lösungen der flexiblen Automatisierung, die das Fehlen von Organisationsprojekten zur Steuerung integrierter automatisierter Systeme als Modelle

- der Ablauforganisation manuell, mechanisiert und automatisiert ablaufender Prozesse,
- der Aufbauorganisation hierarchisch und nach den Prinzipien der Multistabilität strukturierter Systeme,

- der Informationsorganisation zur Erfassung, Verarbeitung, Speicherung, Weiterleitung und Ausgabe von Information in Form von Daten und von Wissen

noch nicht in dem Maße spürbar werden ließen, daß die Notwendigkeit der Bereitstellung einer leistungsfähigen Orgware als wissenschaftliche und praktische Aufgabe generell zur zwingenden Notwendigkeit wurde.

Es ist jedoch offensichtlich - und die Projektanten größer dimensionierter flexibler CIM-Lösungen haben dies inzwischen erkannt - daß die Integration der vielfältig verflochtenen Elemente industrieller Reproduktionsprozesse auch umfassende flexible Organisationslösungen erfordert, um die Haupteffekte der Flexibilität und der Innovationsstimulierung tatsächlich zur Wirkung zu bringen. Dabei muß es sich um solche Orgware handeln, die

- das rationelle Zusammenwirken von Mensch und flexiblem Fertigungssystem, von Mensch und CAD/CAM-Station sowie von Mensch und Expertensystem durch variable Organisationsabläufe ermöglicht,
- effektive Kommunikations- und Leitungsstrukturen mit ausreichend dimensionierten Entscheidungsspielräumen und adaptiven Eigenschaften gestaltet,
- die Organisation der Informationsprozesse unter der Zielstellung realisiert, mit einem vertretbaren Minimum an Daten und Wissen den notwendigen Umfang an nützlicher, zeitgerechter Information für die Steuerung von Systemen der flexiblen Automatisierung nutzerfreundlich bereitzustellen.

Nur auf dem Wege einer Projektierung und Realisierung von Hardware, Software und Orgware der flexiblen Automatisierung können solche Resultate entstehen, die den sozialökonomischen Zielstellungen des RGW-Komplexprogramms der Entwicklung von Wissenschaft und Technik in den sozialistischen Ländern gerecht werden. Aus historischer Sicht ist es an dieser Stelle bemerkenswert, daß wesentliche Elemente dieser Forderungen bereits im Zusammenhang mit der Einführung der Einzweckautomatisierung in den fünfziger Jahre eine Rolle spielten /9.10/ ... /9.14/.

Zusammenfassend zeigt sich, daß die Lösung der neu herangereiften Aufgabenstellungen auf dem Gebiet der flexiblen Automatisierung unmittelbar der schöpferischen Umsetzung der 10 Schwerpunkte der ökonomischen Strategie zur Entwicklung der Volkswirtschaft der DDR dienen, die auf eine noch wirksamere Verbindung der Errungenschaften der wissenschaftlich-technischen Revolution mit den Vorzügen des Sozialismus durch eine beschleunigte Steigerung der Arbeitsproduktivität, sinkenden Material- und Energieaufwand und eine höhere Qualität und Effektivität auf dem Wege der intensiv erweiterten Reproduktion durch ein enges Zusammenwirken von Wissenschaft und Produktion, von Theorie und Praxis gerichtet sind. Die fruchtbare Zusammenarbeit von Institutionen der Akademie der Wissenschaften, der Hochschulen und Universitäten sowie der Betriebe, Forschungszentren und Rationalisierungsbüros in Kombinaten und Industrieministerien bildet eine wesentliche Grundlage dafür, daß die gegenwärtigen und künftigen Aufgaben der effektiven Gestaltung automatisierter Produktions- und Informationsprozesse in interdisziplinärer Gemeinschaftsarbeit erfolgreich gelöst werden.

Literatur

/1.1/ Fuchs, H.: Von der CAD/CAM-Insellösung zu integrierten Rechnersystemen zur Vorbereitung und Durchführung der Produktion.
messen-steuern-regeln 29 (1986) 12, S. 530 - 531

/1.2/ Ulrich, P.: Stand und Entwicklungstendenzen flexibel automatisierter Fertigungen. (Vortrag 2).
Internationaler Kongreß Metallbearbeitung, Karl-Marx-Stadt 1986

/1.3/ Gottschalk, E.; Wirth, S.: Neue flexible Teilefertigungssysteme der DDR im internationalen Vergleich.
Fertigungstechnik und Betrieb 36 (1986) 4, S. 213 - 221

/1.4/ Rudolph, K.; Friedrich, W.: Gestaltung der organisatorischen Lösung für die Fertigungssteuerung flexibler Fertigungssysteme.
Fertigungstechnik und Betrieb 35 (1985) 12, S. 735 - 739

/1.5/ Rössel, G.; Peters, G.: Probleme der Gestaltung optimaler Technologischer Einheiten mit Industrierobotern.
Fertigungstechnik und Betrieb 35 (1985) 12, S. 740 - 742

/1.6/ Autorenkollektiv: Ökonomie der Automatisierung.
Berlin 1985

/1.7/ Wirth, S.: Schritte auf dem Wege zum rechnergestützten automatisierten Betrieb der neunziger Jahre.
Fertigungstechnik und Betrieb 36 (1986) 11, S. 647 - 651

/1.8/ Hofmann, U.: Hauptrichtungen der wissenschaftlichen Forschung zur Informationsverarbeitung und Informationstechnik in der DDR.
Rechentechnik/Datenverarbeitung 21 (1984) 6, S. 6 - 8

/1.9/ Friedrich, G.: Moderne Informationstechnologie und Leitungsprozeß.
Rechentechnik/Datenverarbeitung 21 (1984) 6, S. 9 - 11

/1.10/ Honecker, E.: Zur Vorbereitung des XI. Parteitages der SED.
Neues Deutschland, 21. 6. 1985, S. 4

/1.11/ Palterowitsch, D.: Effektivitätsbedingungen der flexiblen Automatisierung.
Sowjetwissenschaft/Gesellschaftswissenschaftliche Beiträge 38 (1985) 3, S. 276

/1.12/ Autorenkollektiv der Staatlichen Plankommission: Planungsordnung 1986 - 1990 - wichtigstes Instrument zur Verwirklichung der ökonomischen Strategie.
Berlin 1985, S. 82

/1.13/ Marx, K.: Grundrisse der Kritik der politischen Ökonomie.
In: Marx, K.; Engels, F.: Werke, Berlin 1956 - 1983 (im folgenden: MEW), Bd. 42, S. 105

/1.14/ Marx, K.: Das Kapital, Erster Band.
In: MEW, Bd. 23, S. 635

/1.15/ Autorenkollektiv der Staatlichen Plankommission der DDR, Planungsordnung, a.a.O., S. 56

/1.16/ Haustein, H.-D.; Maier, H.: Flexible Automatisierung - Aufbruch einer Schlüsseltechnologie der Zukunft.
Berlin 1985, S. 69

/1.17/ Stieler, B.: Möglichkeiten des Nachweises und der aktiven Beeinflussung sozialer Effekte des wissenschaftlich-technischen Fortschritts.
Sozialistische Arbeitswissenschaft 28 (1984) 2, S. 148 - 152

/2.1/ Lauenroth, H.-G.; Weber, M.: Inhalt, Prinzipien und Methoden der Systemanalyse von Innovationsprozessen.
messen-steuern-regeln 26 (1983) 10, S. 542 - 545; 11, S. 630 - 636 (einschließlich der dort zitierten Literatur)

/2.2/ Haustein, H.-D.: Zur Strategie der flexiblen Automatisierung: Die rechnergestützte Entwicklung und ihre Produktivitätswirkung.
Wirtschaftswissenschaft 31 (1983) 7, S. 1002 - 1018

/2.3/ Autorenkollektiv: Innovation und Wissenschaft.
Berlin 1985, S. 64 ff.

/2.4/ Golenko, D. I.; Lauenroth, H.-G.; Schulze, G.; Schultze, H.: Kybernetik zur Steuerung ökonomischer Prozesse - Grundlagen und Anwendungen.
Berlin 1977, S. 57

/2.5/ Lauenroth, H.-G.: Prinzipien und Methoden der ökonomisch-kybernetischen Systemanalyse.
Halle 1982, S. 4 ff.

/2.6/ Weber, M.: Ausarbeitung von Grundlagen und experimentelle Erprobung eines entscheidungsvorbereitenden Systems für die Bewertung und Auswahl von Neuerungsprozessen (Projekten).
Dissertation A/B, Berlin 1982

/2.7/ Kalaidjiewa, M.: Dateientabelle der persönlichen Datenbank für Leiter in der Wissenschaft (Forschungsbericht).
Bulgarische Akademie der Wissenschaften, Zentrum für Wissenschaftstheorie, Sofia 1986

/2.8/ Kalaidjiewa, M.: Methodologische Grundlagen der Erarbeitung eines Informationssystems zur Steuerung von Innovationsprozessen (Forschungsbericht). Bulgarische Akademie der Wissenschaften, Zentrum für Wissenschaftstheorie, Sofia 1985

/2.9/ Wölfling, M. u.a.: Strategische Planspiele. Akademie der Wissenschaften der DDR, ITW Studien und Forschungsberichte, 21, Berlin 1986, S. 8 ff.

/2.10/ Gliederung und Erweiterung von 10 Faktoren nach G. Neuner. Neues Deutschland, 13./14. 9. 1986, S. 10

/2.11/ Nedeß, Ch.; Friedewald, A.; Plog, J.: Expertensysteme - Erfahrung ergänzt das CIM-Konzept. VDI-Z. 128 (1986) 19, S. 729 - 733

/3.1/ Bericht des ZK der SED an den X. Parteitag, Berlin 1981, S. 50 und Direktive des XI. Parteitages der SED zum Fünfjahrplan für die Entwicklung der Volkswirtschaft der DDR in den Jahren 1986 bis 1990, Berlin 1986, S. 32

/3.2/ Zu den ersten flexiblen Fertigungssystemen in der Welt gehört das von 1968 bis 1971 entwickelte Prisma 2 im VEB Werkzeugmaschinenkombinat "Fritz Heckert", das sich seitdem im ununterbrochenen 4-schichtigen Einsatz befindet.

/3.3/ Vgl. Kapitel 2 dieser Arbeit

/3.4/ Wirth, S. u.a.: Integrierte Fertigungen - Bewertung realisierter Vorhaben und Trends der weiteren Entwicklung. Fertigungstechnik und Betrieb 32 (1982) 10, S. 597 - 603

/3.5/ Bessant, J.; Haywood, B.: The Introduction of Flexible Manufacturing Systems as an Example of Computer Integrated Manufacturing. Brighton 1985

/3.6/ Wirth, S.; Rockstroh, W.; Petermann, J.: Material- und informationsflußtechnische Lösungen für flexible automatisierte integrierte Fertigungen. Fertigungstechnik und Betrieb 34 (1984) 6, S. 331 - 336

/3.7/ Warnecke, H.-J.: Rechnereinsatz in der Produktion. Elektronische Rechenanlagen 27 (1985) 3, S. 133 - 141

/3.8/ Yoshikawa, H.: Flexible Manufacturing Systems in Japan. Proceedings of IFAC-Congress, Budapest 1984, S. 34 - 42

/3.9/ Steinhilper, R.: Entwicklungstendenzen bei der automatisierten flexiblen Produktion. VDI-Berichte, Düsseldorf (1984) 520, S. 85

/3.10/ Woithe, G.; Gottschalk, E.; Schmigalla, H.: Zur Flexibilität von Maschinenbaubetrieben.
Die Technik 32 (1977) 7, S. 373 ff.

/3.11/ Kaltwasser, J.: Flexible Fertigung - Herausforderung für Wissenschaft und Technik.
Wissenschaft und Fortschritt 36 (1986) 2, S. 35 - 38

/3.12/ Rogel, E.: Bearbeitungszentren.
VDI-Zeitschrift, Düsseldorf 126 (1984) 10, S. 377 - 390

/3.13/ Einsatzchancen und Marktpotentiale für flexible Fertigungssysteme.
Frankfurt am Main 1983

/3.14/ Recent trends in flexible manufacturing.
ECE-Studie, New York 1986

/3.15/ Ulrich, P.: Stand und Entwicklungstendenzen der flexiblen Fertigung.
Internationaler Kongreß Metallbearbeitung '86, Karl-Marx-Stadt 1986, Vortrag 2

/3.16/ Beljanin, P.: Flexible Automatisierung des Maschinenbaus - Stand, Schwierigkeiten, Probleme.
Planoje Chosjaistvo, Moskau (1985) 7, S. 19 - 25

/3.17/ Wirth, S.: Entwicklungstendenzen und -etappen zur bedienarmen Fertigung.
Wissenschaftliche Zeitschrift der Technischen Hochschule Karl-Marx-Stadt, 24 (1982) 5, S. 527 - 536

/3.18/ Gottschalk, E.; Wirth, S.: Neue flexible Teilefertigungssysteme der DDR im internationalen Vergleich.
Fertigungstechnik und Betrieb 36 (1986) 4, S. 213 - 221

/3.19/ Fix-Sterz, J.; Lay, G.; Schultz-Wild, R.: Flexible Fertigungssysteme und Fertigungszellen.
VDI-Zeitschrift, Düsseldorf 128 (1986) 11, S. 369 - 379

/3.20/ Falk, S.: Erfahrungen beim Einsatz von DDR-Werkzeugmaschinen als Komponenten flexibler Fertigungsabschnitte.
Internationaler Kongreß Metallbearbeitung '86, Karl-Marx-Stadt 1986, Vortrag 34

/3.21/ Flexible Fertigungssysteme - Entwicklungstendenzen, Planungsprobleme und stufenweiser Aufbau.
Beiträge zur Theorie und Praxis der Volkswirtschaftsplanung in der UdSSR und anderen sozialistischen Ländern.
Information des Ökonomischen Forschungsinstituts der Staatlichen Plankommission, Berlin (1985) 2, S. 2 - 7

/3.22/ Marx, K.: Das Kapital, Dritter Band.
In: MEW, Bd. 25, S. 114

/3.23/ Warnecke, H.-J.; Roth, H.-P.; Schuler, J.: FMS applications in Germany - Objectives and constraints. Proceedings of the 3rd International Conference on Flexible Manufacturing Systems and 17th Annual IPA Conference 1984, Kempston 1984, S. 1 - 13

/3.24/ Holz, B. F.: Economic evaluation of FMS - A new approach. Proceedings of the 3rd International Conference on Flexible Manufacturing Systems and 17th Annual IPA Conference 1984, Kempston 1984, S. 21 - 26

/3.25/ Probleme der Entwicklung flexibler Produktionssysteme in den RGW-Mitgliedsländern. IIPL, Moskau 1985 (russ.)

/3.26/ Thum, R.; Berteit, H.: Ökonomische und soziale Wirkungen der flexiblen Automatisierung. Internationaler Kongreß Metallbearbeitung '86, Karl-Marx-Stadt 1986, Vortrag 41

/3.27/ Hundy, B. B.: Problems with the economic justification of FMS. Proceedings of the 3rd International Conference on Flexible Manufacturing Systems and 17th Annual IPA Conference, Boeblingen 1984, S. 109 - 119

/3.28/ Eversheim, W.; Fromm, W.: Planung und Simulation flexibler automatisierter Fertigungssysteme. Internationaler Kongreß Metallbearbeitung '86, Karl-Marx-Stadt 1986, Vortrag 9

/3.29/ Hager, K.: Gesetzmäßigkeiten unserer Epoche - Triebkräfte und Werte des Sozialismus. Berlin 1984, S. 44 ff.

/3.30/ Autorenkollektiv: Innovation und Wissenschaft. Berlin 1985, S. 244

/3.31/ Bullinger, H.-J.; Kornwachs, K.: Zur Informatisierung der Arbeit. FhG-Berichte 1-86, München 1986, S. 7 - 12

/3.32/ Shannon, R. E.; Mayer, R.; Adelsberger, H. H.: Expert systems and simulation. Simulation, La Jolla (1985) 6, S. 275 - 284

/3.33/ Appelrath, H.-J.: Von Datenbanken zu Expertensystemen. Informatik-Fachberichte 102, Berlin, Heidelberg, New York, Tokyo 1985, S. 5

/3.34/ Doumeingts, G.: Artificial Intelligence Concept Techniques for Computer Integrated Manufacturing. APMS-COMPCONTROL 85, Budapest 1985, Volume I, S. 87 - 98

/3.35/ Bourne, D. A.; Fox, M. S.: Autonomous Manufacturing: Automating the Job-Shop.
IEEE Computer, New York 17 (1984) 9, S. 76 - 86

/3.36/ Becker, H.: Künstliche Intelligenz als Basis der rechnerintegrierten Fertigung.
VDI-Zeitschrift, Düsseldorf 127 (1985) 7, S. 218 ff.

/3.37/ Waterman, D. A.: How do expert systems differ from conventional programs?
Expert Systems, Oxford, Volume 3 (1985) 1, S. 17

/3.38/ Komoda, N.; Kera, K.; Kubo, T.: An Autonomous Decentralized Control System for Factory Automation.
IEEE Computer, New York 17 (1984) 12, S. 73 - 83

/3.39/ Komplexprogramm des wissenschaftlich-technischen Fortschritts der Mitgliedsländer des RGW bis zum Jahre 2000.
Neues Deutschland, 19. 12. 1985, S. 6 ff.

/3.40/ Weber, M.; Belitz, H.: Software-Innovationsstrategien im Konkurrenzkampf der Monopole.
Akademie der Wissenschaften der DDR, Zentrum für gesellschaftswissenschaftliche Information, Berlin GI (1987) GW 51

/3.41/ Hayes-Roth, F.: Knowledge-Based Expert Systems.
IEEE Computer, New York 17 (1984) 10, S. 263 - 276

/3.42/ Širokov, F. V.: Auf dem Weg zur 5. Computergeneration (russ.).
Moskau 1985

/3.43/ Fischetti, M. A.: A review of progress at MCC.
IEEE Spectrum, New York (1986) 3, S. 76 - 82

/3.44/ Kröger, B.: Computer der 5. Generation.
VDI-Nachrichten-Magazin (1985) 2, S. 30 ff.

/3.45/ Kaminski, M. A.: Protocals for communicating in the factory.
IEEE Spectrum, New York (1986) 4, S. 56 - 62

/3.46/ McGarry, S. L.: Networking has a job to do in the factory.
Data Communications, New York (1985) 2, S. 119 - 128

/3.47/ Spies, G.: Im Vergleich: Lokale Netzwerke für Unix-Systeme.
Elektronik, 19./20. 9. 1985, S. 195 - 200

/3.48/ Haustein, H.-D.; Maier, H.: Flexible Automatisierung - Aufbruch einer Schlüsseltechnologie der Zukunft.
Berlin 1985, S. 63

/3.49/ Belitz, H.; Volk, E.: Rechnergestützte Strategienbildung für die flexible Automatisierung mit Hilfe von Tabellenkalkulationsprogrammen. ITW-Konferenzband "Systemanalyse und Innovationsforschung", Berlin 1987

/4.1/ Direktive des XI. Parteitages der SED zum Fünfjahrplan für die Entwicklung der Volkswirtschaft der DDR in den Jahren 1986 bis 1990. Berlin 1986, S. 17

/4.2/ Ebenda, S. 51

/4.3/ Technische Gemeinschaft (1981) 12, S. 44 - 45

/4.4/ Bericht des Zentralkomitees der Sozialistischen Einheitspartei Deutschlands an den XI. Parteitag der SED. Berichterstatter: Gen. Erich Honecker. Berlin 1986, S. 22

/4.5/ Fertigungstechnik und Betrieb 28 (1978) 12, S. 712

/4.6/ Fuchs, H.; Ploeckinger, W.: Weiterentwicklung des Systems "ursamat" unter dem Einfluß der Mikroelektronik. messen-steuern-regeln 24 (1981) 4, S. 211 - 216

/4.7/ Volmer, J.: Industrieroboter. Berlin 1981, S. 113

/4.8/ Makarov, I. M.: Robototechnika, problemy i perspektivy. Vestnik Akademii Nauk SSSR, Moskau (1982) 5, S. 51 - 60

/4.9/ Methodik für die ökonomische Bewertung des Einsatzes von Industrierobotern vom 30. 6. 1982, S. 2

/4.10/ Rössel, G.: Zur gemeinsamen Verantwortung von Theorie und Praxis für die Erhöhung der Effektivität des Industrierobotereinsatzes. Wirtschaftswissenschaft 32 (1984) 1

/4.11/ Lindemann, B.: Effektivitätsberechnung für den Einsatz der Industrierobotertechnik (Berechnungsanleitung). Technische Hochschule Ilmenau, 1984

/4.12/ Lauenroth, H.-G.: Szenario FMS (Programmunterlagen). Akademie der Wissenschaften der DDR, Institut für Theorie, Geschichte und Organisation der Wissenschaft, Berlin 1987

/5.1/ Marx, K.: Das Kapital, Erster Band. In: MEW, Bd. 23, S. 373

/5.2/ Marx, K.: Das Kapital, Dritter Band. In: MEW, Bd. 25, S. 81

/5.3/ Afanasjew, W. G.: Soziale Information und Leitung der Gesellschaft.
Berlin 1976, S. 164

/5.4/ Honecker, E.: Mit Tatkraft und Zuversicht die vor uns liegenden Aufgaben zum Wohl des Volkes meistern.
Berlin 1982, S. 27

/5.5/ Direktive des XI. Parteitages der SED zum Fünfjahrplan für die Entwicklung der Volkswirtschaft der DDR in den Jahren 1986 bis 1990.
Berlin 1986, S. 49 - 51

/5.6/ Lauenroth, H.-G.: Szenarien für Personalcomputer zur Simulation und Bewertung von Automatisierungsstrategien.
messen-steuern-regeln 30 (1987) 3, S. 113 - 116

/5.7/ Kochan, D. u.a.: CAD/CAM-Schlüsseltechnologie als Intensivierungsfaktor.
Berlin 1987, S. 20

/6.1/ Haustein, H.-D.: Die Zukunft der Automatisierung als einer Hauptrichtung der Entwicklung der Produktivkräfte und die Notwendigkeit einer langfristigen Strategie der flexiblen Automatisierung.
In: Wissenschaftlich-technische Revolution, sozialer Fortschritt und geistige Auseinandersetzung.
AdW der DDR, ITW, Kolloquienheft 43/2, Berlin 1985, S. 3 - 10

/6.2/ Haustein, H.-D.: Zur Strategie der flexiblen Automatisierung: Die rechnergestützte Entwicklung und ihre Produktivitätswirkung.
Wirtschaftswissenschaft 31 (1983) 7, S. 1002 - 1018

/6.3/ Ito, Y.: Gegenwärtige und zukünftige Trends von flexiblen Fertigungssystemen in Japan.
Zeitschrift für wirtschaftliche Fertigung 80 (1985) 3, S. 109 - 112

/6.4/ Yoshikawa, P.: Flexible Manufacturing Systems in Japan.
IFAC-Kongreß, Budapest 1984, Proceedings, S. 34 - 42

/6.5/ Autorenkollektiv: Ot mikroprocessorov do OGAS.
Ekonomičeskaja Gazeta (1983) 13, S. 2

/6.6/ Friebe, K. P.: Gerybadze, A. (Hrsg.): Microelectronics in Western Europe.
Berlin (West) 1984

/6.7/ Prager, E.; Richter, E.: Software - was ist das?
Berlin 1986

/6.8/ Software: An Emerging Industry.
Paris, OECD, 1985

/6.9/ van Zeeland, D.: System Software.
In: H.-J. Warnecke (Editor): Proceedings of the 3rd International Conference on Flexible Manufacturing Systems and 17th Annual IPA Conference.
Oxford 1984, S. 307 - 308

/6.10/ Fuchs, H.; Lauenroth, H.-G.: Bemerkungen zu einigen Kategorien der Flexiblen Automatisierung.
messen-steuern-regeln 29 (1986) 1, S. 2 - 6

/6.11/ Fox, M. S.: The Intelligent Management System: An Overview.
In: Sol, H. G. (Editor): Processes and Tools for Decision Support.
Amsterdam 1983

/6.12/ Economic Commission for Europe.
Recent trends in flexible manufacturing.
United Nations, New York 1986

/6.13/ Širokov, F. V.: Na puti k pjatomu pokoleniju komp'juterov.
Moskau, MNIIPU 1985

/6.14/ Weber, M.: Software für die flexible Automatisierung - Ansätze zur Systemdarstellung.
Wissenschaftliche Konferenz "Systemanalyse von Neuerungsprozessen", ITW, Oktober 1986
(im Druck)

/6.15/ Pavlik, E.: Structures and Criteria of Distributed Process Automation Systems. Computers and Chemical Engineering 8 (1984) 5, S. 295 - 300

/6.16/ Kreppenhofer, D.; Lang, R.; Stanek, W.: Strukturierter Softwareentwurf für die Steuerung flexibler Fertigungssysteme.
messen-steuern-regeln 29 (1986) 1, S. 6 - 10

/6.17/ Junike, W.: Hierarchische Steuerungssysteme für die Automatisierung von Fertigungsanlagen.
Werkstattechnik - Zeitschrift für Industrielle Fertigung 75 (1985) 8, S. 469 - 472

/6.18/ Fick, G.; Sprague (Editor): Decision Support Systems.
Oxford 1980 (IIASA Proceedings Series Vol. 11)

/6.19/ Spur, G.: Flexible Fertigungssysteme: Zukünftige Entwicklung aus der Sicht der Wissenschaft.
Technische Rundschau (1985) 30/31, S. 8 - 13

/6.20/ Krause, F. L.: Veränderung der Konstruktionstätigkeit durch CAD-Systeme.
Zeitschrift für wirtschaftliche Fertigung 80 (1985) 2, S. 60 - 66

/6.21/ Cavano, J. P.: Toward high confidence Software. IEEE Transactions on Software Engineering 11 (1985) 12, S. 1449 - 1455

/6.22/ Fischer, H.; Schwarz, R.: Stand und Entwicklungstendenzen der Anwendung mathematischer Methoden in der sozialistischen Wirtschaft. Berlin 1985

/6.23/ Kalačev, V.; Chobotov, E.; Schmidt, E.: Intensifikacija i vnedrenie GPS. Ekonomičeskaja Gazeta (1985) 44, S. 22

/6.24/ Komplexprogramm des wissenschaftlich-technischen Fortschritts der Mitgliedsländer des RGW bis zum Jahre 2000. Neues Deutschland, 19. 12. 1985, S. 6

/6.25/ o. V.: Ključevaja oblast' sotrudničestva. Ekonomičeskoje sotrudničestvo stran-členov SEV (1985) 8, S. 2 - 5

/6.26/ Autorenkollektiv: Sostojanie v razvitie gibkich avtomatizirovannych proizvodstv. Moskau 1985

/6.27/ Schlechtendahl, E.: CAD in der DDR. Zeitschrift für wirtschaftliche Fertigung 80 (1985) 1, S. VII

/6.28/ Belitz, H.; Weber, M.: Software - Innovationsstrategien im Konkurrenzkampf der Monopole. Akademie der Wissenschaften der DDR, Zentrum für Gesellschaftswissenschaftliche Information, GI (1987) 51

/6.29/ Solomenčev, Ju. U.; Serebrennyj, V. G.: Zadači naučnych issledovanij v oblasti gibkoj avtomatizacii. Vestnik AN SSSR (1985) 6, S. 63 - 72

/6.30/ Makarov, I. M.; Ochocimskij, D. E.; Platanov, A. I.: Programmnoe obespečenie robototechničeskich sistem. Vestnik Akademii Nauk SSSR (1984) 8, S. 62 - 73

/6.31/ o. V.: Factory Automation System Can't be Packaged. Control Engineering (1985) 8

/6.32/ Rudolph, K.; Fetermann, J.: Modulare Fertigungssteuerung flexibler automatisierter Fertigungssysteme. Sozialistische Rationalisierung in der Elektrotechnik/Elektronik 13 (1984) 10, S. 224 - 227

/6.33/ Financial Times/Beilage Packaged Software, 1. 5. 1985

/6.34/ o. V.: Japan's Soft Point. The Economist 296 (1985) 7406

/6.35/ Lukjanov, V.L.: Novyj etap avtomatizacii.
Ekonomika i organizacija promyšlennogo proizvodstva
16 (1985) 7, S. 172 - 184

/6.36/ Denning, P. J.: The Science of Computing - Supernetworks.
American Scientist 73 (1985) 3, S. 225 - 229

/6.37/ Bourne, D. A.; Fox, U. S.: Autonomous Manufacturing:
Automating the Job-Shop.
IEEE Computer 17 (1984) 9, S. 76 - 86

/6.38/ Lineback, J. R.: AI transforms CAD/CAM to CIM.
Electronics Week 57 (1984) 36, S. 17 - 18

/6.39/ Lowe, L.: VLSI design shrinks to mere man-weeks.
Electronics 55 (1982) 3, S. 57 - 58

/6.40/ Prager, E.: Software und die Veränderungen im Charakter
der Arbeit.
Einheit 41 (1986) 10, S. 903 - 910

/6.41/ Lauenroth, H.-G.: Szenarien für Personalcomputer zur
Variation und Bewertung von Automatisierungsstrategien.
messen-steuern-regeln 30 (1987) 3, S. 114 - 116

/7.1/ Sento, H.; Fukuchi, F.: Recent Trends and Future of
Hitachi Industrial Robots.
Hitachi Review 32 (1983) 5, S. 217 - 222
Togai, M.: Japan's Next Generation of Robots.
Computer (1984) 3, S. 19 - 25
Martin, T.: Roboter dringen aus der Fabrik ins Freie.
VDI-Nachrichten (1985) 2, S. 2

/7.2/ Survey of the state of the art in robotics and
artificial intelligence.
Matra Study, Paris 1983

/7.3/ Nach Kempe, V.: Sensortechnik für Industrieroboter der
2. und 3. Generation.
messen-steuern-regeln 26 (1983) 1, S. 10

/7.4/ Wolffgramm, H.: Allgemeine Technologie.
Leipzig 1978, S. 35

/7.5/ Melchior, K. et al.: Sensors and flexible production.
Proceedings of 3rd International Conference on Robot
Vision and Sensory Control.
Cambridge 1983, S. 127

/7.6/ Joseph, J.: Good growth in 1985 to taper off soon.
Electronics Week (1985) 1, S. 81

/7.7/ Heytler, P. G.: The Industrial Robot: 1985 - 1995.
Robotics and Factories of the Future.
Berlin (West) u. a. 1984, S. 74 ff.

/7.8/ Industrial robots present and future.
Japan Computer Quarterly (1985) 60, S. 13
Weber, D. M.: Robot makers see big gains in 1985.
Electronics Week (1985) 1, S. 80

/7.9/ Berechnet nach: Keller, E. L.: Clever robots set to enter industry en masse.
Electronics, 17. 11. 1983, S. 118
Robots: The Users and the Makers.
OECD-Observer (1983) 123, S. 11
Europe overtakes the USA.
The Industrial Robot (1984) 3, S. 39
Steady growth for robots in 1984.
The Industrial Robot (1985) 1, S. 30
Heytler, P. G.: The Industrial Robot: 1985 - 1995.
A. a. O., S. 69 ff.

/7.10/ Togai, M.: Japan's Next Generation of Robots.
A. a. O., S. 25
Der Roboter lebt für die Arbeit.
VDI-Nachrichten (1984) 5, S. 15

/7.11/ de Kok, M.: The next generation will be intelligent.
Science Policy in the Netherlands 7 (1985) 2, S. 4

/7.12/ Feldmann, M.: Third Generation Robotics in France.
Proceedings of the International Conference on Advanced Robotics. Tokyo 1985, S. 5

/7.13/ Arbeitsplan ESPRIT 1985.
Amtsblatt der Europäischen Gemeinschaften 28 (1985) C11, S. 95 ff.

/7.14/ 2nd EUREKA Ministerial Conference.
Infobrief Research and Technology (1985) 289, S. 5

/7.15/ Martin, T.: Roboter dringen aus der Fabrik ins Freie.
A. a. O.

/7.16/ Computerized Manufacturing Automation.
Washington 1984, S. 95
Industrial Robots present and future.
A. a. O., S. 21 ff.

/7.17/ Kempe, V.: Sensortechnik für Industrieroboter der 2. und 3. Generation.
A. a. O., S. 11

/7.18/ Schwarz, W.; Zecha, M.; Meyer, G.: Industrierobotersteuerungen.
Berlin 1985
Petermann, J.; Rudolph, K.; Kaltwasser, J.: Grundlagen, Wirkungsweise, Funktionsinhalt und Struktur modularer Software für Fertigungssysteme.
Internationaler Kongreß Metallbearbeitung '86, Karl-Marx-Stadt 1986, Vortrag 46

/7.19/ United Nations, Economic Commission for Europe: Recent trends in flexible manufacturing. Geneva 1986, S. 161

/7.20/ Voß, R.: Zu theoretischen und methodischen Problemen des Leistungsvergleichs und seiner Nutzung für die strategische Arbeit in Akademieinstituten. Informationen für die Leitung der Forschung, AdW der DDR, Berlin (1984) A4, S. 26

/7.21/ Fetzer, H.; Voß, R.: Probleme der Bewertung gemeinsamer Forschungsprojekte von Akademie und Industrie im Kontext strategischer Arbeit. Aus dem wissenschaftlichen Leben des Forschungsbereiches Gesellschaftswissenschaften, AdW der DDR, Berlin (1984) GW 29, S. 100 ff.

/7.22/ Vgl. Foster, R. N.: Timing Technological Transitions. in: Technology in Society 7 (1985) 2/3, S. 128 ff.

/7.23/ Foster, R. N.: Boosting the Payoff from R & D. Research Management 25 (1982) 1, S. 23

/7.24/ Krubasik, E. G.: Strategische Waffe. Wirtschaftswoche (1982) 25, S. 28 ff.

/7.25/ Komplexprogramm des wissenschaftlich-technischen Fortschritts der Mitgliedsländer des RGW bis zum Jahre 2000. Neues Deutschland, 19. 12. 1985, S. 6

/7.26/ Computerized Manufacturing Automation. A. a. O. Industrial robots present and future. A. a. O.

/8.1/ Marx, K.: Grundrisse der Kritik der politischen Ökonomie. In: MEW, Bd. 42, S. 600

/8.2/ Ebenda; S. 599 - 600

/8.3/ Studie einer Kommission der EG: Die europäische Industrie und die fortgeschrittene Forschungstechnik. Brüssel 1985

/8.4/ Fabrik des 21. Jahrhunderts beim Werkzeugmaschinenhersteller Yamazaki. VDI-Nachrichten vom 23. 8. 1985

/8.5/ Eine Befragung bei Nutzern von flexiblen Fertigungssystemen. VDI-Nachrichten vom 23. 8. 1985

/8.6/ Autorenkollektiv: Ökonomische und soziale Wirksamkeit des wissenschaftlich-technischen Fortschritts. Berlin 1986, S. 19

/8.7/ Ebenda

/8.8/ Ebenda, S. 17

/8.9/ Marx, K.: Das Kapital, Erster Band.
In: MEW, Bd. 23, S. 194 - 195

/8.10/ Ebenda, S. 192

/8.11/ Ebenda, S. 198

/8.12/ Rügener, W.: Neue Technik - Alte Gesellschaft.
Berlin 1986, S. 29

/8.13/ Marx, K.: Grundrisse der Kritik der politischen Ökonomie.
In: MEW, Bd. 42, S. 322

/8.14/ Ebenda

/8.15/ Ebenda, S. 323

/8.16/ Seickert, H.: Produktivkraft Wissenschaft im Sozialismus.
Berlin 1974, S. 304

/8.17/ Ebenda, S. 304

/8.18/ Marx, K.: Grundrisse der Kritik der politischen Ökonomie.
In: MEW, Bd. 42, S. 607 - 608

/8.19/ Wittich, D.: Über soziale Erfahrung.
Berlin 1983

/8.20/ Großer, G.: Der Gegenstand des wissenschaftlichen Kommunismus.
Berlin 1981

/8.21/ Gottschalg, J.: Die Bestimmung des "Sozialen" bzw. "sozialer Verhältnisse".
Deutsche Zeitschrift für Philosophie (1982) 8, S. 1023 ff. und S. 1018

/8.22/ Steitz, L.: Objektive Kriterien für die Bestimmung der sozialen Verhältnisse.
Deutsche Zeitschrift für Philosophie (1983) 9, S. 1089 ff.

/8.23/ Steiner, H.: Die Einheit von Ökonomischem und Sozialem in der Marx'schen Analyse in ihrer Bedeutung für die soziologische Theorie.
Deutsche Zeitschrift für Philosophie (1983) 2, S. 172 ff.

/8.24/ Vgl.: Arndt, M.: Komplexe Arbeitsplatzanalyse; Analysen und Ausfüllvorschrift zur Standard-Arbeitsplatzkarte. Zentrales Forschungsinstitut für Arbeit, Dresden 1981 sowie Arbeitshygienische Komplexanalyse. Zentralinstitut für Arbeitsmedizin der DDR, Berlin 1981

/8.25/ Vgl.: Autorenkollektiv: Arbeitsklassifizierung, Einführung in die Grundmethodik, Teil A und B. Berlin 1980

/8.26/ Wie steht es um Leistungsstreben, Initiative und Schöpfertum? Berlin 1980

/8.27/ Vgl.: Forschungsarbeiten im Wissenschaftsbereich Arbeitsökonomie der Hochschule für Ökonomie "Bruno Leuschner" Berlin

/8.28/ Gesetzblatt, Sonderdruck Nr. 1020 vom 25. 4. 1984

/8.29/ Planungsordnung 1986 - 1990

/8.30/ Kommunikationsbrücke zwischen Automatisierungs-Inseln. VDI-Nachrichten vom 6. 9. 1985

/8.31/ Marx, K.: Das Kapital, Dritter Band. In: MEW, Bd. 25, S. 660

/8.32/ Marx, K.: Das Kapital, Erster Band. In: MEW, Bd. 23, S. 100

/8.33/ Ebenda, S. 337

/8.34/ Ebenda

/8.35/ Marx, K.: Grundrisse der Kritik der politischen Ökonomie. In: MEW, Bd. 42, S. 27

/8.36/ Marx, K. Das Kapital, Dritter Band. In: MEW, Bd. 25, S. 90

/8.37/ Ebenda, S. 92

/8.38/ Ebenda, S. 94

/8.39/ Ebenda, S. 93

/8.40/ Marx, K.: Grundrisse der Kritik der politischen Ökonomie. In: MEW, Bd. 42, S. 633

/8.41/ Anordnung über die Anwendung der wirtschaftlichen Rechnungsführung in der Forschung und Entwicklung vom 23. 11. 1983, Gesetzblatt Teil I, Nr. 36, S. 287 ff.

/8.42/ Marx, K.: Das Kapital, Erster Band.
In: MEW, Bd. 23, S. 349

/8.43/ Ebenda, S. 224

/8.44/ Zusammengestellt nach Angaben in: Neues Deutschland, Ausgaben von Januar bis März 1986

/8.45/ Ebenda

/8.46/ Marx, K.: Das Kapital, Erster Band.
In: MEW, Bd. 23, S. 198

/9.1/ Doetsch, E.; Wolf, H. C.: Mit CAI bereit zur Innovation.
Siemens-Magazin (1986) 6, S. 19 - 21

/9.2/ Wirth, S.: Schritte auf dem Wege zum rechnergestützten automatisierten Betrieb der neunziger Jahre.
Fertigungstechnik und Betrieb 36 (1986) 11, S. 647 - 659

/9.3/ Nedeß, C. u.a.: Expertensysteme - Erfahrung ergänzt das CIM-Konzept.
VDI-Zeitschrift 128 (1986) 19, S. 729 - 733

/9.4/ Širokov, F. V.: Na puti k pjatomu pokoleniju komp'juterov.
Moskau, MNIIPU 1985, S. 25

/9.5/ Kochan, D. u.a.: CAD/CAM - Schlüsseltechnologie als Intensivierungsfaktor.
Berlin 1987, S. 91

/9.6/ Kosharsky, L. A.: Ekspertnyje sistemy.
Moskau 1984

/9.7/ Pospelov, G. S.; Pospelov, D. A.: Künstliche Intelligenz - Angewandte Systeme.
Berlin 1986

/9.8/ Moser, J.; Christoph, R.: Management Expert Systems (M. E. S.): A Framework for Development and Implementation.
Information Processing and Management 23 (1987) 1, S. 17 - 23

/9.9/ Berg, A. I. u.a.: Organisazija i upravlenije.
Moskau 1968

/9.10/ Lang, W.: Die erste vollautomatische Taktstraße in der DDR.
Leipzig/Jena 1956

/9.11/ Bandel, F.; Henze, A.: Aktuelle Fragen der Automatisierung in der DDR.
Berlin 1957

/9.12/ Borchert, H.: Automatisierung und Ökonomie. Berlin 1958

/9.13/ Weidauer, R.: Automatische Maschinefließreihen. Berlin 1958

/9.14/ Sachse, E.: Automatisierung und Arbeitskraft. Berlin 1959

Verzeichnis der Tabellen

Verzeichnis der Abbildungen

FSC
www.fsc.org
MIX
Papier | Fördert
gute Waldnutzung
FSC® C083411

Zeitfracht Medien GmbH
Ferdinand-Jühlke-Straße 7
99095 Erfurt, Deutschland
produktsicherheit@kolibri360.de